건축을 시로
변화시킨
연금술사들

황철호 지음

ARCHILAB

건축을 시로 변화시킨 연금술사들

지은이	황철호
개정판 1쇄 펴낸 날	2022년 07월 25일
인쇄	(주)대한프린테크

펴낸이	조배연
펴낸곳	아키랩
	A. 서울시 서초구 양재천로13길 18 2층(양재동)
	T. 02-579-7747 F. 02-2057-7756
	E. 1979anc@naver.com
	H. www.archilab.kr

총괄이사	정순안
관리	윤도현

편집디자인	신민기

ISBN	979-11-89659-12-7
가격	32,000원

ⓒ황철호, 2022

이 책은 저작권법에 따라 보호받는 저작물이므로 무단전재와 무단복제를
금지하며, 이 책 내용의 일부 또는 전부를 이용하려면 반드시 사전에 저작권자와
출판권자의 서면 동의를 받아야 합니다.

건축을 시로 변화시킨
연금술사들

건축가와 함께하는
현대 건축 거장들
그랜드 투어

황철호 지음

책을 내면서

'그랜드 투어(Grand Tour)'란 말 그대로 크고 너른 여행 혹은 답사를 의미한다.

우리에게는 잘 알려지지 않았지만 17세기 중반부터 19세기 초반까지 북유럽의 젊은이들은 유럽 전체를 돌아보며 그곳의 자연과 자신들의 문화적 뿌리를 보고 배우는 여행을 하곤 했는데 그것을 '그랜드 투어'라고 한다. 고대 그리스, 로마의 유적지와 르네상스를 꽃 피운 이탈리아, 세련된 예법의 도시 파리 등이 필수 코스였다. 모두 유럽 문명의 뿌리이거나 문화의 꽃을 피운 곳들이다. 여행은 진지한 학습 과정으로 이전의 종교 성지 순례가 세속화된 것이라고 볼 수 있었다. 그랜드 투어를 통해 많은 인재가 나왔음은 물론이다.

서양뿐 아니라 동양에서도 여행과 답사를 강조했다. 명나라 말기의 화가 동기창(1555-1636)은 그의 명저 「화안 畫眼」에서 '만 권의 독서를 하고 만 리를 여행해봐야 가슴에 쌓여 있는 탁기와 먼지를 털어버릴 수 있다.'고 하며 무언가에 일가를 이루려면 독서와 여행을 반드시 해야 함을 천명했다. 평생에 만 권의 책을 읽고, 십여 년의 여행을 통해 견문을 넓히고 탐구한다면 무언가를 이룰 수 있지 않겠는가?

건축 분야에도 많은 사례가 있다.

멕시코 건축가인 리카르도 레고레타의 경우에 매우 극적인 이야기가 있다. 대학을 갓 졸업했을 무렵, 세계적인 거장 건축가이자 교육자 발터 그로피우스가 멕시코를 방문했고, 한 호텔에서 그로피우스를 초청한 파티가 열렸다. 건축에 열망이 넘쳤던 젊은 레고레타는 호텔 주방을 통해 파티장에 들어가 당대 최고의 건축가이자 교육자에게 물어 보았다.

"건축을 어떻게 공부 하면 좋습니까?"

"멕시코의 건축가가 되길 원하는가? 그러면 가능한 많은 멕시코의 건축물을 답사하고 여행을 다니게."

이 말을 듣고 레고레타는 가능한 한 많은 여행과 답사를 했다고 한다.

역사상 가장 위대한 근대 거장 건축가 중 한 명인 르 코르뷔지에 또한 수없이 많은 답사를 다닌 것으로 유명하다. 스물다섯이던 1911년에 일 년 내내 한 지중해와 동방 여행 이후 그가 달라졌다는 것은 잘 알려졌다. "그때까지 나는 인간이 아니었습니다. 나는 막 전개되려는 삶 앞에서 독자적인 인간이 되어야 했습니다."

그는 첫 번째 여행 이후 항상 가로 10센티미터, 세로 17센티미터 크기의 작은 크로키 수첩을 갖고 다니는 습관을 들였다. 평생 그림을 그리고 탐구한 바를 적으며 그 수첩을 채워 나갔다.

"우리는 눈에 보이는 사물을 내부로, 자기 자신의 역사 속으로 밀어 넣기 위해 그림을 그립니다. 연필 작업을 통해 일단 사물이 내부로 들어오면 그것은 평생 거기에 머물게 됩니다. 그것은 기록되고 새겨지는 것입니다."

젊은 샤를 에두아르 잔느레르코르뷔지에의 본명가 건축가 르 코르뷔지에가 되기 시작한 것이다.

우리나라 최고의 건축가로 꼽히는 김수근은 당시 국립중앙박물관장이었던 최순우와 함께 답사하면서 비로소 한국의 미에 눈 뜨게 되었다고 한다.

"나중에 선생은 나에게 부여박물관의 설계를 맡겨 주셨고, 나는 이 일을 계기로 하루 이틀이 멀다하고 자주 뵙게 되었습니다. 주말마다 지방으로 함께 답사여행을 다녔죠. 일본에서 공부한 탓에 한국에 어두웠던 젊은 건축가에게 한국의 미를 손수 가르쳐 주시기 시작한 것입니다. 어떤 의미로는 나를 한국의 건축가로 이끌어 주신 분입니다. 만일에 최순우 선생을 못 만났더라면 한국의 미를 잘 이해하지 못하는 건축가 또는 건축기술자, 일반설계자로서 머물렀을 것이 틀림없습니다."

　　스승과 제자는 함께 민가를 답사하고 초가를 실측했으며, 전국의 사찰을 누비고 다녔다. 최순우가 김수근을 데리고 다니면서 교육하는 방법은 독특했다. 별다른 설명도 구체적인 지적도 하지 않으면서 김수근의 눈을 키워 주려고 한 것이다. 이것은 마치 물이 서서히 끓기 시작하여 100℃가 되었을 때 기체가 되는 것과 같은 과정이다. 이러한 과정을 통해 김수근은 한국을 대표하는 건축가가 되어 간 것이었다.

　　이밖에도 답사와 여행을 통해 새롭게 눈 떴음을 고백하는 건축가는 많다. 알바루 시자는 포르투 건축학교에서 학생들에게 "여행하라, 봐라, 분석하라, 변형하라!"를 강조했다.

건축은 형태와 공간으로 이루어져 있으며 이것을 직접 체험하는 것 외에 다른 방법으로 건축물을 제대로 알기 어렵다. 건축에 빛과 그림자가 드리우고, 바람이 불고, 주변의 냄새를 맡고, 소리를 듣고, 손으로 감촉을 느끼는 것을 어찌 책과 잡지로 보는 것과 비교하겠는가. 건축은 인간과의 관계이며 인간의 삶을 담는 그릇이다. 건축과 함께 살며 먹고 이야기 나누는 것이야말로 건축을 배우는 유일한 길이다. 인간이 배제된 건축은 이미 다른 종류의 산물이다. 그래서 건축에서는 인간에 따른 스케일이 중요한 요소로 작용하는 것이다. 책과 잡지로 건축을 경험하거나 배우는 것은 부분적이고 제한적이고 평면적이고 간접적이고 축소된 것일 뿐이다. 건축을 하는 사람은 느껴봤을 것이다. 책이나 잡지의 사진으로 건축을 보았을 때와는 다른 느낌을 현장에서 받게 됨을 말이다. 따라서 많은 건축가들이 책이나 잡지를 통해 건축을 배우지 말라고 강변하는 것이다.

 화가가 그림을 통해 그림을 배우고, 음악가가 음악을 듣고 음악을 느끼고, 소설가가 소설을 읽고 소설을 익히고, 영화감독이 영화를 통해 영화를 알게 되듯이 건축가는 건축을 통해 건축을 알고 익히고 느끼고 배우는 것이다. 그리고 건축가인 혹은 예비 건축가인 당신은 건축을 답사하며 스스로를 확인할 수 있을 것이다. 내가 건축가임을, 건축가가 되고 있음을…

이글은 1988년 창덕궁 연경당에서 시작해 30여 년간 답사하고 연구한 작은 결실이다.
 현대에 활약하는 최고 건축가들의 생각이나 특징을 이해하고 답사 다니면서 직접 보고 느끼고 깨달은 것을 담았다. 인간은 세상에 태어나서 말을 하기 전에 공간과 환경을 먼저 인지한다. 그리고 건축 속에서 살며 사랑하고 울고 웃는다. 인간의 삶을 담은 건축을 설계하는 일은 대단히 힘들지만 어느 무엇 못지않게 가치 있는 일이고 아무나 할 수 있는 일이 아니다. 외롭고 힘든 건축가의 길을 걸어가거나 그것을 알고자 하는 지적 호기심을 가진 그대에게 이 책이 작은 동반자가 되길 바란다.

감사의 글

성경에 보면 "항상 기뻐하라. 쉬지 말고 기도하라. 범사에 감사하라"란 말씀이 있습니다.

쉽지 않지만 항상 감사하는 삶을 살고 싶었는데, 이렇게 감사의 글을 쓸 수 있게 되니 참으로 기쁩니다. 짧은 지식과 연약해진 무릎을 이끌며 이 글을 쓰기까지 진정 감사를 드리고 싶은 분들이 많이 있습니다.

건축가로 성장할 수 있게 많은 가르침을 주신 이강헌 교수님, 김성우 교수님, 고 송종석 교수님, 학문에 새로운 시각을 열어주신 김광현 교수님, 김봉렬 교수님, 김홍규 교수님, 이현수 교수님, 진희선 교수님, 신동철 교수님, 신석균 교수님, 이형재 교수님, 이영일 교수님, 동정근 교수님, 최문규 교수님, 김광호 교수님, 김종진 교수님, 좋은 경험을 가능케 해주셨던 김종성 교수님, 조성룡 소장님, 이필훈 소장님, 함인선 소장님, 민선주 교수님, 아리 그라프란드 교수님, 챨스리 소장님, 김민식 고문님, 김형국 목사님, 신지웅 소장님, 김경자 학장님, 실무의 지식을 가르쳐 주셨던 유갑형 선배님, 차주재 선배님, 이동석 선배님, 남기홍 선배님께 감사드립니다.

오랫동안 근무했던 정림건축/dmp건축의 고 김정철 회장님, 김정식 회장님, 문진호 사장님, 박승홍 사장님께 특별히 감사드립니다. 현재 몸담고 있는 에이프러스씨엠 건축의 이택준 대표님과 이의영 총괄사장님 그리고 일일이 이름을 댈 수 없는 에이프러스씨엠의 식구들과 건축계의 선배, 동기, 후배들께 감사드립니다.

어려운 시기에 출판권을 인수하고 책을 출간시켜주신 도서출판 아키랩의 조배연 대표님, 정순안 이사님 그리고 책을 완성시켜주신 건축문화의 신민기 부장님 그리고 수고한 모든 아키랩/건축문화의 직원께도 감사드립니다.

부족한 아들을 사랑하시며 아껴주시는 소중한 부모님과 동생 은미 가족, 기도로 지원해주시는 장인어른과 장모님께도 감사드립니다.

그리고 사랑하는 아내 혜경, 딸 인애, 아들 인수에 대한 고마움은 말로다 할 수 없습니다.

마지막으로 이 글을 읽는 분들은 제가 누구에게 감사를 드리고 싶은지 아실 겁니다. 나를 창조하시고 살리시고 변화시킨 그 분, 그 분께 이 자그마한 열매를 드립니다.

어느 추운 날, 답사 여행을 하고 돌아오는 비행기에서 시린 손을 매만지며 쓴 짧은 글을 옮겨 봅니다.

얼마나
그리워해야
그리움인가

눈물이 돌이 될 때까지
돌이 바다가 될 때까지
바다가 눈물일 때까지

얼마나
기다려야
기다림인가

뚝
뚝
-

얼마나
바라봐야
사랑인가

얼마나
간절해야
그리움인가

차례

책을 내면서 ━━━━━━━━━━━━━━━━━━━━━━━━━━ **004**

호느적거리는 선으로 만들어 낸 완벽함 ━━━━━━━━ **014**
알바루 시자
건축의 트랜스포머 / 장소와 풍경으로서의 건축 / 대교약졸
작품: 포르투 건축대학 - 023 / 산타마리아 교회 - 030 / 포르투 현대 미술관 - 036

추상적 형태에 깃든 외유내강의 아름다움 ━━━━━━━ **044**
데이비드 치퍼필드
비 독창적 건축가이자 중용의 건축가 / 이론적 건축보다는 실질적 건축을 추구 /
비 파격적 건축가이자 외유내강의 건축가 / 전시회 "폼 매터스"
작품: 베를린 신 박물관 - 053 / 쿠퍼그라벤 10 갤러리 - 060

건축을 시로 변화시키는 연금술사 ━━━━━━━━━━━ **066**
피터 줌터
더 적은 것이 더 많은 것이다 / 근원으로 회귀 / 장소와 공간의 수묵화가 / 재료의 연금술사
작품: 발스 온천장 - 074 / 콜룸바 미술관 - 082

미니멀에서 상징으로, 단순에서 혼성으로 ━━━━━━━ **088**
헤르조그 앤 드 뫼롱
스위스 메이드 / 건축은 물질이다 / 건축은 패션이다 / 미니멀과 상징 그 이중적 변주
작품: 도미너스 와이너리 - 096 / 드영 박물관 - 102 / 카이샤 포럼 - 110

미니멀의 옷을 입은 헤르마프로디테 ▬▬▬▬▬▬▬▬▬▬▬▬ 117
SANAA

다시 프로그램하기 / 다이어그램으로 건축하기 / 미니멀의 옷을 입은 헤르마프로디테
작품: 알미르 스터드 극장 – 124 / 뉴욕 신 현대 미술관 – 130

풍요를 위한 단순함의 희구 ▬▬▬▬▬▬▬▬▬▬▬▬▬▬▬ 136
다니구치 요시오

출발 / 모더니즘에서 미니멀리즘으로 그리고 풍요로 / 메이드 인 재팬 / 재료·물성·디테일
작품: 카사이 린카이공원 전망대 – 146 / 뉴욕 현대 미술관 – 150

노출 콘크리트로 쓰는 시 ▬▬▬▬▬▬▬▬▬▬▬▬▬▬▬▬ 156
안도 다다오

도발하는 노출 콘크리트 상자 / 만들어진 자연, 만들어진 빛 / 양복을 입은 아시아의 목소리
작품: 21_21 디자인 사이트 – 167 / 도쿄대학교 대학원 정보학관 후쿠다케 홀 – 174 /
아부다비 해양 박물관 – 180

데이터로 새로운 건축을 꿈꾸는 몽상가 그룹 ▬▬▬▬▬▬▬ 186
MVRDV

OMA의 적자 / 다다익선 / 데이터에서 데이터스케이프로
작품: 빌라 브이피알오 – 196 / 로이드 호텔 – 204 / 와이 팩토리 트리뷴 – 210

살아있는 건축을 만드는 마법사 ▬▬▬▬▬▬▬▬▬▬▬▬ 214
유엔 스튜디오

이론의 탐닉-철학하는 건축가이자 과학하는 건축가 / 공간의 탐닉-공간 연출자이자 건축가 /
재료의 탐닉-패션 디자이너이자 건축가 / 상상의 탐닉-마법사이자 건축가
작품: 에라스무스 다리 – 224 / 라데팡스 사무용 건물 – 228 / 메르세데스 벤츠 박물관 – 234

검은 옷을 입은 팔색조 — 240
장 누벨
세계화 대 특이성 / 모더니즘 대 모더니티 / 스타일리스트 대 사고가
작품: 케 브랑리 박물관 – 250 / 갤러리 라파예트 백화점 – 256

눈에 보이는 것과 보이지 않는 것 사이에서 — 262
다니엘 리베스킨트
선과 선 사이에서 / 사선과 수정체 사이에서 / 눈에 보이는 것과 보이지 않는 것 사이에서
작품: 베를린 유대 박물관 – 270 / 샌프란시스코 현대 유대 박물관 – 276

개념과 현상의 이중주 — 282
스티븐 홀
방황 / 개념과 현상의 조화 / 마음-손-눈의 감각으로 / 스케치-모형-컴퓨터의 삼각 연계
작품: 넥서스 월드 – 294 / 뉴욕대학 철학과 – 300

건축 철학자 혹은 철학적 건축가 — 306
피터 아이젠만
건축 순수주의 / 해체주의 건축? / 건축 철학자이자 스타일리스트
작품: 고이즈미 사 사옥 – 317 / 유럽 유대인 학살 추모관 – 322

건축으로 새로운 드라마를 쓰는 극작가 — 330
렘 콜하스
건축으로 시작하지 않은 건축가 / 아방가르드와 거장 연구 / "더할수록 좋다" /
프로그램과 구조가 결합된 건축
작품: 스파우 트램 정거장 – 338 / 로스앤젤레스 프라다 – 344 / 카사 다 뮤지카 – 348

예술가? 건축가? ━━━━━━━━━━━━━ 354
프랭크 게리
탈무드 정신을 소유한 유대인 / 영원한 아웃사이더 / 획일화된 세상 속의 다원주의자 /
되다만 예술가?! / 이론인가 실천인가 / 돈인가 인간인가 / 모형인가 컴퓨터인가 / 예술인가 건축인가
작품: 비트라 미술관 - 364 / 월트 디즈니 콘서트 홀 - 370

건축 답사를 위한 안내 ━━━━━━━━━━━━━ 378

더 읽으면 좋은 책 ━━━━━━━━━━━━━ 384

흐느적거리는 선으로
만들어 낸 완벽함

알바루 시자
Alvaro Siza,
1933~

알바루 시자는 축구로 우리에게 잘 알려진 포르투갈의 포르투Porto에서 멀리 떨어지지 않은 마토지뉴스Matosinhos에서 태어났다. 어린 시절부터 그림과 조각 그리고 디자인에 관심이 많았고 조각가나 화가가 되길 원했다. 하지만 가족의 반대에 부딪혀 타협안으로 포르투대학 건축과에 들어갔다. 결국 여기서 평생 걸어갈 자신의 진로, 즉 건축가의 길을 발견했다.

몇 해 전 정말 사랑할 만한 책을 보았다. 흰 종이 위에 오직 검은 색의 잉크로만 흐느적거리는 선이 그려져 있는 책. 흔들리는 선에는 건축이, 도시가, 인간이 조용히 숨 쉬고 있다. 화가를 꿈꿨던 포르투갈 건축가 알바루 시자의 드로잉과 스케치를 모은 《시티 스케치 City Sketches》다. 책의 서문은 하이테크 건축가로 잘 알려진 영국의 건축가 노먼 포스터 Norman Foster가 썼다. 그는 한 국제 건축 심포지엄에서 알바루 시자를 만난 적이 있는데, 심포지엄 내내 시자는 대학노트에 싼 필기구로 스케치를 하더란다. 무엇을 그리는지 호기심에 힐끗 보니 심포지엄 의장의 모습부터 말을 탄 신비로운 기수들, 하늘을 나는 천사들이나 여인들, 도시와 건물의 모습들, 알 수 없는 다이어그램과 메모 따위였다고. 스케치와 드로잉이야말로 시자의 모든 것임을 증언한다.

그렇다. 알바루 시자는 그림을 그리는 사람이다. 그리다가 팔이 그림이 되고, 가슴이 그림이 되고, 머리가 그림이 되고, 온몸이 그림이 된다. 나는 그의 흐느적거리는 선을 보면 꼭 전율을 한다. 평생을 그린 사람만이 그릴 수 있는 선임을 느끼기 때문이다.

"여덟 살 때인가부터 드로잉을 본격적으로 시작했습니다. 스토리가 있는 만화나 드로잉을 주로 했고 조각이나 디자인을 좋아했습니다. 그러나 당시 포르투갈에서는 예술가에 대한 인식이 좋지 않았고, 아버지 또한 화가나 조각가가 되는 것을 좋아하지 않았습니다. 그래서 나는 그림과 조각 그리고 건축을 모두 가르치는 학교로 갔습니다. 건축을 공부하다가 여차하면 전공을 바꿀 생각이었습니다. 그러나 그렇게 하지 않았습니다. 가족의 압력 때문이 아니라 건축을 발견했기 때문입니다."

시자의 결정에는 건축가이자 교수인 페르난도 타부라 Fernando Tavora 와의 만남이 많은 영향을 미쳤다. 어떤 사람과의 만남은 때때로 우리가 자신의 길을 발견하고, 그 길로 가는 계기가 된다. 좋은 스승과의 만남은 더욱 더 그렇다. 알바루 시자에게는 타부라가 그런 사람이었다. 학생시절부터 타부라의 사무소에서 실무를 익힐 수 있었다1953, 1955~1958.

또한 알바루 시자는 CIAM근대건축국제회의: 르코르뷔지에를 중심으로 유럽 각지의 건축가들에 의해 1928년에 발족된 국제회의의 회원이었던 타부라에 의해 포르투갈뿐 아니라 세계 건축계의 흐름과 이슈들을 접할 수 있었다. 덕분에 그는 건축가로서 열린 시야와 뛰어난 안목을 가질 수 있었다. 스승을 통해 르 코르뷔지에Le Corbusier나 알바 알토Alvar Aalto와 같은 당대 최고의 건축가들과 교류하고, 지역이나 환경을 고려하지 않는 동일 양식의 적용 및 획일화 양상을 보이며 건강하지 못하게 변해 가고 있는 모더니즘의 대안으로 지역주의 건축이라는 주제를 접할 수 있었다.

알바루 시자는 타부라의 여러 가지 배려로 스물여섯의 나이에 자신의 사무소를 개설해1958 여든 살인 지금까지도 활발한 작업을 하고 있는 '모범적인' 건축가이다. 건축가는 늦게 피는 꽃이라는 말이 있다. 그러나 시자를 보면 하나의 말을 덧붙여야 할 것 같다.

"건축가는 오래 피는 꽃이다."

흔히 오늘의 시대는 거장이 없는 시대라고 한다. 한 사람 혹은 하나의 이론이 세계를 이끌어 가고 주도할 수 없는 것이 요즈음이다. 혹자는 '거장은 없고, 뛰어난 다수가 있을 뿐이다.' 라고 이야기하기도 한다. 맞는 말이다. 그러나 거장을, 하나의 분야에서 일가를 이루고, 평생 정진하여 마침내 완벽을 넘어 달관의 경지에 간 사람이라고 정의한다면 알바루 시자를 거장이라고 부를 수 있지 않을까.

알바루 시자의 건축을 다음 세 가지로 설명하고 싶다.
"건축의 트랜스포머Transformer", "장소와 풍경으로의 건축", "대교약졸".

건축의 트랜스포머

2009년 우리나라에는 두 개의 트랜스포머가 인기를 끌었다. 마이클 베이Michael Bay 감독의 블록버스터 영화 "트랜스포머 2"는 자동차가 살아 있는 로봇으로 변환되어 인기를 끌었다. 이런 상황에 영향을 받은 듯 렘 콜하스Rem Koolhaas는 경희궁 안마당에 네 가지 기능건축·영화·패션·스페셜 이벤트과 네 가지 모습으로 변하는 트랜스포머 파빌리온을 완성했다.

그러나 내가 말하는 트랜스포머는 다른 것이다. 기존의 기하학적 건축이나 전례들을 장소와 대지의 고유 가치에 따라 유연하게 변형시키는 알바루 시자의 작업이야말로 트렌드를 쫓는 것이 아닌 진정한 트랜스포머이다. 그는 말한다.

"건축가는 아무것도 창조하지 않습니다. 단지 실재를 '변형transform'할 뿐입니다."

'변형'은 알바루 시자 디자인의 화두라 할 수 있다. 여기서 말하는 변형은 분석에서 통합으로 움직이는 것처럼 단선적이지 않다. 모든 것이 열려 있고 복합적이며 모든 것을 포함하는 연속적인 과정이다. 여기에는 대지·기능·공간·형태에서부터 문화와 사회성까지도 포함된다. 알바루 시자는 땅에서 첫 스케치를 시작한다. 도시든 시골이든 그 땅이 가지고 있는 가능성과 기운을 탐구한다. 그곳에 녹아 있는 문화와 사회성을 주의 깊게 파악한다. 나뭇가지의 흔들림과 바람소리 그리고 햇살의 반짝거림까지도 기억하려는 것처럼 보인다. 그리고 기존의 기하학적인 상자를 새롭게 변형시킨다.

"나는 영감이 찾아오는 순간에 민감합니다. 나는 변형에 참여합니다. 대지는 얼어 붙어 변하지 않는 것이 아닙니다. 설계를 한다는 것은 변형의 진행과 그 변형 속에 참여하고 있는 것을 알게 된다는 것입니다."

변형은 일견 기존의 질서에 녹아서 잘 인지되지 않거나 주변과의 대조로
인해 시각적 낯설음으로 다가온다. 그러나 그의 건축과 건축물 주변을 걸어
보고 산책하고 심지어 속에 들어가 대화를 나눠보면 느낄 수 있다. 예상치
못했던 다원화된 건축적 경험으로 죽어 있던 감각들이 되살아나는 것을.
눈에 귀에 피부에 가슴에 정신에까지 퍼져 가는 울림들을….

장소와 풍경으로서의 건축

알바루 시자는 카페에서 설계를 한다는 말이 있다. 자신의 사무소가 아니고
왜 카페에서 설계를 한다는 것일까? 앞에서도 얘기했지만 그는 건축이
들어설 장소와 대지를 중요시한다. 건축이 들어설 땅을 찾아가 근처 카페에서
스케치와 드로잉을 하고 설계하기 때문이다. 그만큼 그는 그 장소의 기억과
흔적, 대지의 맥락과 상황을 주의 깊게 탐구한다. 카페는 다른 사람들과
섞이면서도 익명성이 보장되는 곳이다. 여가를 위한 장소이며, 사회적 실체를
인식하는 곳이기도 하다.

카페를 방문할 때마다 그의 노트에는 디자인 결과물들이 쌓여간다.
노트에는 자연스럽게 그 장소와 대지의 다층적인 모습이 담긴다. 그리고
완공된 건축물은 장소와 풍경의 일부가 된다.

대학을 졸업할 무렵 설계한 보아 노바 레스토랑은 그의 천재성을
드러내 준다. 레스토랑은 바다를 마주보고 있는 바윗 덩어리들 사이에 있다.
그는 바위를 최소한으로 건드리며 바위의 윤곽과 레스토랑의 윤곽을 거의
일치시키고 있다. 마치 하나하나의 바위를 디자인한 것처럼 보인다. 바위
사이로 바위와 같은 낮은 지붕을 뚫고 내려가면 대서양을 향하고 있는 너른
창이 마중을 한다. 석양의 빛이 바다와 이곳을 황금색으로 물들이면 찻잔에
손을 댄 나그네의 심상에는 무수한 생각이 스쳐 지나가고, 석양은 그저

보아 노바 레스토랑, 레싸 다 팔메이라, 1963

레싸 수영장, 레싸 다 팔메이라, 1966

길손의 뺨을 비출 뿐이다.

이곳에서 차로 10분 거리에 있는 수영장에서 건축과 풍경의 관계는 더욱 본질적인 것이 된다. 알바루 시자는 매우 섬세하게 바위와 콘크리트 벽을 만나게 한다. 수영장은 인공이 아니라 원래부터 대양의 일부였던 것 같아 보인다. 콘크리트 벽이나 지붕 틀과 같은 건축의 장치들은 우리를 자연과 조우하며 평화롭고도 고독한 정서로 이끈다. 자연과 인공의 조합은 최상의 경지에서 우리를 위무한다. 그 위로 파도 소리가 지나가고 햇살이 떨어진다.

대교약졸

시자의 건축을 변형, 장소와 풍경, 드로잉 등으로 이해해도 여전히 의문이 남는다. 아직도 쉽게 해석하기 힘든 무언가가 남아 있다. 그의 건축을 한 걸음 한 걸음 답사하고 여행하면서 마음속에 한 문구가 떠올랐다.

대교약졸大巧若拙.

노자의 《도덕경》에 있는 이 금언은 큰 기교는 서툰 것과 같다는 말이다. 예를 들어 서예에서 최고의 경지는 '교巧'가 아니라 '졸拙'이다. 어린아이와 같은 마음으로 일체의 교와 형식을 뛰어넘었을 때 얻는 경지를 일컫는 것이다.

알바루 시자는 그런 사람이고, 그의 건축은 그런 건축이다. 이웃집 아저씨와 같은 촌스러운 모습, 어눌하고 느릿느릿한 말 솜씨, 무심하게 펼쳐지는 드로잉, 낯선 것의 조합으로 이루어지는 조형 감각, 어린이가 만들었을 법한 형태 디자인, 완벽과는 거리가 먼 미완성의 파편들….

단지 그늘이 필요하다면 돌출된 평면을 배치하고 풍경을 보고 싶다면 창문을 만들 뿐이다. 그러나 이 모든 것이 제자리를 찾고 나면 놀라운 변화가 일어난다. 그 모든 미완성과 서투름과 파편이나 부분들이 합쳐져 인간의 오감을 자극하고 정신을 고양시키고 터와 장소의 감각을 회복시킨다.

복합성으로 믿을 수 없는 단순함을 이루어 낸다.

  그의 건축을 통해 다시 한 번 느끼게 된다. 가득 찬 것은 비어 있는 듯 하고大盈若沖, 최고의 웅변은 더듬는 듯 하고大辯若訥 가장 뛰어난 기교는 마치 서툰 것 같다고 말이다. 우리네 삶도 다소는 비우고 다소는 내려놓고 다소는 느리게 다소는 고요하게 사는 것이 어떠냐고 말이다.

건축은 철학이나 과학의 그럴듯한 인용과 이론적인 합리화 과정을 통해서도 진보가 가능하지만, 그 무엇보다도 건축 자체의 언어가 건축을 살며 체험하는 인간의 지각을 건드려야 하는 것임을 알바루 시자는 우리에게 상기시킨다. 그의 건축을 통해 잠자고 있거나 죽어 있던 감각들이 '와와' 소리를 지르며 눈을 뜨고 깨어난다. 그와 그의 건축을 통해 항상 우리 곁에 있지만 안 들리던 파도 소리가 들리고 안 보이던 빛이 보이고 모르고 무지하게 지냈던 온 몸이 공간과 장소와 환경을 느끼고 마치 처음 만나는 것처럼 새롭게 조우한다. 우리는 현기증을 느낄 정도로 빠르게 변화하는, 디지털이나 하이테크를 유행처럼 외치는 시대에 있다. 오히려 처음에 보았을 때 다소 평범하게 보이지만, 달관한 혜안으로 건축이 다다를 수 있는, '완벽한 서투름의 건축'이라는 새로운 가치를 이 시대에 선물하는 알바루 시자에게서, 진정한 건축가의 모습을 되새겨 본다. 그는 너무나 빠르게 변화하여 헤매고 있는 우리에게 하나의 길을 제시하고 있다. 흐느적거리는 스케치 너머에 있는 그 무엇을 볼 수 있는 눈들에게…

포르투 건축대학
Faculty of Architecture, University of Porto, 1987~1993

포르투는 우리에게는 잘 알려지지 않은 도시다. 축구를 좋아하는 사람은 유럽의 강호 'FC 포르투'의 연고지로, 와인을 좋아하는 사람은 '포르투 와인'의 도시로 알고 있다. 그리고 굽이쳐 흐르는 도우루 강과 주변의 아름다운 풍광, 유네스코의 세계 문화유산에 등재된 중세의 마을과 여러 성당, 렘 콜하스의 카사 다 뮤지카Casa da Musica와 알바루 시자의 여러 건축들로 잊을 수 없는 도시이다.

포르투 대학에서 강의할 때 알바루 시자는 동료의 추천을 받아 새로운 포르투 건축대학을 디자인했다. 새로운 대학은 도우루 강의 아름다운 모습과 구릉들이 펼쳐지는 경사지에 자리한다. 이번 프로젝트에서 그가 대지에서 찾아 낸 영감은 도우루 강 주변 마을 풍경의 재현이다. 이른 바 "강변마을 같은 대학마을 만들기"이다.

"시골이든 도회지든, 어디든 건물을 만들 때 그것은 마을의 일부이거나 풍경의 일부입니다. 이것이 건축가가 항상 추구해야 할 것입니다. 유감스럽게도 이런 생각으로 일을 하는 건축가는 매우 적습니다."

알바루 시자는 하나의 큰 건물이 아니라 강변의 주택들과 같은 모습을 한 다섯 동의 건물을 계획했는데, 강변 구릉에 있는 주택들의 모습에서 설계 아이디어를 얻었다고 한다. 각 동은 각 학년이 독립적으로 사용한다. 각 동에서는 사방 조망이 가능하고 각 동과 동 사이 빈 공간 덕에 빛과 강변의 아름다운 풍광과의 조응이 가능하게 되었다. 건물 사이로 빛이, 바람이, 풍광이 들어온다. 비움이 있어야 채움을 보완할 수 있다. 각 건물의 모습은 같은 듯 다르고 다른 듯 같은 형상이다. 사람에 따라서는 차이가 먼저 보이기도 하고 같은 반복이 먼저 의식되기도 한다. 차이와 반복의 절묘한 조화가 천진난만하게 펼쳐진다. 시자의 그런 마음이 이심전심으로 전달되었는지 입가에는 절로 미소가 지어진다.

대지의 형상에 따라 각 건물들은 삼각형의 마당을 중심으로 배치해 호젓한 마을의 분위기를 재현한다. 남측 강변 쪽의 다섯 개로 분리된 학년동과 달리 북쪽 고속도로변은 연결된 하나의 복합동으로 구성되어 있다. 행정동과 강당 그리고 도서관은 별도의 형태를 가지지만, 뒤에 있는 고속도로의 소음을 막기 위해 한 동으로 연결한 것이다. 결과적으로 마당을 중심으로 하나의 조용하고 편안한 공동체를 만들게 되었다.

"대학은 공공적이며 동시에 사적인 것입니다. 사람을 만나고 배우는 장소입니다. 그것은 고립된 성직자의 궁전이 아닙니다. 이 지역을 완성해 가는 조직의 일부여야 합니다."

이 대학에서 놀라운 것은 한두 가지가 아니다. 마당을 중심으로 한 호젓한 마을 공동체 같은 대학의 구현이나 주변과 하나로 녹아 있는 풍경의 창조뿐만 아니라 구릉지를 이용해 다양한 지형 레벨을 하나의 건물 안에서 서로 연결해 주는 특유의 솜씨도 놀랍다. 복합동으로 들어가 보면 지층에서 연결된 복도는 경사로를 타고 행정동으로, 다시 여기서 경사로를 타고 전시동으로, 그리고 다시 도서관으로 연결된다. 이런 긴 건축적 산책로를 통해서 방문객이 경험하는 것은 창과 천창으로 들어오는 주변 풍경과 빛의 교향악이다. 각 요소의 단순한 구성이지만 그 형상과 공간을 직접 경험하면, 평범한 요소들을 특별한 것으로 만들어 내는 시자의 능력 덕에 방문객의 잠자고 있던 온갖 감각이 기지개를 편다. 단순해 보여 별로 기대하지 않았다가 빛과 공간의 다양한 변화가 숨어 있는 드라마틱한 공간을 만난다. 그것은 현장이 아니면 사진만으로 알 수 없는 실제성이다. 그래서 시자의 건축은 직접 보아야 한다. 시자의 건축을 체험한 사람들은 무엇을 봤는지 잘 모르겠지만 마냥 좋다고 한다.

가히 음과 양의 조화, 서투름을 가장한 힘 주지 않는 아름다움의 조화, 자연과 인공의 조화를 터득한 자의 솜씨가 아니라 할 수 없다.

알바루 시자 Alvaro Siza 026

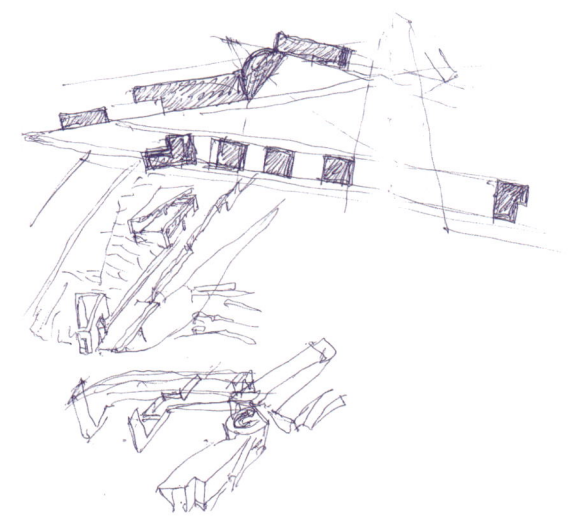

알바루 시자 Alvaro Siza

산타마리아 교회
Santa Maria Church of Marco de Canavezes,
1990~1996

포르투에서 고속도로로 약 한 시간 남짓 떨어진 작은 도시 마르코
데 카나베제Marco de Canavezes에 있는 산타마리아 교회는 예배와 장례를 위한
교회 건물, 주일학교 그리고 사제관으로 구성되어 있다. 새로운 교회 건물들은
기존의 환경에 경의를 표하지만 교회의 존재 가치를 축소하지는 않는다.
이 도시의 집들과 같이 하얀색 외벽은 중세의 성당과는 다르게 교회를
두드러져 보이지 않게 한다. 다만 다소 높아 보이는 형상이 무언가 새로운
것이 있을지도 모른다는 기대 정도를 주고 있다고나 할까.

외관의 단순한 상자형 모습과 달리 내부에서는 극전인 반전이 기다리고
있다. 상당히 높은 10미터의 문을 열고 들어가면 천장 높이 약 16.5미터의
수직 공간이 맞이한다. 우리를 반겨 주는 것은 흰 벽으로 둘러싸인 공간에
쏟아지는 빛이다. 세 종류의 다양한 빛이 사람들을 영적인 세계로 인도한다.
북서쪽 벽에 있는 천장 높이의 두꺼운 곡선 형태로 잘려 나간 세 개의 큰
개구부에서, 남동쪽 벽을 따라 길게 이어지고 있는 수평창에서, 그리고 제단
뒤의 광창으로부터 교회 내부는 빛의 침례를 물을 뿌리는 세례라는 표현보다는 물속에 푹
잠기는 침례라는 표현이 더 어울리는 빛의 충만을 받는다. 서로 다른 빛들은 직선 벽과 곡선
벽을 타고 흐르고 반사되며, 높은 곳에 나 있는 창과 낮은 수평창이 대비되고,
제단 뒤 두 줄기 빛이 서로를 조화시킨다. 이 교회의 모든 것이 익숙한 듯
낯선, 놀라움과 신비함을 준다. 특히 주목하고 싶은 것은 남동측 수평창이다.
예배당 내부 가장 낮은 곳에서 빛을 끌어들여 예배당 전체를 부유시킨다.
앉은 의자의 시선의 눈높이에서 자기가 살고 있는 삶의 현장이 파노라마처럼
펼쳐진다. 단지 긴 수평창 하나일 뿐인데 성과 속을 이어 준다. 마을에서
일어나는 일들을, 외부의 세상에서 일어나는 일들을 미사 중에도 느낄 수
있게 해 준다. 이 장치를 통해 경배자의 마음을 신뿐 아니라 주변의 사회와
마을 너머의 자연으로까지 확장시켜 주는 것이다.

"산타 마리아 교회에서는 건물을 바라보았을 때의 조망을 바꾸기 위해 많이 노력했을 뿐 아니라 건물로부터 바라보는 경관을 바꾸기 위해서도 노력했습니다. 예를 들자면, 교회의 본당에는 당신이 제단을 향하고 있을 때 오른쪽이 되는 방향의 벽을 따라 낮게 수평으로 가느다란 창이 나 있습니다. 자리에 앉은 사람들은 갑작스럽게 마을 너머의 언덕을 내다보게 됩니다. 지평선이 실내로 밀려들어 오게 되지요."

시자는 이 교회의 건축뿐 아니라 제단·가구·성수반·십자가 등도 디자인했다. 특히 십자가 디자인을 위해서 많은 스케치를 했는데 십자가를 벽에 붙이는 것이 아니라 교회 바닥에 설치했다. 그것은 많은 논란을 일으켰다. 당시 교회의 전통은 십자가가 벽 위에 붙어 있어야 하기 때문이었다. 그러나 중재자와 구원자로서 예수의 의미에 대한 재해석의 주장을 펼친 한 노 성직자 덕분에 건축가의 새로운 제안은 받아들여졌다. 뛰어난 건축가와 성직자 그리고 성도들이 합심해 이 시대의 소중한 자산을 하나 더 인류에 남기게 된 것이다.

알바루 시자는 노트에 천사를 많이 스케치한다고 한다. 이 험하고 부박한 세상에 무슨 희망을, 위로를 주려고 천사는 내려오는 것일까? 잘은 모르지만 이 작은 우리나라의 수많은 대형교회를 기억해 보라. 많은 경우에 그 건물이, 그 공간이 신의 세계와 인간의 세상을 조화되게 하고 있는 것은 드물지 않은가? 교회에는 천사가 내려올 듯싶다. 천사가, 사람이, 빛이, 풍경이, 세상이 들고 날 수 있는 창이, 공간이 있으니…

알바루 시자 Alvaro Siza

포르투 현대 미술관
Contemporary Art Museum of Porto, 1999

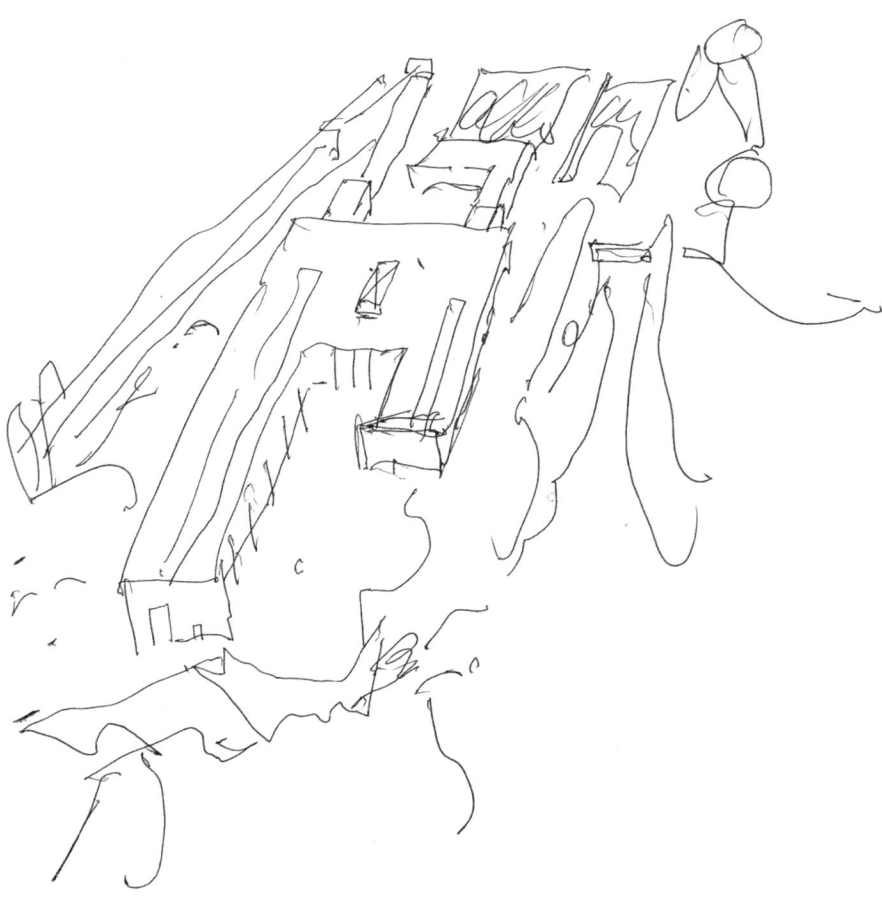

알바루 시자 Alvaro Siza

포르투 현대 미술관은 비젤라Vizela 백작의 사저 및 정원으로 1930년대에
조성된 땅에 있다. 가장 큰 저택을 전시공간으로 사용했는데, 이를 새로운
미술관으로 대체하는 프로젝트였다. 여러 차례의 계획안 변경 과정을 거쳐
알바루 시자는 기존 나무의 희생이 최소한이 될 수 있는 곳과 대중의
접근이 용이한 곳으로 미술관의 위치를 잡는다. 알바루 시자는 여기서도
특유의 대지와 건축을 결합하는 방식을 보여 준다. 넓은 공원의 자연을 맘껏
포용하는 단아한 미술관을 선보인 것이다.

"사실 세랄베스의 모든 것은 정원의 나무 옆에 놓인 빌라와 같습니다.
저는 화가들이 자신의 작품을 스튜디오에 쌓아 두고 창을 열어
외부 세상을 향해 열려 있는 모습을 떠올렸습니다."

자연과의 조화를 위해 알바루 시자는 우리의 절이나 서원의 배치와
유사한 방법을 사용했다. 즉 일주문과 같은 주출입구를 지나면 널따란 마당이
나오고, 다시 강당 옆에 붙어 있는 매표소를 지나면 강당과 미술관 사이의
중간 마당이 나오고, 마지막으로 미술관은 'ㄷ'자 형태로 평면이 구성되어
있어 마당과 같은 중정을 둘러싸고 있는 형상이 된다. 이런 과정적 공간을
통해 햇살과 바람을 맞으며 자연과 혼연일체가 되는 경험을 하게 된다. 이러한
건축적 산책은 외부 공간뿐 아니라 내부 공간에도 그대로 이어진다. 미술관에
들어서서 안내 데스크를 지나면 두 개 층 높이의 진입 홀을 만나게 된다.
사각형의 천창이 있는 이곳은 내부의 수직적 동선과 수평적 동선을 연결하는
중심이 된다. 미술관 내부를 다니면서 다양한 크기의 공간 속에 놓여 있는
미술품을 만나고 동시에 섬세하게 계획된 창들을 통해 마주치는 주변의
풍경과 마당의 모습도 만나게 된다. 관람객은 인간이 만든 예술과 신이 만든
예술을 동시에 경험하는 것이다. 그제야 우리는 알게 된다. 평범한 듯 단순한
외관 속에 보석들이 숨어 있다는 것을.

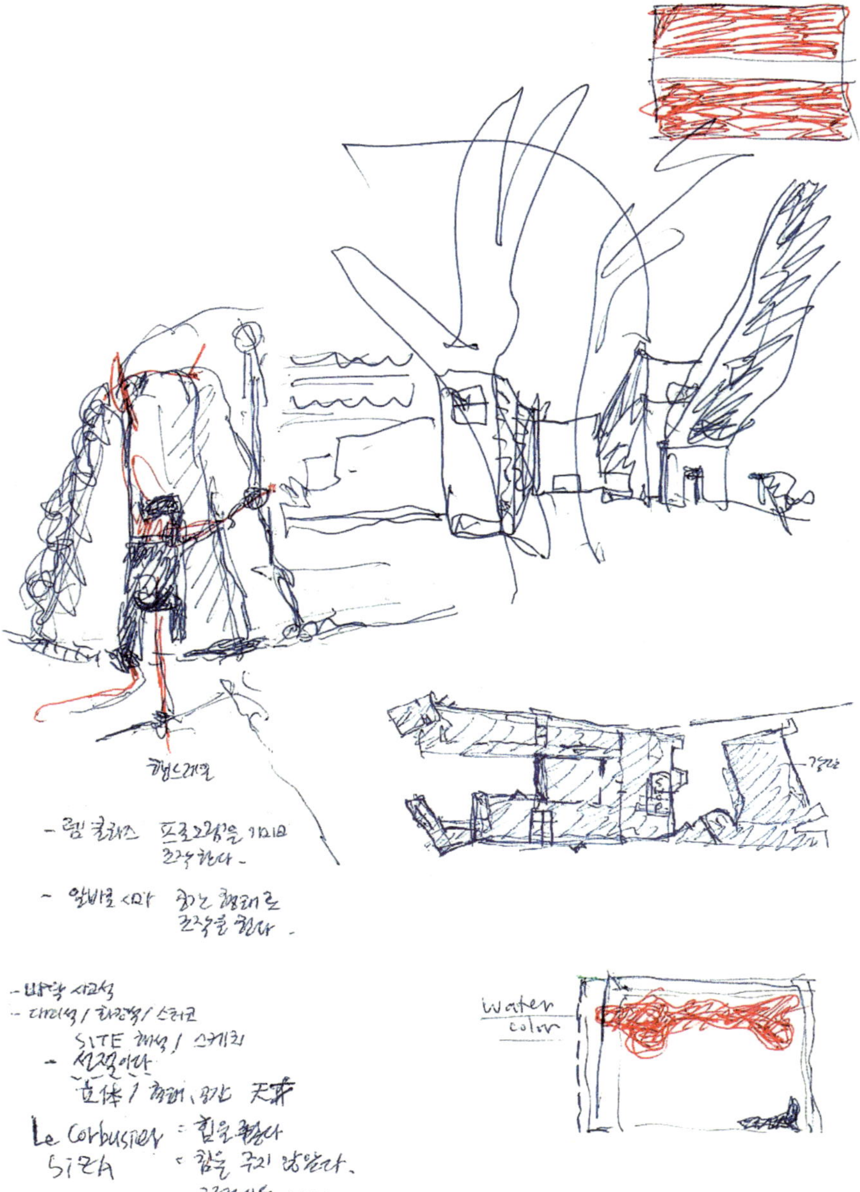

핸드래일

- 렘 쿨하스 프로그램을 가미뷔 건축한다.
- 알바로 시자 좋은 형태로 건축을 한다.

- 발확 시교석
- 대지성 / 지역성 / 스러그
   SITE 해석 / 스케치
- 선정이다
   立体 / 형태, 외부 天井

Le Corbusier : 힘을 준다
Siza : 힘을 주지 않는다.
        그런데오 ‥‥‥

알바루 시자 Alvaro Siza

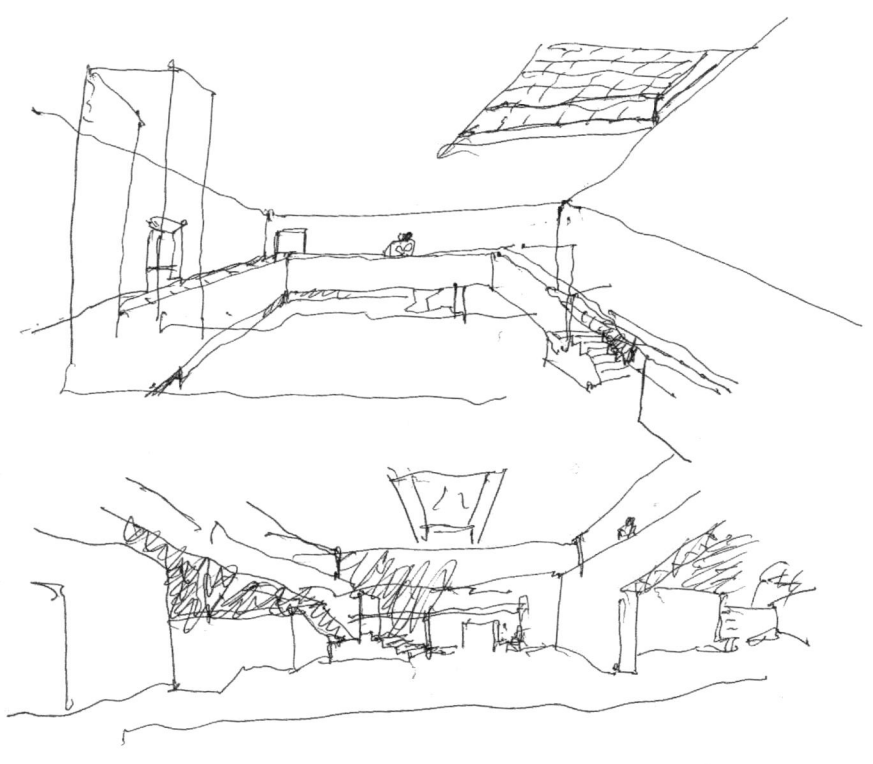

"사실 세랄베스의 모든 것은 정원의 나무 옆에 놓인 빌라와 같습니다. 저는 화가들이 자신의 작품을 스튜디오에 쌓아 두고 창을 열어 외부 세상을 향해 열려 있는 모습을 떠올렸습니다."

추상적 형태에 깃든
외유내강의 아름다움

데이비드 치퍼필드
David Chipperfield, 1953~

1953년 실내건축 장식업자의 아들로 태어나 영국 남부에 있는
데본Devon의 한 농장에서 자랐다. 전통적인 방식을 고수하며 구조와 기술까지
동일한 비중으로 수업하는 보수적인 학교인 킹스턴 폴리테크닉에 진학해
건축을 공부하다가 진보적인 AA스쿨로 옮겨 모더니즘의 정수를 배운다.
AA스쿨에서 렘 콜하스Rem Koolhaas, 레온 크리에Leon Krier,
베르나르 추미Bernard Tschumi, 자하 하디드Zaha Hadid 등과 교류한다.
졸업 후 리처드 로저스와 노먼 포스터의 사무소에서 근무했으며
1985년 자신의 사무소를 설립해 현재까지 영국·독일·프랑스·일본·미국
등에서 활발히 작품 활동을 하고 있다.

데이비드 치퍼필드는 영국 남부 데본의 농장에서 자랐다. 이런 성장 배경은 본능적으로 건축에 관심을 갖는 계기가 되었다. 붉은 흙의 언덕들, 경작지들의 흙 냄새, 빛나는 대지, 울타리를 넘나드는 시냇물 그리고 농장 일로 흘리는 땀 등은 어린 그에게 가장 강한 물리적·촉각적·건축적 경험으로 자리 잡게 된다.

"이런 것들이 나에게는 프루스트 현상의 일종입니다. 내게 기억의 향수를 불러일으키는 것은 경작지의 흙입니다. …그 냄새들은 믿을 수 없이 강한 것이었습니다. … 가장 강력한 건축적 체험이 이것들이었습니다.

아마도 그의 건축에 깃들어 있는 설명할 수 없는 온기의 정서는 여기서 나온 것인 듯하다.

데이비드 치퍼필드는 '조용한 사람'이다. 이 표현만큼 그를 잘 나타내 주는 설명이 또 있을까? 그의 목소리는 작고 나긋나긋하다. 수다스럽지 않고 차분하다. 조용하지만 묵묵히 자신의 길을 걸어 가는 데이비드 치퍼필드에게 상복이 터졌다. 2010년에는 영국과 독일에서의 건축에 대한 공헌을 인정받아 기사 작위를 받았고, 2011년에는 영국 여왕이 수여하는 건축 상인 로열골드메달Royal Gold Medal과 유럽연합에서 2년마다 수여하는 유럽 최대의 건축 상인 미스 반데어로에 상을 수상했다.

하나의 건축이 아니라 일생 동안의 작품 활동을 평가하며 상을 주는 로열골드메달을 수여하며, 영국왕립건축협회는 그의 작품에 대해 "차분하면서도 우아하고, 아름다운 디테일이 돋보이는 건축"이라며 찬사를 보냈다. 베를린의 신 박물관으로 미스 반데어로에 상을 수여하면서 유럽 건축가협회는 "현대와 과거의 놀라운 조화"라고 상찬했다. 이 모든 것은 데이비드 치퍼필드와 그의 건축을 이해하는 데 좋은 단편들이다.

1980년대 전반 영국에서 힘을 발휘했던 포스트모더니즘 유행과는 궤를 달리하는 상대적으로 작은 소규모 건축가 모임인 9H 갤러리를 창설하고, 젊은 세대의 대표적인 인물이 된다. 케네스 암스트롱Kenneth Amstrong, 에릭 패리Eric Parry, 알란 스텐튼Alan Stanton, 존 포손John Pawson, 폴 윌리엄스Paul Williams 에바 이리크나Eva Jiricna, 릭 매더Rick Mather, 데이비드 와일드David Wild 등이 모여, 전시회와 출판을 통해 많은 활약을 했다.

얼핏 데이비드 치퍼필드는 탄탄대로를 달려온 것처럼 보일 수도 있다. 그러나 그 길은 쉬운 길이 아니었다. 영국에서 많은 건축가들은 대학 졸업 후 작은 규모의 프로젝트나 불안정한 강사 직업을 가지고 생계를 꾸려 나간다. 오히려 반 실업 상태에 있다는 것이 맞는 표현일 것이다. 치퍼필드도 초기에는 마찬가지 상황이었다. 그는 돌파구를 인테리어나 외국의 프로젝트에서 찾았다. 1985년 런던 슬로안 거리에 있는 이세이 미야케 상점 인테리어 설계는 런던 패션계에 그를 유명하게 만들었을 뿐 아니라 일본과 가까워지도록 해 주었다. 이후 그는 40대의 비교적 젊은(?) 나이에 이름이 점점 알려지기 시작하며, 오늘날에 이르게 되었다.

비 독창적 건축가이자 중용의 건축가

치퍼필드는 건축이란 독창적인 것이 아니라고 생각한다. 그는 대가들과 동시대의 선생들에게 배우고 끊임없이 자극받고 있음을 순순히 인정한다. 안도 다다오Ando Tadao의 공간 구축의 힘, 라파엘 모네오Rafael Moneo의 문맥의 중요성, 티치노학파, 특히 루이기 스노치Luigi Snozzi의 장소의 감각, 알바루 시자의 맥락적 시학과 루이스 바라간Louis Barragan의 미니멀리즘에 깊이 자극받았다고 고백한다. 얼마나 건강하고 자연스러운가? 일부 건축가들이 외국 건축가의 작품을 베끼고 모방하면서 스스로의 작품인 양 시치미를 뚝 떼는 모습과 얼마나 대조적인가? 건축은 하루아침에 이루어질 수 없고,

자기의 색깔을 내기 위한 습작 기간은 부끄러움이 아니지 않은가? 그리고 이러한 자극은 중견 건축가가 되어서도 계속 필요한 것이리라.

그는 새로운 형태를 만들어 내고 독특한 실험을 하기보다는 가까운 과거를 존중한다. 기꺼이 모더니즘 및 미니멀리즘 계보를 잇고자 한다. 그의 족보에는 미스 반 데어 로에Mies van der Rohe, 루이스 바라간, 루이기 스노치, 안도 다다오 등이 거론될 수 있다. 이런 행보가 그의 정체성을 훼손시키지 않는다. 그의 건축에 보이는 기시감은 안이한 모방이 아니라, 창작과 역사의 선례 사이에 열린 조화의 수용에 있다. 그는 모든 면에서 중용을 추구한다고 볼 수 있다. 모더니즘은 그에게 실패한 것도 아니고, 역사와의 단절도 아니다. 그는 케네스 프램튼Kenneth Frampton의 지적을 인용하며 이렇게 이야기 한다.

> "모더니즘은 살아 있고 왕성합니다. 바라간, 시자, 안도처럼 모더니즘의 지역적 버전인 건축가들만 봐도 알 수 있듯이, 모더니즘이 보편적이고 개성이 없는 것이 아니라는 것을 잘 보여 주고 있습니다."

그는 모더니즘의 도그마인 기능, 추상적 형태, 효율, 기계, 기술의 한계를 인정하고 더 발전시켜야 될 필요가 있는 것으로 인식하지만, 동시에 현재의 특성이라고 회자되는 일시성·변화·자극·부유성·신속성에 대해서도 이것들만이 전부라고 쉽게 동의하지 않는다.

건축은 그 둘 사이의 그 어딘가에 있다고 믿는다. 그는 여러 면에서 중용과거와 현재, 모방과 창조, 전통과 현대…을 추구하는 건축가이다. 그리고 그것을 찾아 탐험과 탐구를 계속 해 나간다.

이론적 건축보다는 실질적 건축을 추구

건축가에게 철학·사상·이론·사고란 없어서는 안 될 존재 그 자체이다. 때때로 건축가들은 철학가이거나 사상가이거나 이론가가 된다. 건축가들을 두 가지 종류로 나눌 수 있다. 이론을 표방하며 이를 건축화하는 건축가들과 건축의 실천을 통해 자신의 사고를 펼쳐나가는 건축가들이 있다. 치퍼필드는 이론적인 건축보다는 실질적인 건축을 추구한다. 이론을 먼저 만들고 이를 실행하는 것에 거리를 두면서, 작업을 통해 이론에 접근하려는 것이다. 건축은 구체적이고 물리적인 존재이며, 이러한 힘을 통해서만 진정한 가치를 갖는다고 믿는다.

"나는 이데올로기가 아니라 보다 소박하게 실제에 접근할 때 건축이 얼마나 많은 영향력을 갖게 되는가에 놀라게 됩니다. 아름다운 건물은 그 자체로 아름다울 수 있으며, 그 이상의 목적을 갖지 않는다고 생각합니다."

그는 장소, 형태, 공간 그리고 재료를 통해 표현된 건축의 물리적 힘을 신뢰하며 추구한다.

이 시대의 모든 담론을 담아 내고 그것을 표현하려는 욕심과 야망이 그에게는 없다. 그에게는 선언과 주장이 없다. 오히려 묵묵히 건축을 설계하고, 그것에 집중한다. 그래서인지 조용하거나 겸손하다는 평가를 받는다. 말이나 이론과 책을 통해서가 아니라 건축을 통해서 자기의 생각을 이야기한다. 궁극적으로는 우리들이 주변의 건축이 이야기하는 것을 들을 수 있는 귀를 갖기를 바라는 것일 것이다.

비 파격적 건축가이자 외유내강의 건축가

현대 건축계의 이슈 메이커는 누구일까? 대중에까지 회자되는 스타 건축가는 누구일까? 그것은 빌바오 구겐하임 미술관으로 세상을 놀라게 한 프랭크 게리Frank O. Gehry이거나, 엄청난 에너지로 세상을 휘몰아치는 자하 하디드, 살아 있는 건축을 만드는 유엔 스튜디오의 벤 판 베르켈Ben van Berkel 등일 것이다. 이들의 작품은 대부분 매우 스펙타클하게 보인다. 파격적 형태, 조소적 형상, 실험적이고 독창적인 재료의 사용 등으로 사람들을 놀라게 하고 눈을 번쩍 뜨게 만드는 경이의 세계를 경험케 한다. 세상을 살다보면 이런 파격도 필요하지만 절제와 소박 그리고 때때로의 침묵과 고요도 필요하다. 치퍼필드의 작업은 후자에 속한다.

"건축물 중에는 특별한 프로젝트로 사람과 관계를 맺고, 강렬한 인상을 심어 주고, 건축의 큰 가능성을 보여 주는 것도 있지만, 중요한 것은 그게 전부가 아니라는 것입니다…. 내가 염두에 두고 있는 것은 특별한 순간이나 판타지를 경험하게 하는 것이 아니라 순수한 건축이 아주 일상적인 것들과 관계를 맺는 것입니다. 나는 요란하고 스펙터클한 것보다는 차분한 품격 quiet quality 을 선호합니다."

스펙터클하거나 파격적인 건축은 사람들로 하여금 건축과 거리를 두게 만든다. 사람들은 건축에 동화되지 않고 관찰자로 머문다. 그에 비해 조용하고 절제된 건축은 사람들을 포용하고 껴안는다. 그는 가히 외적으로는 조용하고 단순한 건축을 만들지만, 내적으로 풍요롭고 울림이 있는 건축을 만들어 낸다. 놀랍게도 그는 우리나라 백자의 아름다움을 이야기한다.

"더 이상 응축될 수 없는 경지로 본질을 파고 들어가며 미를 추구하는 것은 보편적인 것입니다. 한국의 도자기에서 그런 미학을 발견했습니다. 한국의 도자기는 한국 역사의 특별한 순간을 담고 있는 것으로 보였습니다. 거기서 문화의 정점, 완벽함을 보았습니다. 특히 백자가 인상적이었는데 자기로서 그것보다 더 아름다운 것을 생각하기 힘들었습니다. 제가 추구하는 게 그런 것입니다. 핵심적인 것, 강한 재료의 질, 형태의 명료함, 완벽한 것과 완벽하지 않은 것의 균형, 이것이 휴머니티입니다."

전시회 "폼 매터스"

런던 디자인 뮤지엄에서 전시했던 "폼 매터스Form Matters"전의 작품 중 주요 작들을 전시하는 건축가 데이비드 치퍼필드의 전시회가 서울 종로구 사간동 갤러리 현대에서 2011년 3월 6일부터 12일까지 있었다. 치퍼필드의 말처럼 전시 제목은 두 가지 의미가 있는 전시회였다. "형태가 중요하다"라는 뜻도 되고 "형태와 재료들"이라는 뜻도 된다. 요란하고 파격적인 형태보다는 단순하고 순수 기하학적인 형태를 선호하는 치퍼필드의 전시회이기에 이런 해석이 가능하다.

「조용하고 소박한 형태가 더 소중하다. 절제된 형태가 더 오래갈 것이다. 그러니 그러한 형태가 물질화 되는 것을 이 전시회를 통해서 느껴보라. 눈에 보이지 않는 형태가 눈으로 현현하는 것은 재료라는 물질로 인해서다. 여러분들이 보는 물질들은 단지 물질이 아니라 건축의 본질이며 그 자체이다.」

치퍼필드는 이렇게 말한다.

"전시회의 제목 "폼 매터스"는 우리가 건축가로서 작품에 대해 고민하는 두 가지 측면들을 반영하고 있습니다. 그것은 형태와 자재, 모양과 물질, 형태적 아이디어와 물리적 구현입니다. …재료 자체가 본질이라는 의미를 담은 셈입니다. 건축의 재료라고 하면 유리나 벽돌 같은 건물 표면의 재료를 떠올리지만, 그것은 정말 두께가 얼마 안 되는 껍데기skin에 불과합니다. 건축물은 외피, 그 이상입니다. 건물이 그 동네와 장소에 어떤 의미가 되고, 또 사람들과 어떤 관계를 맺을지에 대해 고려하는 과정을 거쳐 형태와 재료를 결정하게 된다는 뜻입니다. 이 전시는 내가 했던 프로젝트의 이미지를 보여 주는 자리라기보다는 아이디어가 어떻게 현실화됐는지를 보여 주는 자리입니다."

전시회에 대해 단순한 모형의 집합들이어서 무미건조하고 심심했다는 반응이 있었는가 하면, 묵직한 감수성을 느낄 수 있었던 좋은 전시회였다는 평도 있었다. 이런 반응은 그의 건축에 대한 반응들과 정확히 일치한다. 그의 건축은 심심하고 지루한가? 아니면 풍요롭고 깊은 울림이 있는가?

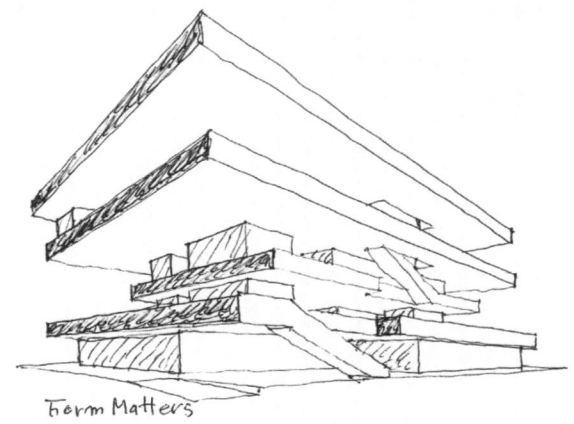

베를린 신 박물관

Neues Museum, Museumsinsel, Berlin,

1997-2009

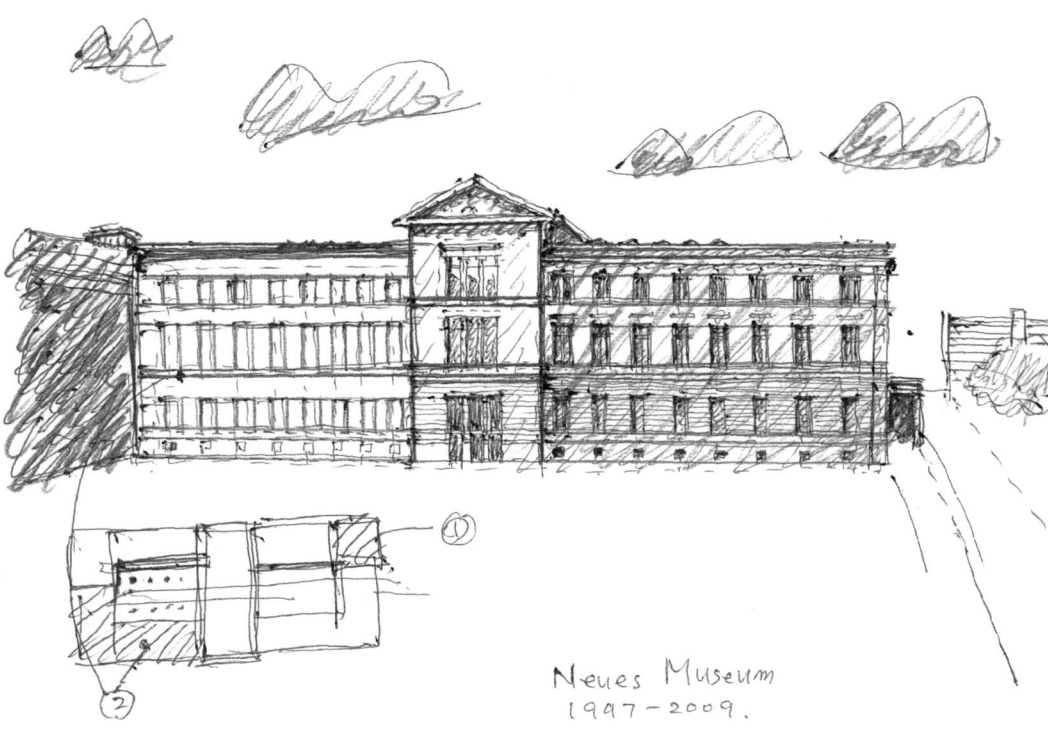

세계 문화의 수도는 파리만이 아니다. 오히려 통일된 독일의 새로운 수도 베를린이 그 자리를 차지할지도 모른다. 왜? 베를린에는 박물관의 섬Museumsinsel이 있기 때문이다. 박물관의 섬은 베를린의 중심을 흐르는 슈프레 강의 북쪽에 위치한 섬이다. 이 섬에 '박물관의 섬'이란 이름이 붙은 것은, 프로이센 왕국의 프리드리히 빌헬름 4세가 "예술과 과학"에 많은 투자를 했고, 이후에도 많은 박물관들이 들어섰기 때문이다. 이곳에는 박물관의 섬에서 가장 오래된 구 박물관Altes Museum, 1830, 신 박물관Neues Museum, 1859, 구 국립미술관Alte Nationalgalerie, 1876, 보데 박물관Bode Museum, 1904, 페르가몬 박물관Pergamon museum, 1930 등이 있다. 1999년에 박물관의 섬은 유네스코 세계유산으로 등록되었다.

이 중 신 박물관은 2차 세계대전 때 폭격으로 많은 부분이 손상되었다. 전쟁 후 약 70년간 방치되다가 1997년 국제 현상설계에서 데이비드 치퍼필드와 복원 전문가인 줄리안 하라프Julian Harrap가 당선되었다. 당선 후 복원 작업이 진행되던 10년 동안 논쟁으로 매우 시끄러웠다. 즉 원형 그대로의 복원을 주장하는 사람들과 보다 더 기념비적인 새로운 복원 작업을 주장하는 사람들의 목소리가 각기 뜨거웠다. 치퍼필드는 이번에도 중용의 길을 택한다.

과거의 것을 존중하되, 단지 과거를 따르는 것이 아니라 과거와의 연속선상에서 복원을 하고, 과거 전쟁의 상처와 흔적은 지우지 않고 그대로 보존하는 것이다. 이런 중용의 전략은 한편으로는 너무 원형대로 복원하지 않았다는 불만과, 또 다른 편에서는 너무 그대로 놔두었다는 항의를 들어야만 했다.

여기에 스펙터클한 변화는 없다. 과거에서 멈춰 버리지도 않았다. 다만 거의 느끼지 못할 정도로 느린 속도의 변화 그래서 잘 감지하기 어려운 변화만이 있을 뿐이다. 언제나 삶은 그러하지 않았는가? 시간은 우리 감정의

기복과 관계없이, 인생의 희로애락과 상관없이 흘러 갔고, 가고 있고, 흘러 갈 것이다. 건축도 그러할 수 있을까? 이 조용한 건축가는 그럴 수 있다고 믿는 것 같다.

비판적인 일부 평론가들과는 상관없이 2009년 개관 후 첫 해 동안 약 140만 명이 다녀갔다. 아마도 사람들은 치퍼필드의 신념을 인정하는 것 같다. 이 박물관에서 조용하지만 시간은 멈춰 있지 않을 것이고, 느린 듯 하지만 공간도 단지 정적이지는 않을 것이다.

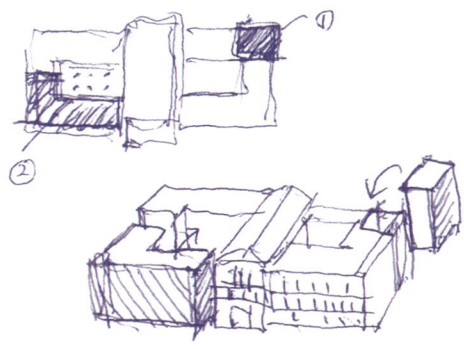

데이비드 치퍼필드 David Chipperfield

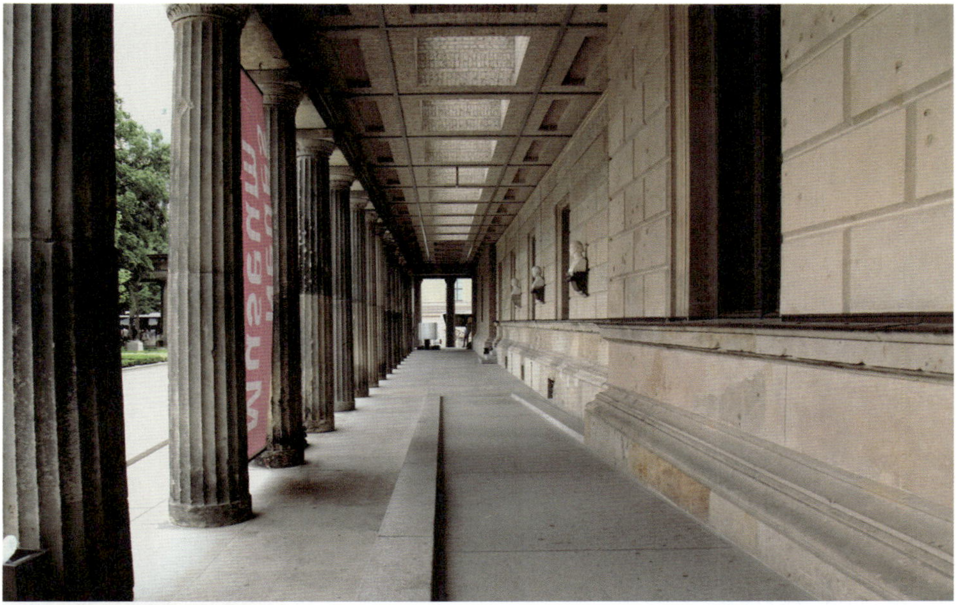

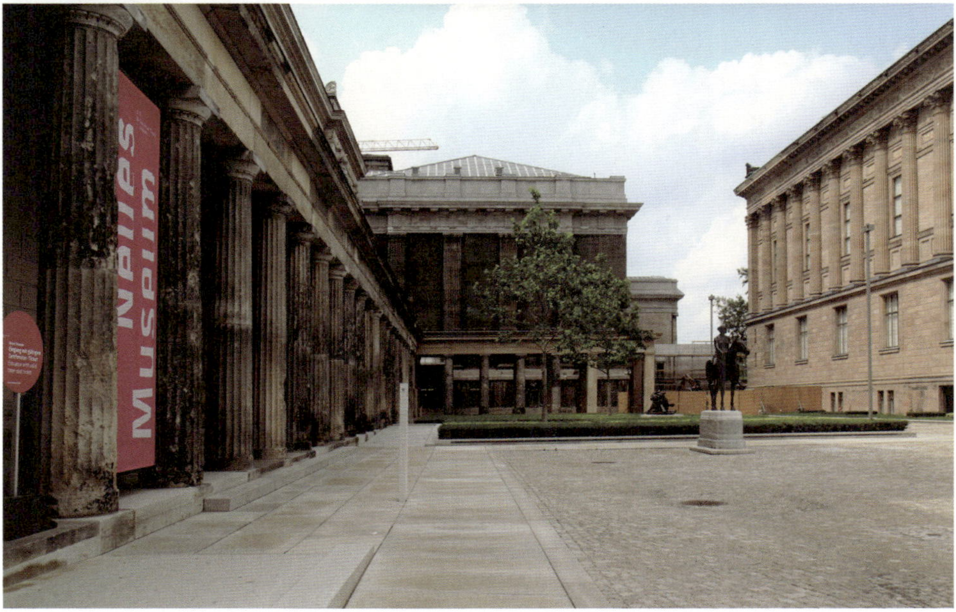
Neues Museum

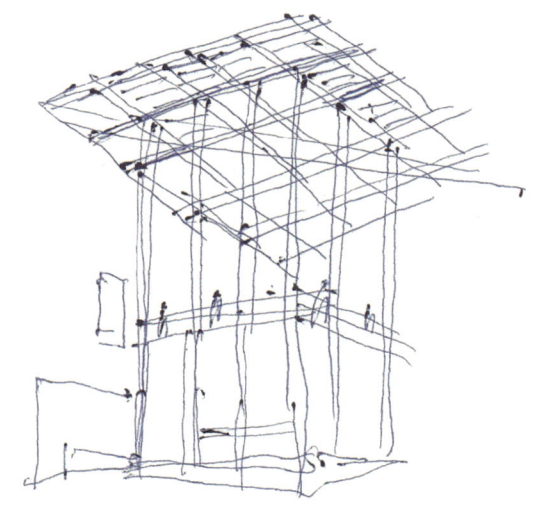

데이비드 치퍼필드 David Chipperfield

쿠퍼그라벤 10 갤러리

Gallery Building 'Am Kupfergraben 10', Berlin,
2003~2007

데이비드 치퍼필드 David Chipperfield

쿠퍼그라벤 10 갤러리는 베를린 박물관의 섬을 둘러싼 운하의 서쪽 맞은편 모서리 땅에 자리한다. 치퍼필드가 설계한 박물관의 섬의 입구 역할을 하는 제임스 시몬 갤러리James Simon Gallery가 한창 공사 중인 가운데 이미 지어진 베를린 신 박물관과 이 갤러리는 운하를 사이에 두고 마주보고 있다.

주변의 시간과 역사를 담고 있는 옛 건물들에 둘러싸인 대지는 치퍼필드에게도 쉽지 않은 도전이었을 것이다. 먼저 그는 인접한 오래된 두 건물에 대한 존중과 배려로 시작한다. 북측의 4층 높이 건물과 서측의 3층 높이 건물에 대한 도로 경관 높이의 섬세한 대응을 보라. 4층 규모인 이 갤러리의 구성은 단순한 듯 섬세하고, 무심한 듯 주변과의 조화에 깊이가 있다. 기존 북측의 4층 높이 건물과는 높이를 맞추나, 3층과 4층의 창을 하나로 연결함으로써 3층 구성으로 보이게 입면의 변화를 주었고, 4층 부분을 뒤로 물러나게 함으로써 서측 건물과 높이를 맞추고 연속선을 확보했다. 가히 조화와 변화, 연속과 변형의 섬세한 솜씨를 힘주지 않고 보여 준다.

단순한 박스형 매스에서 시선을 끄는 것은 움직이며 변화하는 벽과 창의 구성이다. 보행자에게 시각적으로 흥미를 주면서도, 수평 수직 창의 자유로운 구성은 경쾌한 리듬감을 준다. 창들의 위치와 크기가 단지 외관의 이미지를 위한 것이 아니라는 것은 내부의 전시실로 들어가면 확인할 수 있다.

큰 유리창을 통해 전시실 내부로 들어오는 빛은 밝고 경쾌하다. 관람객은 전시되고 있는 현대 미술에서 빛으로, 빛에서 큰 유리창으로, 큰 유리창에서 외부로 자연스럽게 시선을 돌린다. 그리고 맞이하는 것은 박물관의 섬에 있는 박물관들이고, 역사를 머금고 있는 베를린의 오래되고 아름다운 시가지이고, 고도 베를린을 유유히 흐르고 있는 슈프레 강의 푸른 물결이다. 이곳에서 현대 미술들은 박물관의 섬들의 오래된 유물들과 대조를 이루며 자리를 잡고 있다. 결국 관람객은 조용히 알게 된다. 자신이 예술과 문화의 향연 속에서 거닐고 있다는 것을, 그리고 그 축복을 조용하고 섬세한 건축가의 건축 안에서 경험하고 있다는 것을…. 아마도 이런 경험을 하고 있을 관람객들을 생각하며 데이비드 치퍼필드는 조용히 미소 짓고 있을 것이다.

Kupfergraben 10, Berlin
Gallery

데이비드 치퍼필드 David Chipperfield

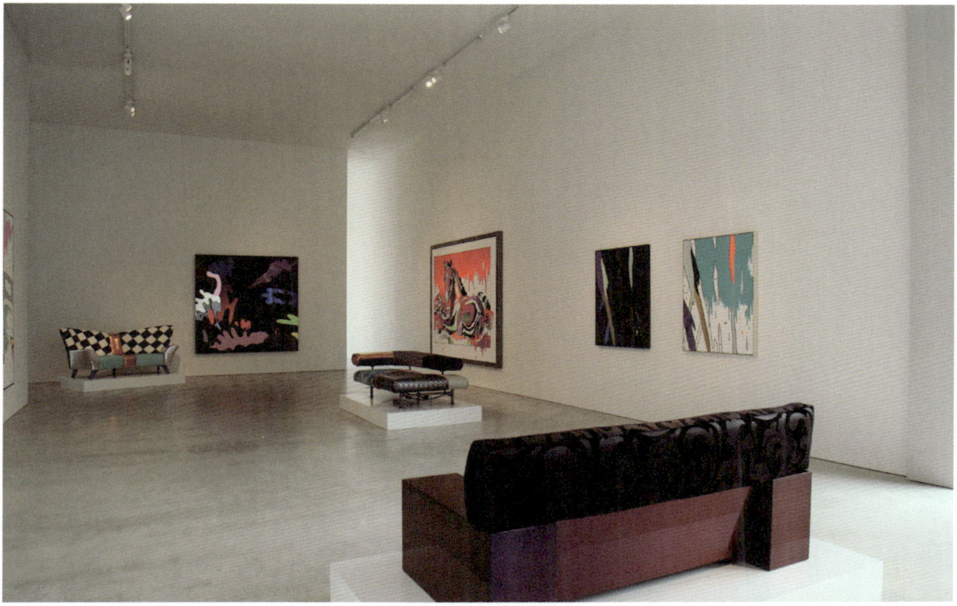

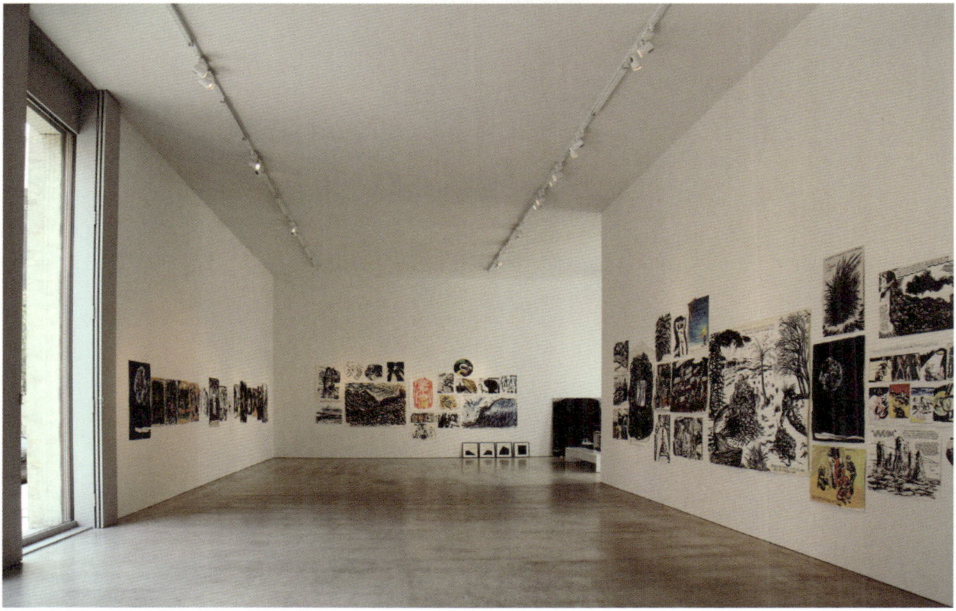

건축을 시로
변화시키는 연금술사

피터 줌터
Peter Zumthor, 1943-

1943년 스위스 바젤 외곽의 시골에서 가구장이의 아들로 태어났다. 어린 시절 매년 온가족이 예배를 드리러 갔던 바로크양식의 교회에서 경험한 '건축 체험'은 그의 내면에 하나의 불씨가 되었다. 1963년에 바젤미술대학에서 가구, 산업디자인, 실내디자인을 공부하고 뉴욕의 프랫대학교Pratt Institute에서 실내디자인과 건축을 공부했다. 졸업 후 스위스로 돌아와 1968년부터 그라우뷘덴 주Graubünden 문화재 관리부의 건축고문 겸 주택조사관으로 일했다. 1979년에 자신의 건축사무소를 시작했다. 스위스의 작은 도시나 외딴 마을의 작고 소박한 프로젝트들이 대부분이었던 피터 줌터는 2009년 프리츠커 상을 받았다. 그의 작업은 지역성이 드러나면서도 현대적이며 독창적이다.

스위스의 경제 수도이자 제1의 도시 취리히에서 동쪽으로 120킬로미터 정도 떨어진 곳에 인구 삼만 명의 작은 도시 쿠르Chur가 알프스의 웅장한 산들 사이로 살포시 숨어 있다. 이곳에서 출토된 고고학적 자료들은 이 작은 마을 같은 도시가 스위스에서도 가장 오랜 정착지임을 증명한다. 쿠르는 작지만 소박하고 아담하지만 아름답다. 눈 덮인 알프스 산들의 보호 아래 있는 이 작은 도시는 사람의 발걸음을 느리게 만드는 힘이 있다. 잘 알려지지 않은 이 작은 소도시를 찾은 것은 한 건축가 때문이다. 피터 줌터. 사랑한다고 고백하고 싶은 그의 건축을 직접 찾아보고 온몸으로 껴안고 싶어서.

사랑에 빠진다는 것은 특별하다. 그러나 건축과 사랑에 빠진다는 것은 그 무엇보다도 특별하다. 인간은 언어 이전에 건축공간과 조우한다. 어머니 뱃속 자궁이 그러하며, 그것을 벗어나 맞이하는 세상도 새로운 하나의 공간이자 세계이다. 그리고 인간은 건축 안에서 먹고 자고 공부하고 일하고 사랑하고 기도하며 살아간다. 우리가 특별히 의식하지는 못하지만 건축은 인간 존재와 떼려야 뗄 수 없는 관계이다.

주소 하나만 달랑 들고 무작정 길을 나선다. 작은 도시 쿠르에서도 차로 약 삼사십 분 떨어진 거리에 시계가 멈춰 버린 작은 마을 할덴슈타인Haldenstein이 있다. 나무로 지은 오래된 집들이 정겹다. 나무집들은 시간의 흐름을 거스르지 않고 세월과 더불어 나이 들어간다. 늘 머릿속으로 그리던 풍광이다. 자동차 한 대가 겨우 지나갈 정도의 좁은 길을 뚫고 한참을 헤매다 드디어 동네의 여느 작은 나무 창고 같은 그의 사무소를 찾았다. 희귀본이 된 피터 줌터의 작품집, *Peter Zumthor Works* 에서 본 그의 사무소 외양의 '간절한' 기억만이 가까스로 이런 만남을 가능하게 했다. 이런 외딴 곳에, 이런 한적한 곳에, 이런 조용한 곳에 건축가의 아틀리에가 있다니….

더 적은 것이 더 많은 것이다 Less is more

이 말은 건축뿐 아니라 미학 그리고 철학적 의미를 모두 담고 있다. 우리는 때때로 더 적은 것이 더 많은 것을 나타내고 표현하고 의미하는 것을 본다. 시詩를 생각해 보자. 모든 시가 그런 것은 아니겠지만 함축된 단어로 노래한 시를 통해 몇 권 분량의 글이나 언설보다도 더 큰 울림과 여운을 남긴다. 우리의 욕망은 "더 많이 더 높이 더 빨리"를 외치지만, 그럴수록 우리의 영혼은 더 여유 없고 더 각박하고 더 흔들리곤 한다. 때론 큰 부보다는 검박함이, 화려함보다는 소박한 절제가 우리를 숨 쉬게 해 준다.

피터 줌터의 건축과 삶은 그런 우리의 영혼을 때리는 죽비가 된다. 그의 사무소는 스위스의 작은 도시에서도 더 떨어진 작은 마을, 할덴슈타인에 있다. 소형차 한 대가 겨우 지나갈 수 있는 좁은 길을 뚫고 지나가면 마치 작은 나무창고 같은 사무소가 있다. 직원 수도 겨우 열 명 정도이다. 그는 일 년에 두서너 프로젝트만 진행한다. 그 단순하지만 깊은 울림이 있는 이 두서너 프로젝트들은 모두 시가 된다.

"좋은 건축가들이 많은 주문을 받으면 소모되고 맙니다. 결국 조합할 힘을 갖지 못하게 됩니다. 물론 이렇게 적은 프로젝트만을 진행하는 내 태도가 외국에서는 '산속에 사는 자폐적인 은둔자'라는 평판을 만들어 내긴 했습니다. 앞으로도 이런 평판을 들으며 살 것입니다. 단 친절하게 거절하려고 노력할 겁니다."

미국의 건축가 로버트 벤투리 Robert Venturi는 "적은 것은 지루하다 Less is bore"라고 말했다. 어떻게 생각하면 이 말이 더 솔직하게 들릴 수 있다. 그러나 우리에게 거장으로 불리는 몇몇 예술가들과 건축가들은 더 적고 더 단순하고 더 순수한 것으로 더 가치 있는 것을 만들어 내 깊은 감동을 주곤 했다. '단순함'은 지루함이나 부족함이 아니라 아름다움이다. 건축의 궁극적인

미, 아니 예술의 궁극적인 아름다움은 '단순함'이라는 것을 낮은 목소리로
이야기한다, 피터 줌터와 그의 건축은.

근원으로 회귀

피터 줌터는 건축을 질문으로 시작한다. "건축의 교육과 건축의 배움"이라는
글에서 그는 이야기한다.

"건축을 배우려는 젊은이들에게 무엇을 가르쳐야 할까요? 무엇보다 먼저,
건축을 한다는 것은 스스로에게 질문하는 것임을 이야기해야 합니다.
스스로 답을 찾을 때까지. 필요하면 누군가의 도움을 받으며 끊임없이
반복해서 질문하는 것임을 가르쳐야 합니다."

건축에 대한 자신의 내면의 이미지·기억·경험을 찾아가는 것은 질문을
통해서만 가능하며, 건축을 만지고 보고 듣고 냄새 맡으며 이미 경험한 건축의
내용이 각자의 내면에 저장되어 있어서, 그것을 찾아 설계하는 것이 건축하는
행위라는 것이 그의 믿음이다.

피터 줌터에게 건축을 한다는 것은 건축의 근원을 찾는 것이다. 그의
건축은 순수한 형태의 입방체이거나 원형질적인 모습이다. 그가 만든 순수한
기하학적 형태 속에 담겨 있는 것은 건축의 본질적인 가치들인 전체성·
정확성·지속성·침착성·단순성·자명함·견고함·현존함·따듯함 등이다.
그것은 아름다운 침묵을 통해 전달된다. 요즈음의 현란함이나 화려함과는
궤를 달리하는 건축의 가치인 것이다. 오늘날 트렌드에서는 사라져 버린
가치가 오히려 그의 건축을 예외적이고 드물게 만들어 버렸다. 결국 그의
건축을 통해 우리가 느끼는 것은 분명하다. 소란스럽고 왁자지껄한 세상
속에서 스스로를 잊고 사는 인간들에게 다시 속삭이는 것이다. 인간의
근본적인 가치는 없어지거나 사라지지 않고 내면에 침잠해 있다고. 그것을

일깨우는 건축가에 의해 잠들어 있는 본성이 깨어나면 그때 알게 될 것이라고. 건축이 존재함으로 내가 존재함을 알 수도 있다는 것을.

장소와 공간의 수묵화가

피터 줌터의 건축은, 그것이 바위처럼 땅에 박혀 있든 나무처럼 땅 위에 솟아 있건 기존의 장소와 밀접하게 연결되는 모습이다. 기존의 장소에는 그곳에 계속 있었던 오래된 건축들도 포함된다. 마치 그곳에서 자라나서 한 몸뚱이를 이룬 것 같은 일체감을 이룬다. 아마도 그것은 형태에만 치중해 디자인하지 않고 그 건축에 대한 인간 공동의 기억과 흔적을 더듬어 내고 찾아 내고 그 결과물들의 분위기를 건축물로 드러내기 때문일 것이다.

"…건물을 디자인할 때 종종 얼마 남아 있지 않은 기억들 속으로 빠져드는 자신을 발견하곤 합니다. 그런 후에 분위기나 기억이 그 당시 내게 어떤 의미로 다가왔는지에 대해서, 또 그때 건축적으로 공간이 어떠했는지에 대해서 가능한 모든 기억을 끄집어내려고 노력합니다. 그리고 그것들이 현재 내가 하고 있는 건축 작업에 어떤 식으로 재구성될 건지에 대해서 고민합니다. 결국 그 모든 것들은 아주 생생한 분위기를 재현하며, 그 재현은 아주 단순히 '모든 것들이 자신만의 고유한 형태로 고유한 장소에 놓여진' 상태로 이루어지게 됩니다."

특정 장소와 특정 분위기에 맞는 건축, 자연인으로서 인간이 잊고 있었던 장소의 감각을 회복시키는 건축, 빛과 바람과 소리와 풍경을 지각케 하는 건축을 통해 우리는 위로를 받고 쉼을 누리고 생기를 얻는다. 그것은 피터 줌터의 장소에 대한 초감각적인 감정 이입 능력에 기인한다.

장소의 감각은 공간의 감각으로 확장되고 전이된다. 풍경으로의 건축은 공간의 건축으로 변환한다. 피터 줌터 건축의 공간은 '공간 만들기'에

의해서라기보다는 '공간 찾기'의 결과로 보인다. 원형적이며 순수 기하학적 형태에 깃든 공간은 별도의 공간적 조작 없이 순수한 공간을 형성한다. 그러나 그런 단순하고 소박한 공간에 들어서면 역동적이고 변화가 많은 공간에서는 느끼지 못하는 울림이 있다. 평범한 대개의 공간보다는 다른 높이와 크기를 가진 공간에 들어오는 빛과 공간의 조우는 우리를 마치 다른 세계에 들어온 것 같은 감정을 느끼게 한다.

다양하고 화려한 채색화가가 그리는 정열과 역동성보다는 먹의 번짐이 자연과 인간 그리고 건축을 조화시키는 수묵화처럼, 더 적은 색과 더 적은 말로 더 깊은 울림을 그리는 그는 가히 건축의 수묵화가이다.

재료의 연금술사

몇 년 전 파울로 코엘료의 《연금술사》가 큰 인기를 얻었다. 철이나 납을 금으로 바꾸는 신비로운 직업을 가리키는 연금술사라는 단어는 그대로 삶에도 적용할 수 있다는 희망을 노래한 내용이다.

최근 건축계의 이슈 중 하나는 건축 재료의 새로운 해석과 창의적 사용이다. 재료가 가지고 있는 가능성과 그 가치를 극대화하자는 것이다. 그중에 단연 피터 줌터의 재료 사용이 돋보인다. 그야말로 재료의 '연금술사'이다. 그 근저에는 역시 근원까지 탐구하는 그의 질문에 있다.

"요셉 보이스 Joseph Beuys와 몇몇 예술가들은 물질을 사용할 때 정확하고도 감성적인 방식으로 접근하여 인상 깊습니다. 물질을 다루는 것처럼 원초적이고 기원적인 지식에 기반을 두고, 지금까지의 문화적인 의미 너머에 존재하는 물질들의 정수를 드러내기도 하는 것 같습니다. 내 작업에도 이러한 물질 사용법을 적용하려고 했습니다. … 내가 물질에 관해 모든 구성의 법칙 이전에 구축하려는 감정이라는 것은 다름 아니라 촉각·후각·청각과 같은 언어 이전의 감각들입니다. 내 건축물에서 감정은 재료가 특정한 의미를 불러일으킬 때 나타납니다. 따라서 우리는 특정한 건축적 맥락에서 어떤 재료가 과연 어떤 의미를 가질 수 있는지에 대해 지속적으로 자문해야 합니다. 이러한 질문들에 대한 좋은 대답은 재료가 일반적으로 사용되는 방식에 관해서건, 보다 고유의 감성적인 성질에 관해서건 새로운 해답을 제시할 수 있는 것일 것입니다. 이것이 성공한다면, 건축에서의 재료는 감동적으로 빛날 것입니다."

바람이 들고 나며 빛이 자연스럽게 스며드는 목재 루버를 사용한 로마의 유적지 보호관, 부드럽지만 견고한 셩글 타입의 목재 외벽과 따뜻하게 감싸 주는 목재 합판의 내벽 등 표피·구조·내부마감·실내가구까지 목재의 다양한 물성을 적용한 성 베네딕트 채플, 세 가지 높이의 초록색 편마암의 다양한 조합으로 이루어낸 돌과 산과 물이 조화를 이루는 발스 온천장, 클립으로 붙잡은 젖빛 유리를 마감재와 천장재로 새롭게 재탄생시킨 브레겐즈 미술관, 시간의 층이 켜로 쌓이는 감성을 벽돌로 표현한 콜롬바 미술관, 주변 야산에서 채취한 백열두 개의 가는 원목을 거푸집으로 사용해 새로운 콘크리트의 질감을 얻어 낸 성 니클라우스 성당. 특히 성 니클라우스 성당에서는 콘크리트 양생 후 내부의 원목은 소각시켜 그 흔적을 영원히 남겨 두는 놀라운 수법을 보여 준다. 그의 표현대로 그의 건축에서 재료는 기존의 관습을 답습하지 않고 새로운 가능성을 성취해 냄으로써 감동적으로 빛난다. 재료의 내면에 숨어 있는 가치를 발견하는 것이 물질의 연금술이라면, 그의 건축의 일반적인 재료들은 연금술의 희망을 속삭인다.

발스 온천장
The Therme Vals, Luzern, 1996

피터 줌터 Peter Zumthor

뜨거운 물에 온몸을 '풍덩' 담그고, 모든 신경세포의 긴장을 푼다. 어머니 양수 속 아이처럼 눈을 감고 이 모든 안온함을 즐긴다. 적당히 따듯한 물이 피로를 눈 녹듯 녹여 주며 기분 좋게 한다. 답사와 여행에서 얻은 적당한 피로감은 훈장과도 같다. 낯설고 물 설은 곳을 헤매다보면 흥분과 피곤함이 교직을 한다. 이렇게 온천욕을 할 수 있다는 것은 나그네들에게도, 답사객에게도 항상 있는 기회가 아니다. 아낌없이 카메라와 스케치북을 던져 버리고 드문 호사를 맘껏 즐긴다. 한참 뒤에 눈을 뜨자 눈앞에는 스위스 발스의 눈 덮인 알프스 산들이 펼쳐진다.

    스위스의 동부 그라우뷘덴 지역의 발스는 알프스 산맥의 깊고 깊은 산속 골짜기에 오롯이 숨겨진 작은 마을이다. 깎아지른 절벽 옆으로 지그재그로 난 골짜기를 뚫고, 한참을 가야 숨겨진 이 마을에 도달할 수 있다. 이곳의 호젓함과 소박한 아름다움을 아는 사람들만이 찾는 이 마을에 작은 온천장 하나가 새로운 변화를 가져왔다. 외딴 이곳이 스위스를 넘어 세계적으로 유명해지게 되었고, 먼 길을 마다 않고 찾아오는 '건축의 순례지'가 된 것이다.

    발스는 스위스 내에서는 예부터 온천과 광천수로도 어느 정도 유명했다고 한다. 그러나 세월이 흐르면서 다른 화려한 스키 리조트와는 비교가 안 되는 이 작은 마을은 찬바람만 불게 되었다. 결국 낙후되어 부도난 작은 온천 휴양시설을 마을 주민들이 인수하게 되었다. 그들은 이곳을 뼛속깊이 잘 아는 이 지역의 건축가 피터 줌터에게 새로운 온천장의 증개축 디자인을 의뢰했다. 졸속으로 짓지 않으려는 주민들과 완벽을 추구하는 느림의 건축가가 만나 환상의 결과를 낳았다. 부도난 지 13년 만에, 설계를 시작한 지 10년 만에 '세계 최고의 목욕탕'이 탄생했다. 새로운 자랑거리가 된 것이다.

    발스 온천장은 발스 마을의 계곡 한쪽에 있는 호텔의 부속시설로 증축되었다. 설계할 건축이 들어설 대지를 오랫동안 서성거리며 그 대지에 들어맞는 디자인의 영감을 찾는 줌터는 산과 돌과 물만 있는 이곳의 지형에서 설계의 출발점을 잡았다. 이곳에서 사색하며 찾은 건축 이미지를 다음과 같이 고백한 바 있다.

"이곳은 바위들이 있는 산속의 언덕입니다. 그리고 그 바위 사이로 뜨거운 온천수가 나옵니다. 나는 이 지역의 계곡에서 나오는 돌들로 건물을 지어야겠다고 생각했습니다. 이 언덕, 온천수, 돌들은 이곳에 계속 있었던 것입니다. 내가 한 것은 없습니다. 나는 단지 그들에게 형태를 부여한 것뿐입니다. 이곳에 모든 것이 다 있었습니다. 따라서 내가 한 것은 아무것도 없습니다."

그는 언덕 경사로에 땅을 절삭하고 그 안에 단지 돌로 된 사각형 매스를 단순히 끼워 넣는 방식으로 설계했다. 이 온천장을 땅 위가 아니라, 땅속에 들여 지음으로써 땅 위에 관습적으로 세워진 기존의 건물들보다 더 오래전부터 존재해 왔으며, 항상 이러한 풍경 속에 있어 왔던 듯한, 마치 바위가 땅에 박혀 있는 듯한 느낌을 이루어 내었다.

노출된 한 면의 모습은 단순한 상자형 외관으로 그의 말대로 아무 힘을 주지 않았다. 그러나 화려한 세상의 건물들과 구별되는 단순한 아름다움이 있고, 소란스런 도회지의 건물들과 달리 자연을 압도하지 않고 자연 속에 조용히, 살포시 자리 잡는다. 세상의 시끌벅적함과 동떨어진 이 조용한 마을과는 너무나 조화로운 디자인이다. 언제나 조용히 나긋나긋 이야기하는 그와 이 건축은 너무나도 닮아 있다. 스위스의 자연과 조화를 이루는 '아름다운 침묵'의 온천장이 만들어진 것이다.

땅속에 박혀 있는 온천장 안으로 들어가려면, 호텔에 딸린 지하터널을 지나야 한다. 진입 과정부터 이곳은 방문객에게 마치 온천장이 암벽 안이나 동굴 안에 있는 듯한 느낌을 준다. 단순한 외관과 달리 드라마틱한 반전이 전개되는 것이다. 지하 동굴을 탐험하는 짜릿함과 원시 동굴 생활의 순수한 기억이 온몸을 감싼다.

옷을 벗고 모든 짊어진 것들을 내려놓은 채, 미로 같은 통로를 지나 탕으로 향한다. 목욕시설은 두 개의 내·외부의 풀을 중심으로 구성되어 있으며, 내부 풀 주변으로 작은 크기의 다양한 열탕·냉탕·온탕·향기탕·사우나 등이 분할되기도 하고 이어지기도 하면서 여러 작은 동굴이 연속된 것처럼 독특하게 배치되어 있다. 방문객은 마지막으로 조급한 마음마저도 내려놓고 느린 걸음으로 이 탕, 저 탕을 순례한다.

각 실을 구성하고 있는 콘크리트 구조체는 8센티미터의 간격으로 벌어져 있는데, 이 틈으로 들어오는 자연광과 물 표면을 향해 적게 배치된 인공조명이 암석 동굴과 같이 어두운 이곳을 한줄기 빛으로 비추며, 초월적인 세계로 만들어 준다. 가히 물·돌·빛이 하나가 되어, 일상에서는 경험하지 못한 다른 세계로 우리를 안내한다. 이곳은 단지 온천장이라기보다는 모든 것을 벗고 맞이하는 태초의 세계로서, 그동안 바쁜 일상 속에 잊고 있었던 나 자신을 되돌아보는 근원적인 공간이 된다.

진입 방향으로 보면 제일 안쪽에 야외 노천탕이 있다. 신비로운 동굴에서 나와, 하늘과 상쾌하고 차가운 공기 그리고 알프스의 아름다운 자연이 벗은 몸을 맞이한다. 또 한 번의 극적 반전이다. 방문객의 입에서는 감탄사가 절로 나온다.

이곳의 건축을 구성하는 모든 재료는 건축가의 세심한 존중을 받으며 자신의 아름다움을 발휘한다. 콘크리트·석재·투명 유리·젖빛 유리·황동·목재가구 등 모든 자재들이 어떤 장식도 없이 순수하게 사용되고 있어, 그것 자체만으로도 잔잔한 기쁨을 준다. 특히 이 지역에서 나오는 녹색 편마암으로 내외부가 마감된 각 욕탕과 실들은 너무나 소박하면서도 아름다워서, 이 산악지대에서 다른 재료는 생각할 수 없을 정도로 방문객의 심성을 자극한다.

    이곳에서 온천수 안에 온몸을 담고 목욕을 하고 있노라면 지형과 건축, 건축과 재료, 재료와 공간, 공간과 빛, 빛과 자연환경, 자연환경과 내가 하나가 되는 신비한 경험을 하게 된다. 자궁 속의 물에 잠긴 태아로 돌아가는 이 원초적인 기억으로 우리를 되돌리는 것은 이 건축이 이루어 낸 작은 기적이다. 이곳의 침례식에 참여한 후 돌아온 세상은 이전의 그것과는 다를 수밖에 없다. 그것을 가능케 하는 것은 스위스의 외딴 마을 발스의 작은 온천장이다.

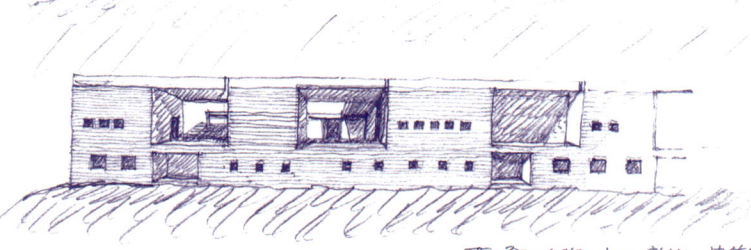

피터 줌터 Peter Zumthor

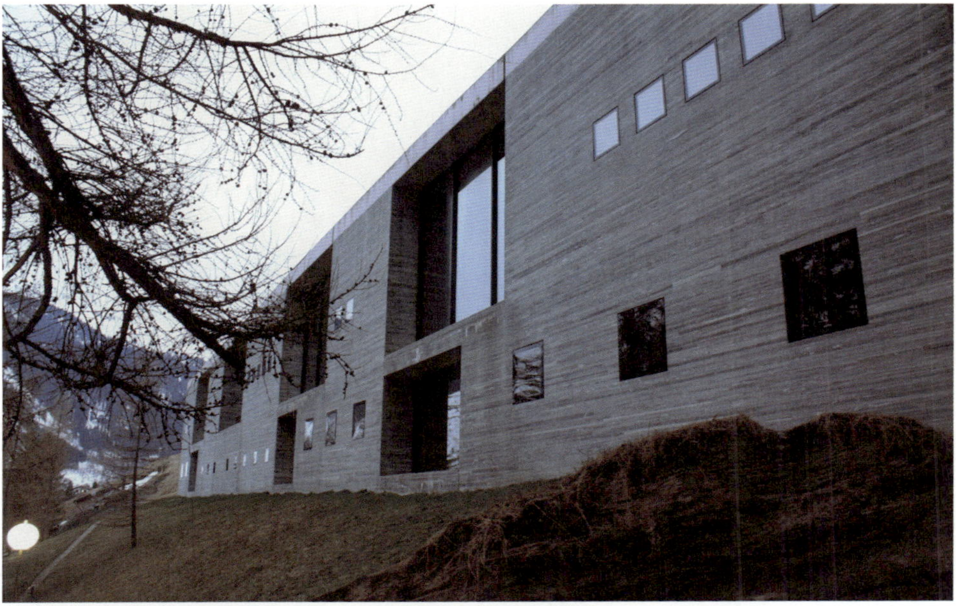

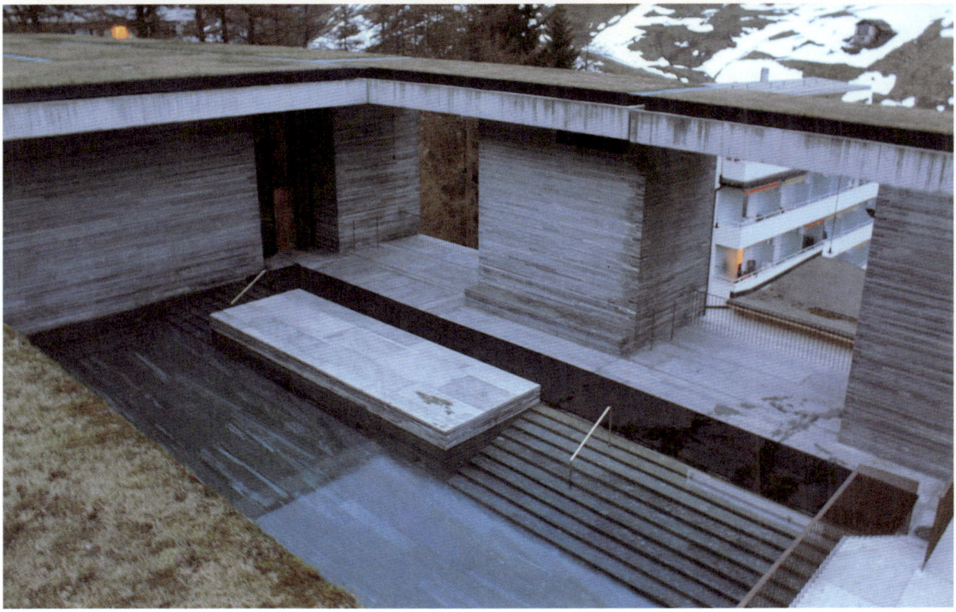

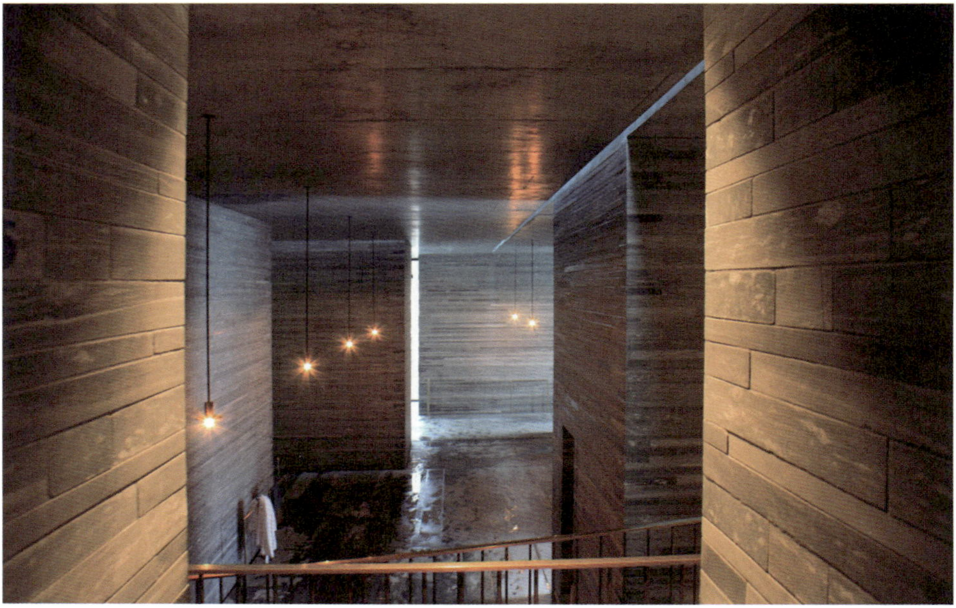

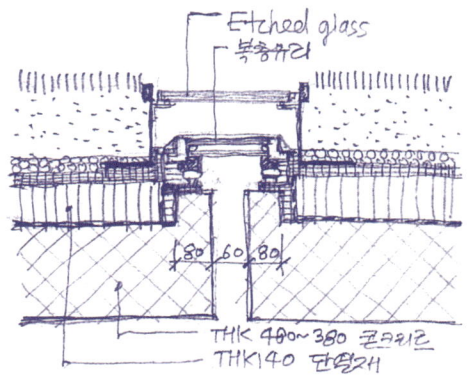

피터 줌터 Peter Zumthor

080

081

콜룸바 미술관
Kolumba Museum, Köln,
2007

피터 줌터 Peter Zumthor

독일 서부의 쾰른은 예술과 문화의 중심도시이다. 많은 박물관, 미술관들과 수많은 유서 깊은 건축물들이 이러한 명성을 뒷받침한다. 독일에서 가장 유명한 고딕 양식 건축물인 쾰른 대성당은 이 도시의 랜드마크이다.

제2차 세계대전은 쾰른을 잿더미로 만들었고 이 역사적인 교회 유적지와 미술관도 거의 파괴된 폐허더미로 방치되었다가 1997년 현상설계를 통해 오늘의 모습을 갖게 되었다. 현장설계에서 피터 줌터의 안이 선정되었다. 그는 이곳의 역사 속에 일어났던 모든 흔적과 시간을 새로운 건축에 그대로 담아 치유와 화해의 건축을 제안했다. 기존 교회의 유적을 있는 모습 그대로 살려내고, 기존 유적지의 외벽 위에 수직으로 벽돌을 쌓음으로 옛것과 새것과의 새로운 조화를 시도한다. 특히 교회 유적지를 감싸는 벽돌에는 구멍을 내고 과거의 유적과 현재 미술관의 시간적 차이의 간격을 드러낸다. 그 구멍 사이로 들어오는 빛은 과거의 상처를 위무하고 오늘을 생각하게 한다. 우리는 종종 옛것과 새것의 조화를 이야기한다. 그러나 너무나 쉽게 과거를 지우거나 훼손하거나 무시하고 새것만을 선택한다. 하지만 모든 생명은 나이 들고 결국 옛것이 되는 것이 아니겠는가? 옛것과 새것은 사실 둘이 아니고 하나가 아니겠는가?

폐허의 건축과 신축 건물을 하나로 만들기 위해 상당히 많은 건축비가 들어 공사에 어려움을 겪기도 했다. 그러나 건축의 가치를 아는 건축주의 이해와 건축가의 노력이 이 미술관을 가능하게 했고, 과거와 현재를 성공적으로 하나 되게 한 아름다운 사례로 남게 되었다.

폐허의 남은 벽 위에 듬성듬성 구멍을 내고 쌓은 벽돌 사이로 들어오는 빛을 바라보노라면, 말할 수 없는 감동이 밀려온다. 과거와 현재라는 두 개의 시간이 공존하는 곳에서 빛은 이곳에 있는 모든 사람들이 시간을 초월하게 만드는 것이다. 1층이 폐허와 현재의 만남이라면 2층은 미술과 도시의 조우다.

외관에서 보듯이 건물 상부에는 커다란 유리창이 단지 몇 개 디자인되어 있다. 그러나 이곳을 통해 들어오는 것은 전시물과 내부공간을 비추는 하늘의 빛이며, 이곳을 통해 바라보이는 것은 쾰른 대성당을 비롯한 이 도시의 모습이다. 이곳에서 사람과 미술이 하나가 되고 미술과 공간이 하나가 되고 공간과 빛이 하나가 되고 건축과 도시가 하나가 된다. 가히 건축과 빛을 시로 변화시키는 연금술사의 솜씨이다.

건축가는 조심스럽게 묻고 있다.

당신에게 건축은 무엇인가?

당신은 건축을 통해 무엇을 보고 느끼는가?

피터 줌터는 그것이 채플이건 미술관이건 온천장이건 건축의 본질을 또 찾고 찾는다. 그는 이야기한다.

"잘 만들어진 것은 무엇이든 자신의 형태를 결정하고 그 본질에 속하는 자신에게 알맞은 질서를 갖는다고 생각합니다. 나는 이런 본질적인 요소를 발견하고자 하며 이를 위해, 구상 단계에서부터 가혹하게 본질에 머무릅니다."

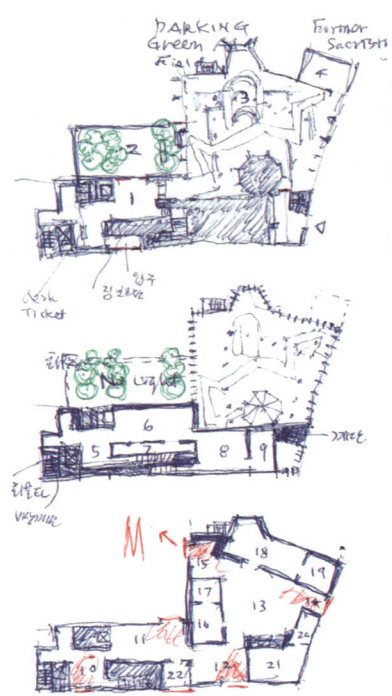

Peter Zumthor (1943~)

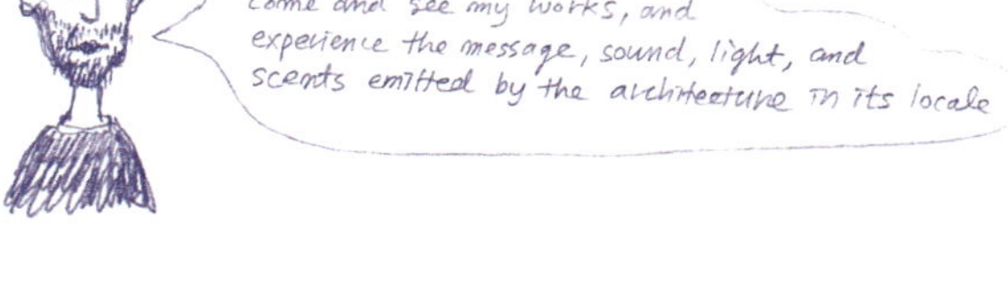

By all means come and see my works, and experience the message, sound, light, and scents emitted by the architecture in its locale.

피터 줌터 Peter Zumthor

미니멀에서 상징으로,
단순에서 혼성으로

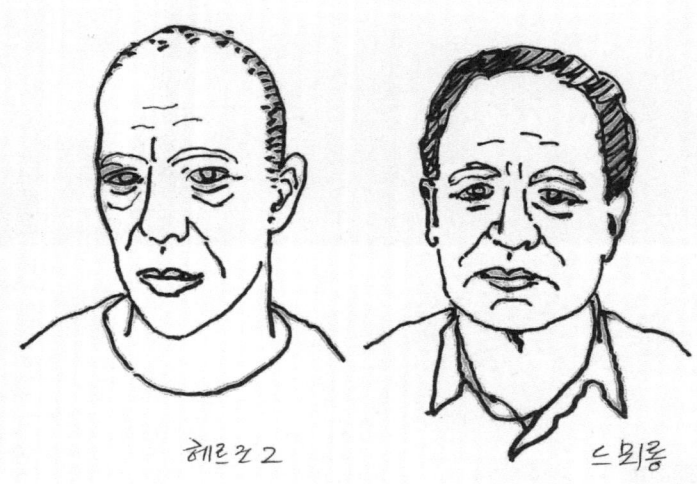

헤르조그   드뫼롱

헤르조그 앤 드 뫼롱
Herzog & de Meuron, 1978~

자크 헤르조그Jacques Herzog와 피에르 드뫼롱Pierre de Meuron은 1950년 스위스 바젤에서 태어난 동갑내기 친구들이다. 이들은 일곱 살 때부터 서로 알고 지냈다. 두 사람은 취리히 연방 공대에서 함께 건축을 공부했고, 1978년에 바젤에서 함께 사무소를 차렸다. 오랜 친구 관계는 이들이 파트너십 회사를 만드는 계기가 되었다. 이들은 1989년 하버드 대학교에서 강의했으며, 1999년부터는 현재까지 취리히 연방 공대와 바젤 연방 공대에서 학생을 가르치고 있다.

2001년 프리츠커 상을 수상했고, 스털링 상을 2003년에, 로열골드메달을 2007년에, 베이징 올림픽 경기장으로 2009년 루벤킨Lubetkin 상을 수상한 스타 건축가라 할 수 있다.

2008년 하계 올림픽은 새로운 강국 중국의 힘을 세상에 알리는 하나의 선포식처럼 보였다. 수많은 볼거리 중에서도 베이징 올림픽 주경기장의 모습은 세계인의 주목을 끌기에 부족함이 없었다. 새둥지의 중국 말인 '냐오챠오鳥巢'라는 별칭처럼 마치 둥지를 튼 큰 새의 집과 같은 경기장은 센세이션을 일으켰다. 스위스의 헤르조그 앤 드 뫼롱의 작품이다. 단 하나의 같은 모양의 철골 부재도 사용하지 않았을 것처럼 보이는 베이징 올림픽 주경기장은 이 시대의 기술·구조·재료 및 건축의 가능성을 보여 준다.

자크 헤르조그와 피에르 드 뫼롱은 스위스 바젤에서 태어난 동갑내기 친구이다. 어려서부터 쌓아온 우정은 대학을 거쳐 사무소를 함께 하는 파트너십으로 이어졌다. 세계 최고의 건축 팀이라고 할 수 있다.

친구에는 두 가지 유형이 있다. 비슷한 면이 많아서 친해진 경우가 있는가 하면, 상대방이 갖고 있지 않은 매력에 이끌려 친구가 되는 경우이다. 헤르조그와 드 뫼롱은 서로의 매력에 끌려 친구가 된 경우일 것이다. 두 사람이 찍은 사진을 보면 상당히 다르기 때문이다. 차갑고 냉정하며 무표정해 보이는 헤르조그, 항상 미소 짓고 따스한 감성이 느껴지는 드 뫼롱. 두 사람은 무척 대조적이다. 마치 냉철한 이성과 온기가 느껴지는 감성을 표상하는 것 같다. 그래서 이들은 팀이 되지 않았을까? 헤르조그는 말한다.

"우리는 팀으로 작업하고, 헤르조그 앤 드 뫼롱의 건축이라고 부릅니다. … 우리는 각기 다른 재능을 가지고 있고, 최고의 결과를 얻기 위해 다른 재능을 팀으로 합치려고 노력합니다."

그들은 팀을 두 사람에게만 그치는 것이 아니라 많은 예술가들이나 기타 전문가들에게까지 확장시킨다. 스위스의 화가이자 아티스트인 레미 자우그Remy Zaugg와의 협업은 잘 알려져 있고, 베이징 올림픽 주경기장은 중국의 예술가인 아이웨이웨이Iweiwei와 함께한 것으로 유명하다.

"우리들은 다른 사람들과 협력할 수 있는 독특한 힘을 발전시킨 것 같습니다. 아마 피에르와 내가 함께 유치원을 다닌 이후부터 항상 파트너로 일했기 때문일 것입니다. 우리 시대에 힘을 모아 살아 남는 것은 나쁜 전략이 아닌 것 같습니다."

이 시대는 개인의 가치가 소중한 시대이다. 그러나 개인이 소중하면 할수록, 협업과 소통의 가치도 중요시 되고 있다. 과거와는 달리 건축계도 홀로인 거장보다는 팀으로 뛰어난 그룹이 대세이다. 그 선두에 죽마고우인 헤르조그와 드 뫼롱이 있는 것이다.

스위스 메이드

스위스하면 떠오르는 이미지가 있다. 눈 덮인 알프스의 산들, 맑고 깨끗한 도시와 마을들, 그리고 고급 스위스 제품들. '스위스 메이드'는 잘 디자인되고, 품질이 좋은 고급 제품을 표상한다. 특히 시계 안에 새겨진 'Swiss Made'는 최고급, 역사, 전통, 철저한 장인 정신을 상징한다. 다른 나라에서 사용하는 '메이드 인 국가'와는 구별되는 '스위스 메이드'는 스위스 제품의 자부심을 나타낸다.

스위스 건축도 다르지 않다. 단순하고 미니멀한 디자인, 고도의 기능성 추구, 품위 있고 격이 있는 절제와 제어, 세부까지 완벽하려는 철저함과 디테일의 정밀함은 '스위스 메이드'가 붙은 제품과 별반 다르지 않다.

헤르조그 앤 드 뫼롱의 건축도 마찬가지다. '대충대충'과 '빨리빨리'에 익숙한 우리의 눈에 그들의 건축은 다른 세상의 이야기와 같다. 프로젝트의 상황에 따라 다양한 개념과 다양한 형태, 그리고 다양한 재료의 창의적 사용을 추구하지만 배후를 관통하는 철저한 스위스 장인 정신을 기본으로 하는 완벽에의 추구는 이들을 세계 최고의 건축가 자리에 올려 놓는다.

건축은 물질이다

건축은 무엇인가? 어떤 건축가에게 건축은 이론이다. 어떤 이에게는 공간이다. 어떤 이에게는 형태다. 어떤 이에게는 삶을 담는 그릇이거나 시대정신의 표현이기도 하다. 헤르조그 앤 드 뫼롱에게 건축은, "건축이다."

이 말은 건축의 현실성과 물질성을 뜻한다. 건축은 콘크리트이고, 유리이며, 벽돌이고, 나무이다. 그들에게 건축은 형이상학이 아니라 물질학이며, 구체적으로는 재료인 것이다.

그들은 2001년 프리츠커 상 수상 연설에서도 다음과 같이 이야기했다. "건축은 단지 물리적인 그리고 건축 그 자체의 다양함에 의해 존속될 수 있는 것일 뿐, 다른 어떤 이데올로기를 전달하기 위한 수단이 아니라는 사실입니다. 사상과 개념을 전달하는 것은 역설적이지만 바로 건축의 물질성입니다. … 초기에 우리는 모든 종류의 형태와 재료들에 대해 그 관습적인 용도를 뒤집어엎는 수많은 실험들을 했습니다. 그것으로부터 찾아 낸 숨겨진 것들, 눈에 보이지 않는 것들은 우리의 건축에 생명을 불어 넣는 것이었습니다. 그렇습니다. 그것이 바로 우리가 원하던 것이었습니다. 건축에 생명을 불어 넣는 것 말입니다."

초기부터 재료의 사용에 많은 관심을 집중해 온 그들은 자신들의 표현대로 재료가 물성을 드러내는 것 이상의 새로운 가능성을 찾고, 이를 보여 줌으로써 건축 재료에 대한 일반적인 인식을 확장시킨다. 베이징 올림픽 주경기장의 변화무쌍한 철재, 도미너스 와이너리에 사용한 창의적인 돌망태, 동경 프라다의 곡면 유리, 바젤 시그널 박스에서 얇은 구리판을 조금씩 곡률을 변화시키면서 사용하는 등 이루 헤아릴 수 없다.

우리는 누구나 자신만의 가치를 가지고 있다. 그러나 세상을 살아가면서, 스스로의 가치를 잃어 가거나 잊어 간다. 그리고 관습적인 인식에 빠져 반복적인 삶을 산다. 내게 숨겨진, 내재하고 있는 가치를 발견하고 그것을 새롭게 구현할 수 있다면 그것은 작은 기적이다. 수없이 많은 시도와 실험을 통해 재료가 가지고 있는 가치의 가능성을 극대화하면서 그들의 건축이 우리에게 이야기 해 주는 것이 이런 것이 아닐까.

건축은 패션이다

"건축은 건축이다"라고 헤르조그 앤 드 뫼롱이 선언했는데 왜 그들의 건축에서 다른 분야를 거론하는가? 그들은 건축의 본질을 집요할 정도로 탐구하지만 여기서의 건축은 과거의, 관습적인 건축을 의미하지 않는다. 오히려 건축의 새로운 가능성을 추구하기 위해 건축의 근원과 본질을 추구한다고 볼 수 있다.

'건축에서 표피와 외장은 인간에게 옷과 같다'는 것이 그들의 이해이다. 인체를 건축에 비유하는 것이다. 많은 예술가들과 협업을 즐기는 그들은 건축의 외연을 넓히기를 원한다. 즉 '건축은 건축이되 건축은 예술일 수 있다, 건축은 패션일 수 있다. 아니, 그런 영역으로 확대되거나 영감을 주고받는 것은 건축 스스로를 위해 더 좋은 것이다'라고 믿는 것이다.

"패션과 음악, 예술은 우리의 분별력을 형상화하는 작업이자 우리 시대의 표현입니다. 우리를 매혹시키는 것은 패션의 화려한 측면이 아닙니다. 사실 우리는 사람들이 무엇을 입고 몸에 무엇을 걸치고 싶어 하는가에 더욱 관심 있습니다. 사람들에게 너무나 친근한 부분이 되어 버린 인위적 피부의 이러한 측면에 관심을 가지는 것입니다."

건축은 기본적으로 뼈대가 되는 구조로부터 공간이 형성되고 그 외피에 외장이 붙으므로 구성된다고 볼 수 있다. 이때 구조와 공간이 일치하고, 구조와 외피가 하나가 될 때 건축은 분리가 아닌 통합된 새로운 실체가 된다.

안성맞춤이라는 말이 있다. 몸에 꼭 맞는 옷을 일컫는 말이다. 건축의 구조와 공간에 맞는 외피는 안성맞춤인 옷과 같다. 이 옷이 날개를 달 때 건축은 패션이 된다. 헤르조그 앤 드 뫼롱은 재료의 숨어 있는 가치를 극대화하는 능력으로 건축에 옷을 입힌다. 그럴 때 우리가 느끼는 감정은 자신에 맞는 새 옷을 입었을 때 느끼는 그것과 같은 것이다.

미니멀과 상징 그 이중적 변주

근본과 본질을 추구하는 자가 걸어 갈 수 있는 길은 무엇일까? 아마도 그것은 모든 곁가지를 잘라 버린 순수한 모습과 형태일 것이다. 헤르조그 앤 드 뫼롱의 초기작에서 보이는 가장 단순한 입방체들은 종교적 규범을 느낄 정도의 절제미를 느끼게 해 준다.

리콜라 창고는 창고의 기능만을 순수하게 구축한 빈 공간을 둘러싼 사각형 입방체이다. 세상의 모든 문화에서도 발견되는 원초적 상징물을 표상하듯 창고는 나무 옷을 입는다. 세 가지 리듬을 가지는 목재 수평 띠는 창고를 건물에서 건축으로 바꾸어 놓는 연금술이다.

뮌헨의 괴츠 갤러리는 이런 미니멀 계열의 수작이다. 불투명 유리와 목재 패널의 결합은 절제된 형태와 순수한 재료가 만들어 낼 수 있는 아름다움의 한 극점을 성취해 내었다. 그러나 괴츠 갤러리를 제대로 이해하려면 단면도를 함께 들여다봐야 한다. 두 개의 동일한 볼륨의 공간을 구성하고 사분의 일 정도는 땅속에 묻었지만, 여전히 지상에는 두 개 층_{혹은 네 개 층}으로 보이는 착시 효과를 나타내는 공간 구성의 복합성이 존재하기 때문이다. 가히 차가운 이성_{단순한 입방}과 섬세한 감성_{변화하는 공간}의 이중주다.

바젤의 시그널 박스는 밀폐된 건축_{철도 신호 통제소}, 즉 별로 창을 낼 필요가 없으므로 '화려한 솔리드_{solid}'를 디자인할 수 있는 최적의 기회였다. 구리로 된 얇은 수평 띠의 변화는 선례가 없는 건축적 성취를 이루어 냈는데 이는 미니멀한 형태임에도 불구하고 전체적으로는 미묘한 상징성전기변압기, 가전제품의 부품, 철도 통제소 등을 나타내고 있다. 이후 동경 프라다 패션의 보석, 베이징 올림픽 주경기장새둥지 등에서 더욱 이중적 변주를 해 나가고 있다.

근본적으로 헤르조그 앤 드 뫼롱은 이중적일 수밖에 없다. 차가운 모습의 자크 헤르조그와 부드러운 표정의 피에르 드 뫼롱이 함께하는 설계사무소가 아닌가.

괴츠 갤러리, 뮌헨, 1992

시그널 박스, 바젤, 1999

도미너스 와이너리

Dominus Winery, California,
1998

미국 캘리포니아 주는 연중 온화한 기후와 아름다운 풍광으로 유명하다. 미국 서부를 대표하는 도시인 로스앤젤레스와 샌프란시스코, 요세미티 국립공원과 디즈니랜드 등이 있어 미국 내에서도 관광객이 많은 것으로 유명하다.
상대적으로 일반인에게는 잘 알려져 있지 않지만 샌프란시스코 근교의 나파 계곡 Napa Valley은 와인 애호가들에게는 성지와 같은 곳이다. 와인의 자존심 프랑스를 제치고 와인의 명가를 이룩한 곳이다. 400여 개의 와이너리 포도주 양조장가 있는데 유명한 것으로는 스털링 와이너리, 베링거 와이너리, 로버트 몬다비 와이너리 등이 있다. 마이클 그레이브스가 디자인한 클로스 피게이스 와이너리와 헤르조그 앤 드 뫼롱이 디자인한 도미너스 와이너리는 건축물 자체도 명물로 꼽힌다.

    1998년 여러 건축 잡지에 이 와이너리가 소개되면서, 헤르조그 앤 드뫼롱은 세계 건축계에 깊은 인상을 남겼다. 어느 건물의 외벽에도 이렇게 돌을 사용한 적이 없었던, 새로운 건축의 도래에 많은 사람이 시각적 충격을 받은 것이었다.

    고래로 돌은 자신의 견고함과 무게를 특징으로 하여 땅으로부터 차곡차곡 쌓아 튼튼한 벽을 형성해 왔다. 나무와 돌은 콘크리트와 철재가 개발되기 전에는 최고의 건축 재료였다. 이제 돌은 구조체로서의 자신의 지위를 잃고, 마감재로서의 역할과 견고한 이미지로만 세상을 살아갈 수 있었다. 이러한 돌의 숨겨진 가능성과 가치를 회복시킨 것은 다름 아닌 돌의 가치를 알아보고 재료를 사랑하는 이 두 건축가에 의해서였다. 그러나 그것은 전통적인 관념을 전복시키는 것이었다. 버려진 잡석들은 철망 구조로 묶여 돌망태가 된다. 큰 돌들이 오히려 위에 있고 작은 돌들이 아래쪽에 모임으로 하중에 대한 기대는 무산된다. 그러나 그렇게 재창조된 잡석의 벽면은 또 하나의 친환경적인 자연이 된다. 그것은 온도의 변화를 막는 단열재 역할을 하며, 신선한 공기를 받아들이고, 상층부의 사무실 공간에 일광을 걸러 주는 역할을 한다. 하부에는 더 작은 쇄석이 치밀하게 모여 있음으로 양조장에 필요한 그늘을 만들어 준다.

널따란 포도원에 버려진 잡석들이 새로운 건축을 이루어 낸다. 자연의 것이 인공의 것이 되고 다시 자연의 것이 된다.

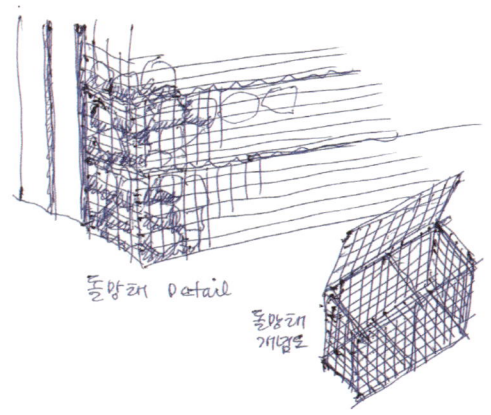

돌망태 Detail

돌망태 개념도

헤르조그 앤 드 뫼롱 Herzog & de Meuron

드영 박물관
De Young Museum in Golden Gate Park, San Francisco,
1999~2005

헤르조그 앤 드 뫼롱 Herzog & de Meuron

샌프란시스코는 미국에서 뉴욕 다음으로 인구 밀도가 높은 도시지만, 온화하고 아름다운 도시여서 미국인 사이에서도 살고 싶은 도시로 첫 손꼽힌다. 1년 내내 기온차가 적어서 여름에는 서늘하고, 겨울에는 따뜻하다. 금문교와 케이블카가 이곳을 상징한다. 골든 게이트 파크는 시의 북서쪽에 위치한 폭 800미터, 길이 5킬로미터에 이르는 세계 최대 규모의 공원이다. 공원 안에는 수많은 레크리에이션 시설·박물관·미술관 등이 있다. 그중에는 최근 렌조 피아노의 디자인으로 신축하여 재개관한 캘리포니아 과학 아카데미와 마주보고 있는 헤르조그 앤 드 뫼롱의 드영 박물관이 있다.

드영 박물관은 전 세계의 다양한 문화를 나타내는 소장품으로 유명한데 선사시대부터 지금까지의 아메리카·아프리카·아시아 지역의 회화·조각·응용 미술을 망라한다. 1919년 골든 게이트 파크에 지어진 박물관은 1989년의 지진 피해를 입은 후 헤르조그 앤 드 뫼롱의 디자인으로 다시 태어났다.

동일한 주제의 예술로 정의된 장소가 아닌, 지구상의 모든 예술을 망라하고 있는 공간을 위해 이들은 마치 세 개의 손가락이 뻗어 나온 듯한 유기체라는 개념을 설정했다. 서로 다른 문화를 나타내는 각각의 방들을 연결하고 상호 연관 짓는 것은 커다란 지붕과 동판 재료이다. 마치 '한 지붕 세 가족'처럼 다양성 속의 조화를 이루어 낸 것이다. 세 손가락 사이에는 자연스럽게 중정이 생기는데, 이 공간에서는 공원과의 관계성을 추구했다. 자연, 나무, 그밖의 식물과 수공간은 다양한 형태로 건축과 통합된다. 한 지붕 세 가족과 전망 타워를 감싸는 것은 동판으로 된 옷이다. 이 옷의 패턴은 골든 게이트 파크에 있는 나무들에 대한 송가이다. 나뭇잎이 살랑거리는 패턴에 대한 은유로써 동판의 패턴을 디자인한 것이다. 이를 성취하기 위해 수없는 재료의 실험을 한 것은 물론이다. 실제 이 재료와 패턴의 사용은 비일상적이면서도 특별한 정체성을 성취하여 박물관 상점에서 파는 기념품명함집·북마크 등에도 응용되고 있었다. 이 동판들이 새로운 박물관에 다양하게 사용됨으로써 이루어지는 각 부분은, 전체적으로 조화를 이루며 보다 큰 하나의 유기체로서 특별한 장소를 만들어 내었다. 가히 차분한 색깔의 동판의 아름다운 군무라고나 할까.

세 개의 매스와 한 개의 타워가 모여 이룬 '집합'의 건축인 드영 박물관 덕에 이곳을 방문한 관람객들은 미소 지으며 서로에게 따듯한 인사를 나눈다.

헤르조그 앤 드 뫼롱 Herzog & de Meuron

헤르조그 앤 드 뫼롱 Herzog & de Meuron

카이샤 포럼

Caixa Forum, Madrid,

2001~2007

마드리드는 정열의 나라 스페인의 수도답게 투우와 플라멩코 그리고 레알 마드리드 축구팀으로도 유명하지만 동시에 문화와 예술의 도시이기도 하다. 프랑스 파리의 루브르 미술관, 러시아 상트페테르부르크의 에르미타주 미술관과 더불어 세계 3대 미술관 중 하나로 꼽히는 프라도 미술관이 있고, 피카소의 게르니카를 소장하여 유명한 국립 소피아 왕비 예술센터 등 많은 문화시설들이 곳곳에 있다.

    카이샤 포럼은 프라도 미술관 앞 프라도 거리의 맞은 편 남쪽에 자리한다. 카이샤 포럼은 미술 애호가는 물론 다양한 사람들이 편하게 미술과 문화를 만끽하고 즐길 수 있는 도심 속 문화의 명소로 계획되었다. 기존 자리는 전력 발전소와 주유소 등이 있었던 보잘것없는 지역이었다. 옛 발전소에서 활용할 수 있었던 것은 오직 벽돌 외피였다. 그러나 이 벽돌 벽은 마드리드 초기 산업시대의 추억이 깃들어 있는 것이었다.

    여기서 헤르조그 앤 드 뫼롱이 이룩한 가치는 분명하다. 모든 사라지는 것, 나이 들어가는 것, 과거의 것에 대한 경의이다. 과연 인생에서 과거와 지나간 것 그리고 흘러간 것은 의미가 없을까? 그리고 그런 것들은 오늘날에는 쓸모가 없을까? 뛰어난 건축가와 예술가들은 그리고 역사가들은 그렇지 않다고 이야기 한다. 헤르조그 앤 드 뫼롱은 이 '시간을 머금은' 벽돌 벽을 살리기 위해 조심스럽게 나머지 부분을 절개해 나간다. 마치 환자의 생명을 위해 환부를 도려 내는 의사처럼. 내부와 지붕 그리고 건물 하단부를 제거하고 상부와 지하를 추가로 접합함으로써 죽어 가던 과거를 새롭게 부활시키는 기적의 의술을 선보였다.

    지면으로 분리된 건물은 지하와 지상 그리고 지면이라는 세 개의 세계를 만든다. 지상에는 열린 전시공간과 로비(옛 벽돌벽 부분), 레스토랑과 사무실(새 주철 재료의 부분)으로 옛것과 새것이 조우하는 '지상 세계'를 만들어 냈고, 지하에는 극장겸 강당, 주차와 서비스 공간이 있는 '지하 세계'를 구축했다. 그리고 그 사이에는 기존 건물 하단부를 제거하여 생긴 지붕 덮인 '중간계'가 있다. 이곳은 전면의 광장과 이웃 건물에 창조된 수직 가든과 더불어 도시에 새로운 장소를 선물한다. 가장 척박할 수 있는 곳이 옛 기억을 머금은 제거하는 것이 아니라 명소로 거듭난 것이다. 그들은 단순하고 고고한 미니멀의 세계에서 세상의 일상적인 것들을 수용하는 곳으로 나아감으로 더욱 넓어지고 깊어지고 있다.

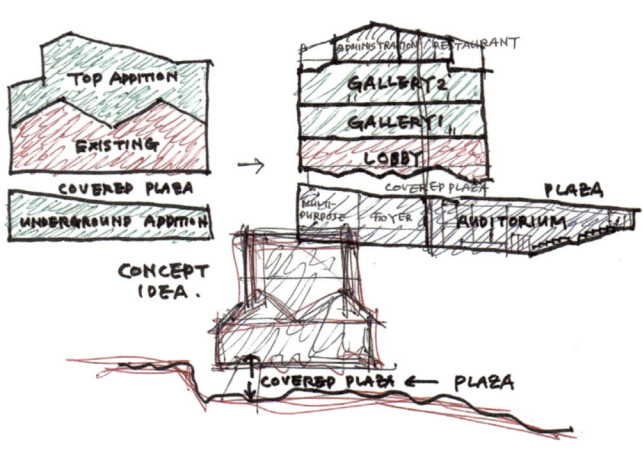

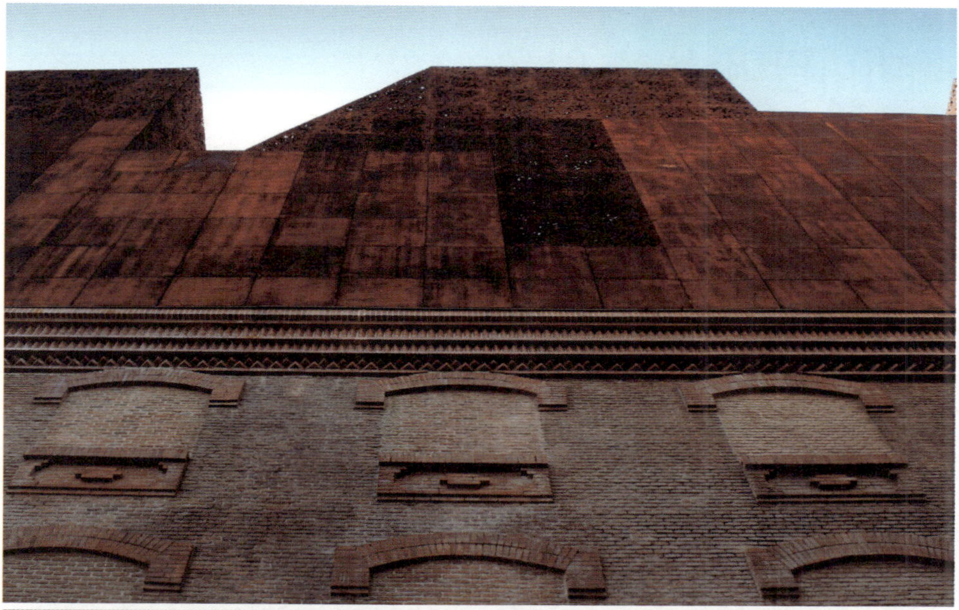

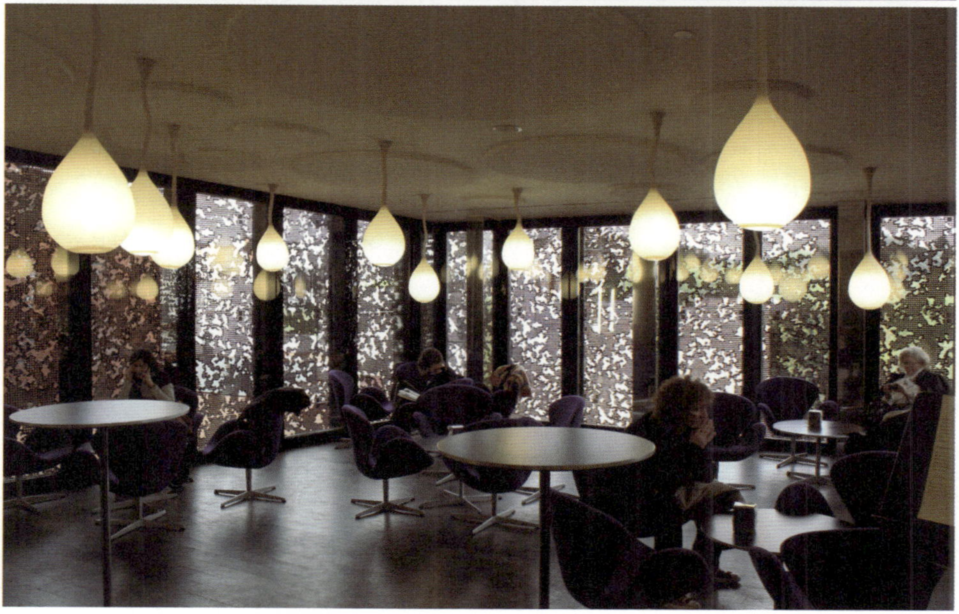

미니멀의 옷을 입은
헤르마프로디테

SANAA, 1995~

독특한 명칭의 SANAA는 네덜란드의 건축가 그룹인 MVRDV처럼 팀을 구성하고 있는 두 멤버인 세지마 카즈요Sejima Kazuyo와 니시자와 류에Nishizawa Ryue의 머리글자를 따서 만든 이름이다Sejima And Nishizawa And Associates. 하지만 MVRDV와는 또 다른 특이한 형태의 사무소를 구성하고 있어 매우 흥미롭다.

세지마 카즈요는 1956년 일본의 이바라키 현에서 태어났다. 1981년 일본여자 대학 대학원을 졸업한 후 이토 도요Ito Toyo의 건축설계사무소에서 6년 동안 근무하고 1987년 31세의 나이로 세지마 카즈요 건축 설계사무소를 설립했다.

요코하마 국립대학 대학원을 졸업한 니시자와 류에1966년생는 세지마 사무소의 직원이었다. 독립해 자신의 사무소를 차리려는 니시자와에게 세지마가 각자의 사무소를 운영하면서 공동의 사무소를 운영하자는 제안을 한다. 그래서 1995년부터 세지마와 니시자와는 SANAA라는 이름의 공동 사무실을 운영하게 된다.

주택같이 작은 규모의 건축은 각자의 사무소에서 설계하고, 국제 공모전이나 해외 프로젝트 그리고 대규모의 프로젝트는 공동 사무소인 SANAA에서 진행한다.

2010년 5월, 프리츠커 상의 수상자로 일본의 SANAA가 선정되었다는 소식을
들었을 때 짧은 탄성이 입가에 흘러 나왔다. 일본 출신 건축가로는 단게
겐조Tange Kenzo, 1987, 마키 후미히코Maki Fumihiko, 1993, 안도 다다오1995에 이어
네 번째 수상자여서일 수도 있고, 일본의 다른 유수한 건축가들을 제치고
다소(?) 일찍 수상한 점에 대한 것일 수도 있고, 아니면 아직 수상하지 못한
우리나라에 대한 생각 때문일 수도 있다. 2013년에는 이들의 스승격인
이토 도요가 프리츠커 상을 뒤늦게 수상했다.

 SANAA의 작업은 단순함과 절제를 보여 주면서도 주변 환경과
어우러지는 풍경이 되는 건축, 단순함 속에 미로와 같은 복합성을 담고 있어
일견 하나지만 둘도 되고 서넛도 된다.

다시 프로그램하기

건축가는 대부분의 경우에 건축주로부터 건물의 용도와 기능 그리고 그
건축 안에 담아야 할 프로그램에 대해 설명을 듣거나, 그런 내용들을
받아서 건축으로 표현하는 작업을 한다고 볼 수 있다. 다시 말하면 주어진
프로그램과 기능을 어떻게 공간에 담고, 담아 낸 그것을 어떻게 형태로
나타내느냐로 업무를 정의할 수 있다. 그러나 공간이나 형태 디자인뿐 아니라
주어진 프로그램을 어떻게 이해하고, 자기만의 시각으로 해석하는지가
여타 건축가와는 다른 그 건축가만의 특징이나 특성일 수 있다. 시대가
달라짐에 따라 사람들의 삶의 양태도 달라지고 있고, 과거 프로그램의
관습적 답습과는 다르게 삶의 방식, 기능들이 변해 가므로 이에 대한
새로운 대응과 창의적인 해석이 필요하게 되었다. 대표적인 것으로 컴퓨터와
휴대전화를 생각해 보라. 과거에는 없던 이런 기기들이 우리의 삶을 어떻게
바꿨는지. 건축가들의 업무는 이제 형태와 공간 만들기뿐 아니라, 프로그램을

재해석하고 창의적으로 새로운 프로그램을 만들어 가는 영역으로 확대되었다. 건축이 인간의 삶을 담는 그릇이라고 정의한다면 프로그램과 관련된 작업은 업무의 확대가 아니라 건축가의 책무 그 자체라고 주장해도 과언이 아니다. SANAA의 특징은 무엇보다도 이런 프로그램에 대한 연구와 탐구의 집중에 있다.

"건축을 할 때 거의 당연시되어 온 가정들을 다시 생각하는 데서 출발하려고 노력합니다. 고정된 프로그램에 따라 미리 해답을 준비하지 않습니다. 반대로 앞에 놓인 모든 요건을 주의 깊게 고려해서, 무언가 새로운 발견을 하겠다는 희망을 가지고 조금씩 전진하는 것입니다."

근래에 많은 건축가들이 휘어진 벽과 지붕, 컴퓨터 그래픽으로 조작한 비일상적인 형태와 공간 등으로 이 시대를 표상하느라 애쓰고(?) 있지만, SANAA의 단순하고, 추상적인 그리고 유동적인 동선을 내포하는 건축은 너무나도 간단하게(?) 이 시대를 표현한다. "단순하지만 실제로는 매우 복잡한 평면", "임시인지 영구적인지를 구분할 수 없는 건물", "분리되어 있는 기능들이 아니라 먹고 쉬고 자는 등 일련의 관련된 행위들이 같은 공간에 있는, 인간의 행동에 대한 이해를 가지고 지어진 건물" 등 스스로의 건축을 설명하는 언급들은 이 시대를 흔히 표현하는 다양성·다중성·디지털·일시성·정보화·위계의 해체·경계의 해체 등의 상황과 일치한다.

건축은 그 시대 인간의 삶, 즉 프로그램을 담는 용기이자 그것을 표현하는 도구라는 생각이 SANAA의 주장이다. 이런 그들의 건축 방법을 '다시 프로그램Re-program하기'로 볼 수 있다. 주어진 프로그램을 출발점으로 건축가의 생각이나 의지 등을 반영해 시대를 읽고 이를 새롭게 프로그램하는 것이 그들의 방법론이다. '다시 프로그램하기'에서 우리가 주목할 것은 고정 관념을 깨는 그들의 대담성이다. 그들의 건축은 마치 우리에게 이렇게 외치는 듯하다.

"당신에게 주어진 재능을 그냥 관습적으로 이해하지 말고 새롭게 바라보라. 그러면 이전에는 보지 못했던 새로운 시야와 가능성이 열리고, 새 삶을 살아갈 수 있을 것이다."

SANAA의 건축이 우리에게 소중한 것은 같은 내용이나 조건을 가지고 새로운 가능성을 제시하는 것이다. 그들은 이렇게 이야기하는 것 같다. 창의성이란 무에서 유를 창조하는 것이 아니라, 고정관념을 전복하는 것일지도 모른다고.

다이어그램으로 건축하기

빠르게 변하는 인간의 삶을 다시 프로그램해 건축으로 표현한다는 것은 쉬운 일이 아니다. 보통의 경우 느린(?) 건축은 빠른 현실을 뒤뚱거리며 쫓아갈 뿐이다. 이것을 해결하기 위한 SANAA의 도구는 다이어그램과 평면이다. 다이어그램은 개념이나 아이디어를 단순화해서 이해하기 쉽게 시각화한 것이다. 기존의 다이어그램이 완성된 아이디어나 구조를 설명하는 도구 정도였다면, 최근에는 이것이 새로운 창작의 도구로 각광받고 있다. 눈에 보이지 않던 창의적인 아이디어와 사고를 쉽고도 단순하게 시각화하고 형상화해 새로운 창작 도구로서의 가능성이 재발견된 것이다.

그 창의적 다이어그램을 이용하는 최전선에 SANAA가 있다. 많은 다이어그램 중 SANAA는 평면 다이어그램을 선호하는데, 그들에게 평면은 새로운 삶의 양태와 기능을 담는 틀이기 때문이다. 그들의 평면 다이어그램이 이야기해 주는 내용들을 정리하면 다음과 같다.

위계성 없음, 내·외부의 모호성, 프로그램의 유동성, 방향성 없음,

불규칙한 배열, 자유로운 동선, 영역의 상호교차, 임의 접근, 미로와 같다는 특성, 복도 없음, 선택적인 동선, 균질한 공간 구조….

그들이 만든 새로운 개념의 다이어그램은 바로 건축이 된다. 작은 다이어그램이 그대로 확대되어 바로 건물이 되는 것이다. 현실과 설계라는 복잡하고 모순적인 과정을 매우 간결하게 처리하고 있다는 점에서 참신하다. 이러한 참신성은 절제미와 단순성으로 무장된 최종 결과물로 증명된다. 미스 반 데어 로에의 '적을수록 좋다'라는 원리의 연장선상에 있는 듯싶다. 그러나 미스 반 데어 로에의 스타일에 대한 선호를 암시할 만큼 본격적이지는 않다. 미스가 살던 20세기보다 더 복잡하고, 더 다양하고 더 불확실한 현재를 담는 SANAA의 건축은 더 가볍고, 더 단순하며, 더 극단으로 향하고 있다. 유리의 사용만 보더라도 미스가 오직 투명한 유리만을 사용하여 근대성을 표상한다면 그들은 투명·불투명·반투명 유리를 사용하여 복합적이고 다층적이며 모호한 21세기를 표상한다. 내부 공간에서도, 미스가 질서와 구조를 중요시하며 그 틀 안에서 예를 들어 구조벽과 비구조벽을 분리하면서 열린 공간을 만들었다면, SANAA의 공간들은 엄격하게 구분되어 있는 것이 아니라 균일하며 유동적이다. 즉 투명하거나 불투명하거나 상관없이 많은 경우에 같은 두께의 부재를 사용함으로써 구조와 구조가 아닌 부분과 부분의 구분을 없애고 있다. 그들의 설명을 들어보자.

"구조 대 칸막이 벽이나 구조 대 마감과 같은 구분이라는 개념에서 벗어나기 위해서 필요한 방의 수를 증가시켰습니다. 이 방법은 새로운 가변성과 가능성들을 열어 줍니다."

이것은 방을 구성하는 모든 벽이 구조체이자 마감이 됨으로써 궁극적으로 전체의 구조에 이르게 한다.

해체주의자들이 실험한 구조적인 해체와는 다른 방식, 즉 바닥이 벽이

되고 벽이 지붕이 되고 다시 지붕이 벽이 되는 등 각 구조의 기능을 해체하는
방식과는 다르다. 관습적인 구분과 위계들을 해체하고 있는 것이다. 이것은
컴퓨터와 시각적인 미디어에 의해 생산되는 가상공간 속을 배회하고,
스스로를 중성적인 공간이나 특정한 이미지나 기능들로 미리 프로그램이
짜여 있지 않은 공간 속에 자신을 투사하는 일에 익숙한 우리에게는 지극히
자연스럽게 느껴진다. 21세기의 새로운 감성을 SANAA의 건축은 구현하고
있는 것이다.

미니멀의 옷을 입은 헤르마프로디테

단순한 것을 단순하게 표현하는 것은 상대적으로 쉬운 일이다. 복잡한
것을 복잡하게 표현하는 것도 상대적으로 쉬운 일이다. 그러나 복잡한 것을
내포하고 있는 것을 단순하게 표현한다는 것은 쉬운 일이 아니다. 그러나
그것이 가야만 하는 길이거나, 어떤 것의 정체성이거나, 이 시대를 나타내는
것이라면 어렵더라도 도전해 보거나 가야 하지 않을까. SANAA의 사무실
운영 방식이나 다이어그램을 활용하는 방식, 그리고 최종 지어진 건축 등이
이야기 하는 것은 그리스 신화의 자웅동체 헤르마프로디테 Hermaphrodite를
생각나게 한다. 그 이야기는 다음과 같다.

제우스의 메시지를 전하는 전령이자, 상업의 신인 헤르메스는
사랑과 미의 여신 아프로디테와의 사이에서 헤르마프로디토스를 낳았다.
헤르마프로디토스는 부모를 닮아 아주 잘 생긴 미소년이었다. 오죽하면 요정
살마키스가 그에게 한눈에 반해서 적극적인 애정 공세를 펼쳤을까. 하지만
그는 아직 사랑을 모르는 소년이었기에 살마키스의 뜨거운 열정이 오히려
부담스러울 뿐이었다. 헤르마프로디토스를 향한 살마키스의 외사랑은 결국
집착이 되었고, 자신 안에서 타오르는 불길을 이기지 못한 그녀는 급기야

소년을 억지로 끌어안고 놔주지 않으려 했다. 그리고는 끝까지 자신을
거부하는 헤르마프로디토스를 보며 신에게 빌었다.

"신이시여, 이 소년과 하나가 되어 떨어지지 않게 해 주시옵소서."
살마키스의 절절한 마음이 어떤 신의 마음을 움직였는지,
헤르마프로디토스와 살마키스는 결국 하나의 몸이 되고 말았다. 남성도
아니고 여성도 아니면서, 동시에 남성이기도 하고 여성이기도 한 그런 존재,
헤르마프로디토스와 살마키스는 한 몸에 동시에 여성과 남성을 지닌 존재,
즉 자웅동체헤르마프로디테가 된 것이다.

하나이기도 하고 둘이기도 하고, 셋이기도 하고, 또 그 어느 것도 아닐 수
있는 SANAA는 그러나 주로 한 계열의 옷을 입는다. 단순한 추상적인 형태를
만들어 내고 극단적으로 단순한 재료를 사용하는 미니멀의 옷. 일반적이고
관습적인 형상과는 매우 다른 미니멀한 그들의 건축은 일상적이지 않은
'비건축적 건축'으로 느껴지고, 건축이 아니라 하나의 풍경으로 느껴진다.
기존의 건축들 사이에서 그들의 '비건축'은 강한 대비를 이루며 독특한
존재감을 내뿜는다. 기존의 관습적인 풍경에 새로운 감각을 부여한다. 옛것과
새것이 모순적 혹은 모호한 조화를 이루는 것이다.

외양은 일견 단순하지만 내부적으로는 모호하거나 복합적인 그들의
건축은 이 시대를 표현하거나 우리를 나타낸다. 우리의 욕망은 끝없이 다양한
것을 원하면서도 단순한 것을 그리워하기 때문이다. 끝없이 새로워지길
원하지만 세상과 유리되기는 원치 않기 때문이다. 위계와 관습의 탈피를
원하지만 또 다른 의미의 질서를 포기하고 싶지는 않기 때문이다. 경계가
소멸되길 바라지만 최소한의 영역은 소유하길 원하기 때문이다. 이 세상을
향한 SANAA의 목소리는 신선하게 낯설고, 낯설게 새롭지만 어쩌면 우리
자신을 대변하는 것일 수도 있다.

알미르 스터드 극장

Stadstheater in Almere,

1998~2007

네덜란드 알미르 시Almere는 중앙역에서 도시 중심의 호수까지 연결되는 중심지역의 마스터플랜 설계를 네덜란드 건축계의 슈퍼스타인 렘 콜하스에게 맡겼다. 렘 콜하스는 이 지역 전체를 들어 올려 하부는 주차공간으로 만들고, 들어 올린 인공의 땅에는 여러 건축물과 보행자만의 공간으로 계획했는데 여기에는 네덜란드와 세계의 유명 건축가들이 참여했다. 프랑스의 크리스챤 드 포잠박Christian de Portzampac, 영국의 데이비드 치퍼필드, 알솝Alsop, 스위스의 기온 앤 가이거Gion & Guyer, 네덜란드의 OMA, 클라우스 앤 칸Klaus & Kahn, 더 아키텍트 그룹The Architect 그리고 일본의 SANAA 등.

SANAA가 설계한 것은 도시와 호수가 접하는 경계에 위치한 도시의 극장과 문화센터이다. 그들은 이런 두 프로그램을 하나의 건물에 통합함으로써 전문적인 예술가와 일반 아마추어와의 교류를 추구했다. 그럼으로써 일견 단순해 보이지만 실제로는 복잡하고, 거대한 상자 같지만 동시에 얇은 판이고, 극장이면서 또한 문화적인 건물이 될 수 있는 다중적인 건축이 되었다.

이 건축에서 특히 특징적인 것은 비위계적인 공간 구성과 형태 계획이다. 그들은 특히 이런 가치를 높이 여긴다.

"건물의 모든 부분은 같은 무게를 지니고 있습니다. … 모든 물질적 요소는 동등한 가치를 지니고 있습니다. … 우리는 위계질서가 없는 계획을 짜려고 합니다. 우리의 계획은 자유로운 움직임을 보이는데 … 전 공간을 향해 퍼지는 빛 또한 형태를 위계질서로부터 벗어나도록 해 줍니다."

SANNA는 이 극장에서 복도와 같은 순환공간이 없는 새로운 평면 구성을 시도했다.

"하나의 방에서 직접 다른 방으로 가는 과정처럼 느껴질 수 있도록

했어요."

독특한 평면 다이어그램은 새로운 구조를 필요로 했다. 이 극장의 경우 구조와 파티션을 구분하지 않는 것이 중요하다. 그럼으로써 방들의 크기는 다르지만 특별한 위계가 없는 구성이 가능하게 되었다. 특히 구조 엔지니어와 협의해 최대한 얇은 벽을 만듦으로써 각 공간의 독립성과 비위계성을 동시에 이루어 냈다.

"목표는 적절히 건축된 얇은 벽을 만드는 것이 아니라, 오히려 생각을 분명하게 하는 것입니다. 2차원의 생각을 3차원의 공간에 나타낼 것이기 때문에 차원을 전환하는 과정에서 구조는 매우 중요합니다. 구조는 심지어 그것이 사라지는 현상도 우리에게 매우 중요합니다."

2차원의 평면 다이어그램인 방들의 집합은 섬세한 구조 계획 덕에 3차원의 공간 구성으로 변화한다. 보통은 구조벽으로 활용하지 않는 칸막이벽을 구조벽으로 활용함으로써 비일상적인 균질성을 얻어 내고, 마치 구조가 소멸한 것처럼 느껴지는 신비감을 획득했다. 결국 이런 다이어그램, 구성, 구조는 위계의 소멸을 이루어 내어 결국 새로운 '민주적인 건축'을 만들어 내었다.

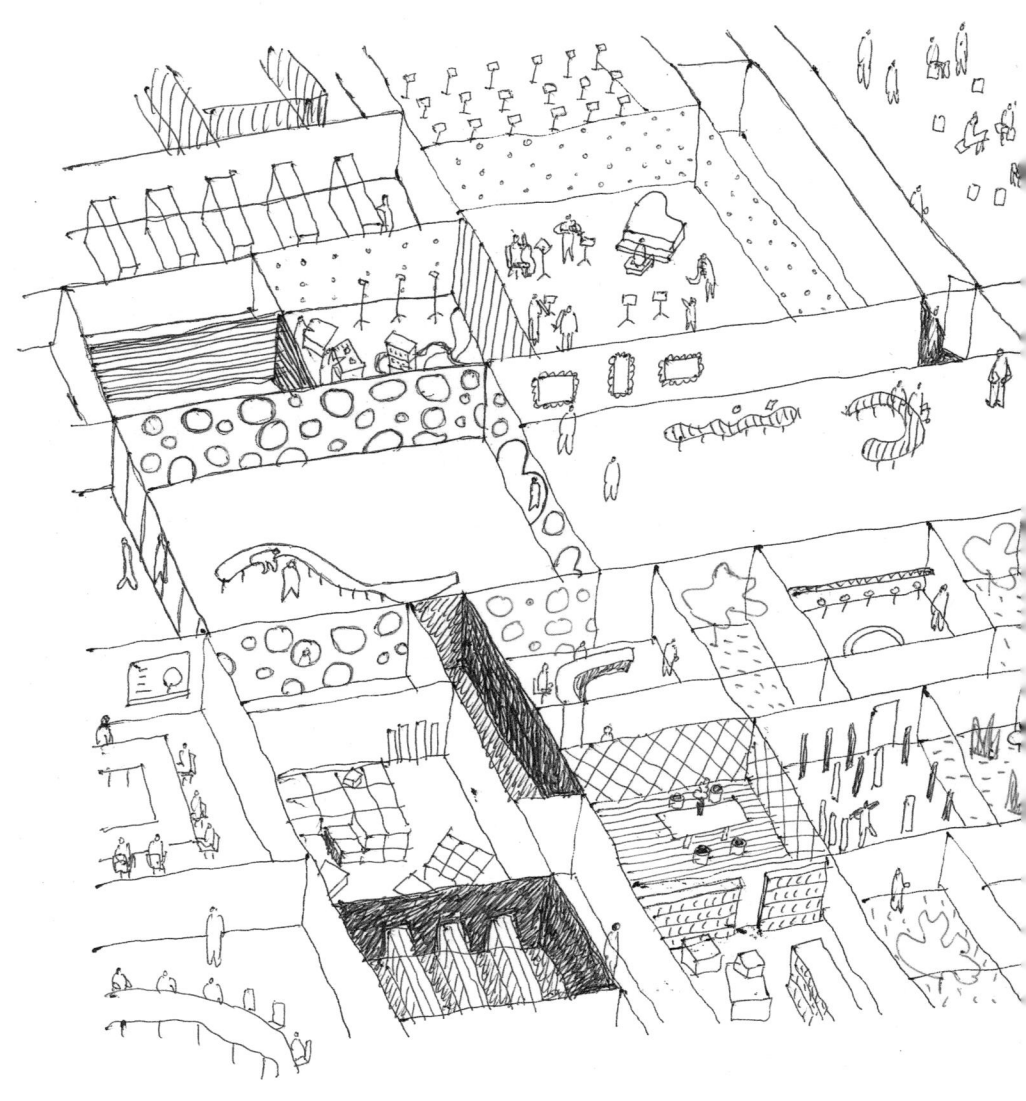

SANAA

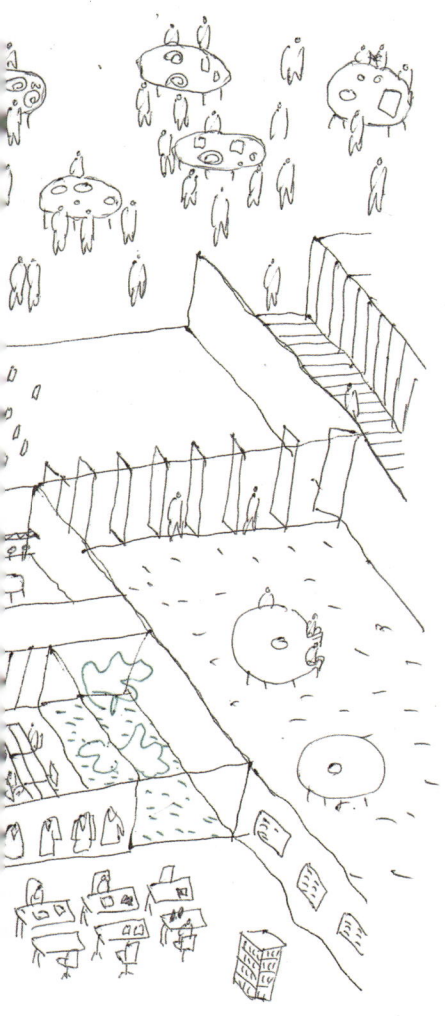

뉴욕 신 현대 미술관
New Contemporary Art Museum, New York, 2007

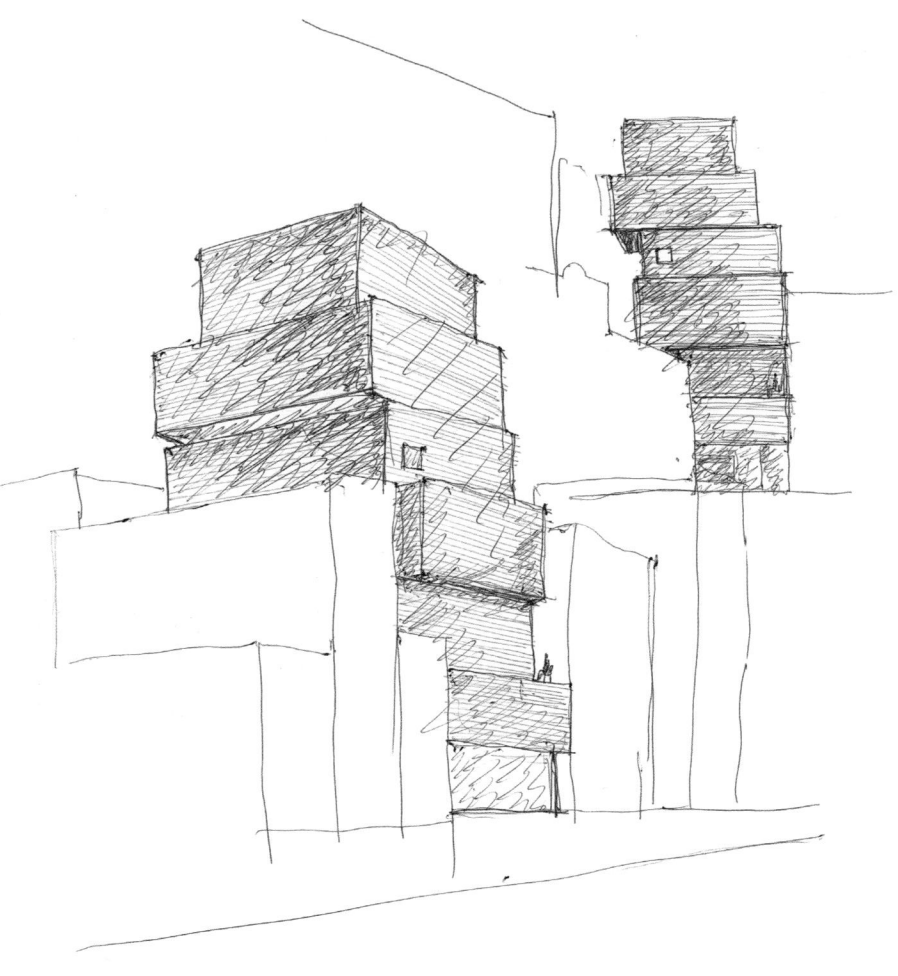

SANAA

130

뉴욕 맨해튼의 동쪽을 남북으로 연결하는 길인 바우어리Bowery는 뉴욕에서도 그리 매력적인 곳이 아니다. 그냥 그저 그런 상점들과 단정치 못한 거리 풍경이 빽빽이 들어서 있는 곳이다. 이곳에 신 현대 미술관을 설계한 SANAA는 현대 미술이라는 선물을 담고 있는 선물 상자 더미를 선사했다.

이 미술관에서 가장 인상적인 것은 수직으로 쌓이고, 수평으로 이동한미끄러진 상자들의 형상이다. 이런 상자의 이동은 상대적으로 개방적인 건축을 형성할 수 있었고, 미술관은 매력적이지 않은 주변 환경과 상호 교류함으로써 전체 환경에 기여를 하게 되었다. 또한 이런 이동은 미술관에 천창과 테라스 공간을 부여해 주었고, 미술관에서 제일 중요한 자연광이 들어오는 장치가 되었다. 동시에 벽의 공간을 최대화하여 전시를 주목적으로 하는 미술관 기능에 적합한 결과를 가져왔다. 그들은 단순한 형태가 가지고 있는 힘을 믿고 있다.

> "우리의 관심사 중 하나는 배경이 되는 건축에 대한 것입니다. … 건축 디자인은 형태를 통해서만 전개될 수 있습니다. … 매 프로젝트의 연구 과정에 우리는 새로운 형태를 만들어 낼 수 있는 방법을 찾습니다.
> 디자인은 형태에 의해 인지됩니다. 건축의 공공성이나 사회적인 측면은 바로 건축과 주변 환경의 관계를 어떻게 이해하느냐에 따라 달라집니다."

SANAA는 이러한 의식을 가지고 뉴욕에서도 낙후되고 매력이 없는 이 지역의 모습을 새로운 풍경으로 전환시키는 마법의 상자를 디자인했다. 이는 도시적 공간 구조를 무시하지도 않으면서 대비를 통해 서로의 매력을 배가시키는 마술을 보인다. 다양한 크기의 3차원 공간전시공간은 제약이 아니라 층에 대한 관념을 가볍게 소거하며 새로운 형태를 디자인하는 동인이 된다. 건물은 10층 높이이지만 다양한 크기의 상자로 들고 나며 결합되어 있기에 외부에서는 보는 방향에 따라 3, 4, 5, 6, 7층으로 보이기도 한다. 이러한 변화를 통해 미술관이라는 존재는 도시에서 보호받아야 하고 분리된 특별한 문화예술 공간이 아니라, 도시에 파고들어가 일상의 삶에 자극이 되며, 우리 삶의 소중한 일부분이 되는 것이다. 그것은 현대미술이 나아가야 할 방향과도 일맥상통한다. 내부로 들어가면 다양한 높이의 상자형 전시 공간 안에 다양한 현대미술의 잔치가 벌어진다. 전시 공간 내부 볼륨의 변화나 이동 동선인 계단의 극적인 구성이 숨어 있는, 이 마법 상자는 단순함 속에 복합성을 숨기는 그들의 트레이드마크이다. 마치 외유내강이나 내부의 기질을 숨기고 외적 예절을 강조하는 동양의 사고처럼.

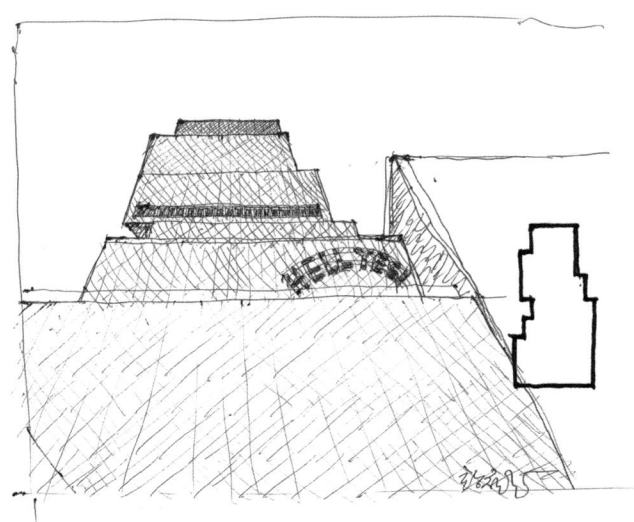

SANAA

풍요를 위한
단순함의 희구

다니구치 요시오
Taniguchi Yoshio,
1937~

일본의 전통과 근대의 정신을 접목시키려 한 건축가였던 아버지 다니구치 요시로Taniguchi Yoshiro, 1904~1979의 아들이다. 다니구치 요시오는 게이오대학 기계과를 졸업했다. 졸업을 앞둔 어느 날 아버지의 동료이자 건축가 교수였던 기요시 세이케Kiyoshi Seike의 권유로 건축가가 될 것을 결심하고, 하버드대학 건축과에 진학한다. 졸업하고 1년 정도 보스턴에서 실무를 익히고 일본으로 돌아와 단게 겐죠의 건축연구소에 들어가 건축과 도시계획 분야의 실무를 하면서 기초를 다시 한 번 닦고 배우게 된다. 이후 자신의 설계사무소를 열고 약 50여 년 동안 정진하고 있다.

일본은 세계적인 스타 건축가들을 많이 배출했다. 프리츠커상 수상자도 일곱 팀이나 된다. 단게 겐조1987, 마키 후미히코1993, 안도 다다오1995, SANAA2010, 이토 도요2013, 반 시게루2014, 이소자키 아라타2019, 이외에도 쿠로카와 키쇼Kurogawa Kisho, 야마모토 리켄Yamamoto Riken, 쿠마 겐고 등 한번쯤 들어봄직한 이름의 건축가가 이루 헤아릴 수 없을 정도다. 이번에 소개하는 건축가는 이들에 비해 상대적으로 덜 알려진 건축가 다니구치 요시오다.

다니구치 요시오는 일본의 계간지 《제팬 아키텍트The Japan Architect(Ja)》 1996년 봄호의 특집으로 소개되면서 세상에 조금씩 알려지기 시작했다. 같은 해 10월 미국의 《아키텍처Architecture》는 일본 건축을 소개하면서 그를 알려지지 않은 대가로 소개했다.

1997년 12월 뉴욕 MoMA의 증축 및 재건축 설계경기의 당선자로 참가한 열 팀 중 상대적으로 덜 알려진 일본의 건축가 다니구치 요시오가 발표되었을 때 많은 사람은 놀라지 않을 수 없었다.

왜 다니구치 요시오는 상대적으로 덜 알려졌을까.

현대를 어떻게 표현할까? 한두 마디로 이 시대를 나타낼 수는 없을 것이다. 불확실성, 모호함, 규범과 권위의 해체, 탈 중심화, 빠른 변화, 혼성하이브리드화, 다양함, 혼돈, 미디어의 범람, 인터넷과 통신….

이 단어들 속에는 긍정적인 면이 있는가 하면 부정적인 면도 있을 것이다. 이러한 가치와 양상들은 최소한 이 시대의 특성으로 떠오르며 나름대로의 자리매김을 하고 있다. 다니구치 요시오는 이런 시대적 흐름에 일정한 선을 긋고 오히려 반대라고 할 수 있는 장인의 길을 묵묵히 그리고 느리게 걸어가고 있다. 그는 40여 년 동안 미술관, 기념관 등 주요한 작품을 해 왔지만 한번에 많은 작업을 하지 않는다. 직원 수도 항상 10여 명 내외를 고수한다.

기획·설계·시공은 물론 조경과 그래픽까지 모든 작업에 일관된 개념과 자세로 완벽을 추구한다. 철저한 현장주의자로, 전체 디자인뿐 아니라 디테일까지 완벽하게 작업한다. 이런 치열한 장인 정신과 더불어, 오늘날 여러 미디어가 간섭하고(?) 요구하는 각종 강연·심포지엄·전시회·심사위원 요청들을 거절하거나 최소화하며 모든 에너지를 건축의 완성도에 쏟아왔다. 자신의 작업에 대해 여러 가지 이론을 접목시켜 장광설을 늘어놓기보다는 조용히 자신이 만든 작품이 모든 것을 말한다는 태도를 일관하고 있다. 빠르면 40~50대에 작품집을 내는 시대에 60이 넘어서야 작품집을 냈을 정도이다. 1999년에 미국의 한 출판사에서 영문판 작품집《다니구치 요시오의 건축 The Architecture of Yoshio Taniguchi》를 냈다.

이러한 그의 행보는 빠르게 명멸하는 세계 건축계에서 아주 드문 예로 주목할 만하다. 피터 줌터가 가장 유사하다고 볼 수 있다. 한편에는 화려하고 변화무쌍하고 미디어를 잘 다루는 렘 콜하스나 MVRDV가 있고 그 대척점에 피터 줌터와 다니구치 요시오가 있다는 것은 참 괜찮은 일이다. 렘 콜하스와 MVRDV가 맹활약하는 세상 속에서 뉴욕 MoMA의 설계를 다니구치 요시오가 했다는 것도 서양 예술, 문화계의 안목과 균형감을 보여 주는 좋은 사례일 것이다.

당신의 위치는 어디인가.

렘 콜하스 혹은 피터 줌터? MVRDV 혹은 다니구치 요시오?

아니면 그 사이의 무수한 좌표 중 하나?

출발

다니구치 요시오와 건축의 인연은 아버지로부터 시작된다. 그의 부친 다니구치 요시로는 일본의 전통과 근대의 정신을 접목시키려 한 건축가였고 아들은 아버지가 설계한 집에 살면서 온몸으로 건축을 경험하며 자랐다. 자신의 집은 항상 하나의 실험 장소였다고 한다. 아버지가 새로운 집을 설계할 즈음에는 설계 안대로 집안을 재조정해 테스트해 보고 설계안을 완성했다고 한다. 부친은 현장에 자신을 데리고 다녔다고 한다. 또한 미술관, 박물관 등에도 데리고 다니면서 좋은 것과 나쁜 것을 구별하는 안목을 길러 주었다. 그러나 한 번도 건축가가 되라고 이야기하지는 않았다고 한다. 건축을 전공하겠다는 생각을 하지 않았던 다니구치 요시오는 게이오대학 기계과에 들어갔다. 그러나 운명의 신은 그를 건축가의 길을 걷게 했다. 졸업을 앞둔 어느 날, 아버지의 동료이자 건축가 교수였던 세이케 기요시가 집에 찾아와 아버지의 뒤를 이어 건축가가 되길 권한 것이었다. 그때부터 운명처럼 건축이 가슴속에 박혔고, 다니구치는 아버지가 내심 아들이 자신의 길을 이어 주길 간절히 바라고 있다는 것을 그제야 깨달은 것이다.

    삶에는 때때로 그러한 순간이 있다. 단 하룻밤에 자신의 운명이 바뀌는 순간 말이다. 그래서 그는 진로를 바꿔 미국 하버드대학 건축과로 유학을 가게 되었다. 본격적인 건축 교육을 받게 된 다니구치는 모든 과목을 처음부터 배웠다. 당시의 하버드는 디자인과 엔지니어링을 동시에 중요하게 여기고 교육했고, 도시 디자인의 좋은 프로그램이 있었다고 술회하고 있다. 졸업 후 1년간 보스턴에서 짧은 실무를 경험하고 1965년 일본으로 돌아와 단게 겐죠의 건축연구소에 들어가 건축과 도시계획 분야의 실무를 하면서 기초를 다시 한 번 닦고 배우게 된다. 작품집 글에서 고백했듯이 자신의 일생은 평생 배움의 길이었다고 한다 그는 배움을 매우 강조한다. 어린 시절 부모와 가족에게서, 학교시절 선생님들과 학우들에게서, 건축연구소 시절 스승과 일 자체에서, 그리고 독립 사무소를 연 후에는 같이 협업을 한 여러 분야의 예술가들, 동료들, 목수와 현장 시공자들에게서, 30대부터는 학생들을 가르치면서….

거창하게 인류를 운운하지 않더라도 인간은 배움을 통해서 성장하고 발전하는 것이 아닐까? 그것은 학교시절만이 아니고 평생 동안. 다니구치는 우리에게 그것을 다시 깨닫게 한다.

"나는 건축에 내 모든 것을 바쳤습니다. 그러나 나는 알고 있습니다. 아직도 내가 배워야 할 것이 많이 있다는 것을…."

모더니즘에서 미니멀리즘으로 그리고 풍요로

근대 건축을 지향했던 아버지의 건축을 보고 자랐던 다니구치 요시오는 하버드대학 유학 시절 본격적으로 모더니즘을 접하게 된다. 그것은 독일의 바우하우스 교장이었고, 근대 건축의 거장 중 한 명인 발터 그로피우스Walter Gropius가 미국으로 건너와 하버드의 교장으로서 교육 시스템을 구축했기 때문이었다. 이는 그가 공부했던 1960년대까지 이어졌다. 4년 여에 걸친 하버드 유학 생활은 그에게 '모더니즘'이라는 밑바탕을 제공했다.

모더니즘의 주요 정신이었던 역사와의 단절, 추상적이고 기하학적 형태, 장식의 배제, 기능주의 건축, 국제주의 건축, 합리주의 등은 그의 건축 사고의 기본이 되었다. 세상의 흐름이 포스트모더니즘과 해체주의 등으로 요동쳐 갔지만 그는 흔들림 없이 모더니즘을 수정·발전·계승해 갔다. 더욱 정교해진 순수 기하학적 형태의 탐구, 단순히 장식을 배제하기보다는 기하학적 장식인 격자의 조합과 변주의 사용, 장소성의 박약을 뛰어넘는 대지와 주변과의 조화 추구, 서구식 모더니즘과 일본의 공간감과 정서와의 조화, 추상성과 소재감을 동시에 살리는 다양한 재료의 창의적 사용과 디테일의 탐구 등을 통해 한자리에 머무르지 않고 정진했음을 알 수 있다. 그의 정신적 스승이라고 할 수 있는 모더니즘의 거장 미스 반 데어 로에의 금언 "적을수록 좋다"에서 '적다'는 다니구치에게 단지 무언가 없고 지루하고 무미건조함을 위한 '적음'이 아니라 풍요함을 추구하기 위한 '적음과 단순함'이 된다. 그는 모더니즘에서 한 단계 더 순수함과 단순함으로 나아간 미니멀리즘을 추구한다. 그러나 미니멀리즘은 흔히 그 차가운 추상성으로 자연과 인간을 무시하는 것이 되기 쉬운데, 그가 추구하는 것은 자연과 인간을 내포하는 미니멀리즘이다. 오히려 자연과 인간을 위한 미니멀리즘인 것이다. 어떤 특정 이즘에 빠져 이론 자체나 건축 자체만을 추구하는 것이 아니라 건강한 미니멀리즘을 추구한다. 그래서 그의 건축은 단순하지만 매우 풍요롭다. 미스의 "적을수록 좋다"는 그에게는 풍요를 위한 '적음', 즉 "풍요를 위한 단순함의 희구Less for More"가 되는 것이다.

메이드 인 재팬

전 세계 건축계에서 한 국가 특유의 미감이 두드러지게 나타나는 나라는 어디일까? 여러 국가가 떠오를 수 있으나 유럽에서는 스위스 그리고 아시아에서는 일본이 거론될 수 있다. 특히 일본 건축은 특별한 설명이 없다하더라도 '일본적'이라는 것을 느낄 수 있다. 극도의 단순성, 축소지향, 자연과의 조화추상화된 자연, 섬세한 완결성 추구, 전통적으로 직선 사용의 미감 등이 종합적으로 어우러지며 일본성으로 다가온다. 그 근저에는 섬나라라는 지역적 특성이 있을 것이다.

다니구치 요시오는 다른 일본 건축가들과는 달리 일본대학에서는 전혀 건축 교육을 받지 못했다. 미국의 하버드대학에서 건축 교육을 처음으로 받아서 어쩌면 서구식 모더니즘의 한계에 빠질 수도 있었다. 그러나 서구식 모더니즘의 한계인 장소성의 박약, 지역성 미비, 의미와 상징성의 결여, 효율적인 동선 지향 등과 같은 한계를 특유의 일본성으로 자연스럽게 극복해 갔다. 모더니즘의 추상적 기하학은 간소함의 미학으로 진화했으며, 고립된 상자는 주변과 조화를 이루며 외부 공간과의 관계를 주고받는

소통하는 상자가 됐고, 효율적인 동선은 동북아시아 전통건축의 특징인
회유하는 동선으로 치환되어 자연과의 조응이 가능해졌다. 장식의 배제는
일본 전통건축에서 보이는 매우 치밀한 격자 그리드의 탐구를 통해 특유의
미감으로 부활했다. 이 모든 것은 일본 건축의 특성들이지만 다시 다니구치
식으로 해석되어 모더니즘과 자연스럽게 조화를 이룬다.

다니구치를 포함한 현대 일본 건축가들의 성취는 귀감이 된다. 체득된
일본성은 일부러 그것을 의식하지 않더라도 저절로 드러나고 그들의 자산이
된다. 그들은 세계에 통하는 보편성을 성취하면서도 서양이 가질 수 없는
특유의 미감을 가지고 있는 것이다. 그들은 전통에 대해 지나친 강박도
가지고 있지 않지만, 가지고 있는 것을 무시하거나, 버리는 어리석음도
저지르지도 않는다.

재료 · 물성 · 디테일

단순하고 추상적인 형태에 풍요로움을 줄 수 있는 것은 무엇일까? 아마도
그것은 재료의 창의적인 사용에 있을 것이다. 같은 추상적 형태라 하더라도
안도 다다오의 벽은 대부분 노출 콘크리트이다. 기존의 노출 콘크리트가
가지고 있던 속성을 뛰어넘는 새로운 가치의 노출 콘크리트이지만 거의
이 재료에만 집착하는 경향이 있다. 그러나 다니구치의 경우 벽은 벽이지만
주어진 주변 환경과 맥락에 따라 어떤 재료의 벽으로 해야 할 것인지를
결정해 다양하게 구축한다.

카사이 린카이공원 전망대의 투명 유리, 도요타 시 미술관의 반투명
유리와 버몬트 슬레이트vermont slate 석재, 나가노 현 시나노 미술관의 압출
알루미늄, 시세이도 갤러리의 타일, 호류지 보물관의 투명 유리와 섬세한
알루미늄 바 등 다양한 재료를 시의적절하게 사용한다. 예를 들어 도요타

시 미술관에 전면적으로 사용된 버몬트 슬레이트 석재의 경우 미국이나 캐나다에서는 주로 지붕에 작은 크기로 사용하는데, 여기서는 상대적으로 큰 크기로 벽에 사용했다. 전 세계에서 채취 가능한 슬레이트를 조사했고, 이의 선택, 채취, 단계별 가공, 표면 마무리의 처리, 시공에 이르기까지 많은 노력을 기울인 결과였다. 마치 석재 장인과도 같은 열정으로 이 돌이 가지고 있는 새로운 가능성을 찾아 낸 것이다.

다니구치는 사용하는 모든 재료에 애정을 가지고 있다. 숨겨진 그 가치와 물성을 찾기 위해 탐구하고, 열정을 가지고 공법을 연구하고, 알맞은 디테일을 만들어 내고서야 그 재료를 사용한다. 미스는 "신은 디테일 속에 있다 God is in the details"라고 했다. 현대 건축가들 중에서 이 말에 어울리는 건축가가 있다면 다니구치 요시오는 반드시 한 자리를 차지할 것이다.

실로 그의 디테일은 개념·형태·디자인·구조·재료·비례·공법 등을 총 망라하는 것으로 그의 디테일에는 신정신·가치·의미 등이 깃들어 있다고 이야기 할 수 있다. 개념을 중시하며 개념의 탐구에는 많은 노력을 기울이지만 그것의 실현에는 상대적으로 간과하거나, 무지한 일부 건축가들에게 그의 건축은 이렇게 이야기하는 것 같다.

신은 개념에만 있는 것이 아니라, 디테일 안에도 있다 God is not only in the concept, but also in the details.

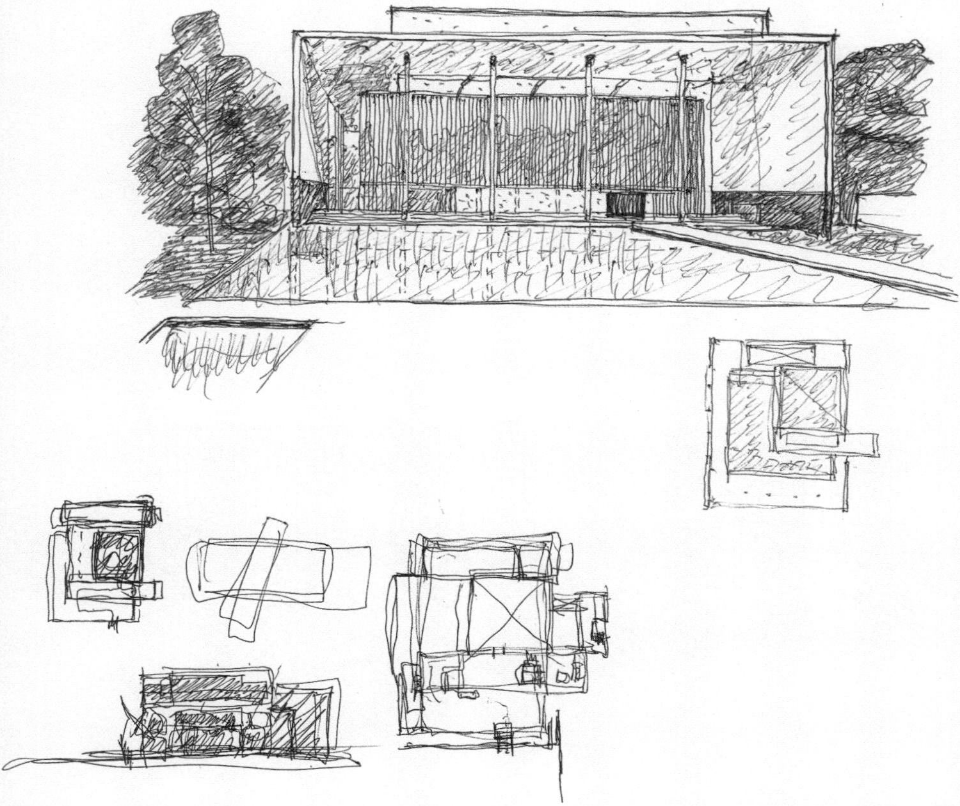

호류지 보물관, 도쿄국립박물관, 1999

카사이 린카이공원 전망대
Kasai Rinkai Park, Tokyo,
Crystal View, 1995

다니구치 요시오 Taniguchi Yoshio

태평양이라는 거대한 바다가 햇살을 받으며 빛나고 있다. 지친 답사객의 심신에 시원한 바닷바람이 살갑다. 바닷가에 접한 공원에서 바다를 바라본다는 것은 어디서든 좋은 기억이지만, 투명 유리로 시야를 가리지 않는 전망대를 통해 바다를 본다는 것은 그림 틀이 더 그림을 아름답게 하는 기능이 있듯 건축이 우리에게 줄 수 있는 선물이다.

　이 전망대는 도쿄 시가 오랫동안 실시해 온 매립 사업의 완성을 기념하고, 공원의 전망, 휴식을 위한 시설로 건설되었다. 공원의 중심부에 자리하며 기념적인 건축으로서의 상징성이 요구되었다. 도쿄만의 바다와 카사이 린카이공원의 게이트 역할을 하는 이 시설은 너비 7미터, 길이 75미터, 높이 11미터의 투명 유리 직방체로 설계되었다. 바다와 공원을 가로막는 단절체가 아니라 공원과 바다를 연결하는 투명체가 된 것이다.

　흔히 전망대라고 하면 수직 전망대를 생각하게 된다. 높이 올라가야 잘 볼 수 있기 때문이다. 다니구치가 수직 전망대를 지양하고, 수평 형태를 선택한 것은 이곳의 평평한 지형과 조화를 꾀하고, 해변의 나무 높이를 넘는 것만으로도 충분히 조망이 열리기 때문이었다. 바다의 수평성과 어우러지는 수평의 건축은 높은 수직 전망대와는 달리 평안함과 안식을 준다. 놀라울 정도의 투명함을 얻기 위해 다니구치가 심혈을 기울인 것은 구조와 유리 커튼월 바의 통합이었다. 울거미 구조 시스템을 바탕으로 최소 두께의 강재를 사용해 유리를 잡는 커튼월 프레임과 지붕을 받치는 기둥 역할을 동시에 해결한 것은, 결과적으로 내부에 무주공간을 만들어 내고 전체적으로 극도의 투명성을 확보할 수 있었다. 일반적으로 사용하는 공장에서 제작된 상대적으로 두꺼운 두께의 알루미늄 프레임이 아니라 평강을 사용해 더 얇은 두께의 커튼월 프레임을 얻기 위해, 이의 절취부와 용접 부분을 깨끗하게 처리하려고 일일이 현장에서 수작업으로 갈아 낸 정성과 치밀함이 이 건물

디테일의 백미이다. 안도 다다오도 이 건물을 보고 매우 놀랐다는 후문이 있을 정도이다.

넓은 공원의 산책로는 자연스럽게 전망대 내부의 투명한 공간으로 이어진다. 이는 다시 시선을 파란 바다와 푸른 하늘로 이어지게 이끄는 완만한 계단과 경사로로 연결되어 건축적 산책로를 완성한다. 답사객의 발걸음은 속도가 늦춰진다. 산책을 하면서 조응하는 것은 투명 유리 너머의 푸름이고, 그것을 바라보며 휴식과 쉼을 얻는 자기 자신과의 만남이다.

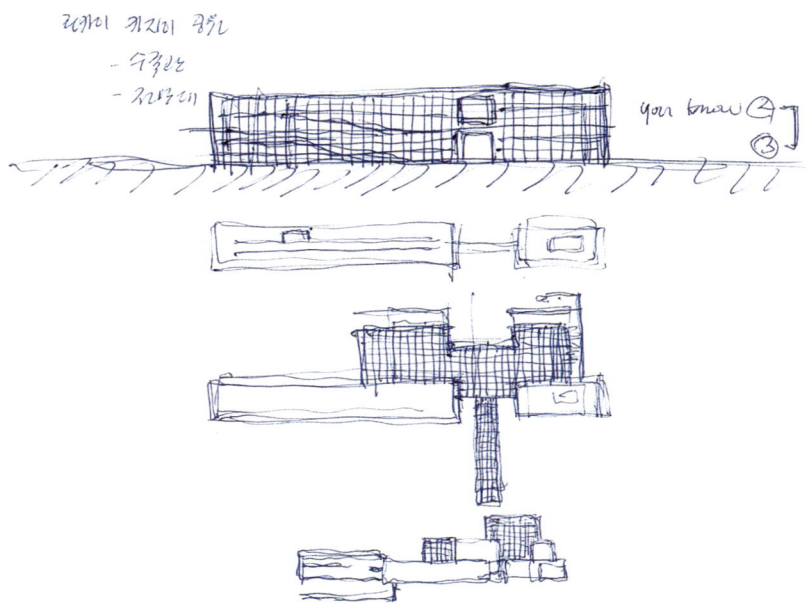

뉴욕 현대 미술관
Museum of Modern Art, New York,
1997~2004

다니구치 요시오 Taniguchi Yoshio

미국 제일의 도시 뉴욕에는 여러 미술관이 있지만 그중 뉴욕 현대 미술관은 흔히 MoMA로 불리며 미술계와 건축계에 커다란 영향을 미치고 있다. 1997년 12월 역사적인 MoMA의 증축 및 재건축 설계경기의 당선자로 잘 알려지지 않은 일본의 건축가 다니구치 요시오가 발표되었을 때 많은 사람들은 놀라지 않을 수 없었다. MoMA위원회는 수년간 주도면밀하게 조사해 세계 유수의 건축가들 중 열 팀을 설계경기의 참가자로 지명 초청했다.

위엘 아헤츠Wiel Arets, 헤르조그 앤 드 뫼롱, 스티븐 홀Steven Holl, 이토 도요, 렘 콜하스, 도미니크 페로Dominique Perrault, 다니구치 요시오, 베르나르 추미, 라파엘 비뇰리Rafael Viñoly, 토드 윌리엄스와 빌리 치엔Tod Williams and Billie Tsien.

1차 설계경기를 통해 1997년 9월에 헤르조그 앤 드 뫼롱, 베르나르 추미, 다니구치 요시오가 최종 주자로 선정되었고 결국 다니구치 요시오가 당선되었다. 이 일련의 과정과 계획안들은 MoMA에서 발간한 《MoMA의 미래를 상상하다Imaging the Future of the Museum of Modern Art》에 자세히 나와 있다.

다니구치 요시오의 안은 다른 건축가들의 안과 달리 기존 건축물들을 최대한 존중하고 있다. 1939년 굿윈과 스톤Philip Goodwin & Edward Stone이 디자인한 원래의 MoMA와 필립 존슨Philip Johnson이 디자인한 조각 정원 그리고 1984년 시저 펠리Cesar Pelli가 디자인한 뮤지엄 타워 등을 최대한 고려해 통합된 디자인을 한 것이다. 또한 53번가와 54번가를 잇는 연결로를 MoMA의 1층에 둠으로써 단절된 도시가 이 건물을 통해 서로 소통하는 작은 기적을 이루었다. 특히 기존의 뛰어난 걸작 공간인 조각 정원을 유지하면서 이를 전체 미술관의 중심이 되도록 계획한 것은 빈 공간마당을 중요시하는 동아시아의 전통에 기인한 것으로 볼 수 있다. 각 전시장들을 회유하거나, 식당이나 교육동으로 이동하거나 모든 관람객은 이 조각 정원을 접하게 된다. 마당의 중요성을 힘주지 않고서도 자연스럽게 느끼게 하는 것이다. 그러므로 이 미술관은 채워진 공간과 빈 공간의 절묘한 결합체가 되는 것이다.

설계경기의 당선을 기념하는 자리에서 다니구치는 이렇게 이야기 했다.

"돈을 충분히 들인다면, 보이지 않는 건축을 설계해 내겠습니다."

이는 미술관의 중심이 미술품과 그것을 담는 공간이 주인공이며, 그것을 담는 그릇은 최대한 조용해야 한다는 것을 의미한다. 그리고 많은 그의 건축들이 증명하듯이 극도로 미니멀하며 투명성을 확보하는 특유의 디테일 디자인에 대한 자신감의 발로이다. 일반적인 건축 디테일은 그것이 보여 존재감을 느낀다면, 다니구치는 디테일을 주의 깊게 연구하여 바닥·벽·천장 속에 숨김으로써 디테일은 눈에 보이지 않고 재료만이 보이게 된다. 이런 디테일 디자인은 보통의 디테일보다 돈이 더 많이 든다. 다른 건축가들의 안이 현란하고 요란해 그 스스로가 예술품임을 자랑하는 작품이었다면, 다니구치의 미술관은 단순하고 정숙하다. 그러나 풍요롭다.

멕시코의 위대한 건축가이자 조경가인 루이스 바라간Luis Barragán은 다음과 같이 말했다.

"침묵과 정숙이 위대한 건축의 지표다."

만일 이 말을 맞는다고 인정한다면, 이 말에 어울리는 드문 건축가의 한 사람으로 다니구치 요시오를 꼽지 않을 수 없다. 평생을 배우고 정진한 이 건축가는 새 천년을 살아가는 우리에게 이렇게 이야기 한다.

"나는 건축에 내 모든 것을 바쳤습니다. 그러나 나는 알고 있습니다. 아직도 내가 배워야 할 것이 많이 있다는 것을….

다니구치 요시오 Taniguchi Yoshio

노출 콘크리트로 쓰는 시

안도 다다오
Ando Tadao, 1941~

1941년 오사카에서 쌍둥이의 형으로 태어났다. 일본 제1의 상업도시 오사카라기보다는 오사카 외곽 출신의 '촌뜨기'이다. 부모님과 떨어져 외할머니 집에서 자랐다. 공업고등학교 기계과 졸업이 안도 다다오의 최종 학력이다. 실제 그의 고백을 들어보면 학교에 잘 다니지도 않았기에 학교에서 무엇을 크게 배웠다고 볼 수도 없다. 고교 말년 쌍둥이 동생의 영향으로 권투 선수가 된다. 그러나 고교 졸업 후에는 소위 백수 생활을 한다. 그러다가 친구의 소개로 실제 공사를 하는 건축 일, 소위 '노가다'를 하게 된다. 우연히(?) 건축계에 발을 들여 놓은 것이다. 우연을 가장한 필연으로 인해 그는 드디어 길고 긴 오랜 방황에서 자기의 길을 발견하게 되었다. 독학과 답사로 세계 최고 건축가의 반열에 들어 가게 된 것이다.

찬바람이 매서웠던 1987년 겨울, 대학 졸업을 앞두고 미래에 대해 갈피를 잡지
못하고 헤매고 있었다. 어느 날 후배로부터 한 일본 건축가가 내년 초 강연을
하는데 특별한 일이 없으면 같이 가자는 연락을 받았다. "그래 시간이 되면
가자." 심드렁하게 대답하던 내 눈에 들어온 것은 복도에 붙어 있던 한 장의
포스터였다. 특유의 연필 터치로 힘차게 그려진 건축 드로잉을 보고 나서는
그 건축가의 열정과 건축에 대한 의지가 느껴져 강연이 은근히 기다려졌다.

   드디어 1988년 2월 13일 토요일, 대한 건축사협회 강당으로 따라
들어갔다. 강연장은 건축가들과 학생들로 대부분 채워져 있었다. 이내
투박하면서도 약간 쉰 목소리의 강연이 시작되었고, 그때까지 별로 보지
못한 젊은건축가 특유의 신선하고 대담한 건축적 사고와 발상 그리고
자신감과 열정으로 가득한 열변에 대다수의 청중들이 매료되었다. 이후에도
우리나라에서 여러 번 강연을 했는데, 사변적인 내용 없이 건축에 대한 밀도
있는 설명과 본인의 사고에 대한 확신 등을 '돌직구'처럼 거침없이 쏟아 놓은
이때의 강연이 최고의 명 강연이었다고 생각한다.

   제2차 세계대전 이후 전 세계를 지배하던 모더니즘 건축이 간과하고
있던 장소성의 회복그는 이것을 동아시아 사람이라면 이해할 수 있는 기氣의 개념, 특히 땅의
기운의 존중으로 설명하여 많이 와 닿았다, 이후 유행처럼 번지던 20세기 중후반
포스트모더니즘 건축의 장식성과 차별되는 간결하고 추상적인 조형미당시의
건축계는 서양의 과거 양식을 모방하는 장식적인 건축에 식상해 가고 있을 즈음이었다, 그간의 형태의
모방에 머무르고 있었던 전통성의 논의를 뛰어넘는 새로운 혜안뒤에 다시 자세히
이야기하겠지만 형태가 아닌 정신과 감성의 계승이 진정한 전통의 계승이라는 주장은 지금도 신선하다,
노출 콘크리트라는 '칙칙한 재료'의 시적 승화노출 콘크리트가 그렇게 아름다운 재료인지
당시에 한국 건축계는 모르고 있었다, 그동안의 기능적 건축이 간과하고 있었던 건축의
본질로서의 자연 그리고 빛과의 조화그는 건축의 위대성이 자연과의 빛과의 조화임을

알고 있었고 그것을 설파했다. 단지 효율적이었던 건축을 뛰어넘는 역동적인 공간 구성공간의 구성에 대한 집착은 그를 '공간 마술가'라 칭하고 싶다 그리고 '대충대충 건축'에 대별되는 치밀하고 완벽하고 섬세한 디테일그는 모든 부분에서 완벽을 추구했다 등은 고졸 출신의 독학 건축가라는 그의 이력과 더불어 그 자리에 참석하고 있던 나를 비롯한 모든 청중에게 큰 충격을 주었다.

당시에 그리 많이 알려지지 않았던 일본 건축가의 이름은 '안도 다다오'. 이후 한국 건축계는 아니 세계 건축계는 '안도 표' 노출 콘크리트와 안도 다다오 건축의 열풍에 휩싸이게 된다. 갈 바를 몰라 헤매고 있던 젊은 영혼에게도 한 줄기 빛이 비춰졌다.

그가 건축을 배운 방법은 크게 보면 두 가지이다. 하나는 '독학'이다. 건축을 전공하지 않은 그가 할 수 있는 일은 오로지 책을 읽고, 공부하고 또 공부하는 것이었다. 중고 르코르뷔지에 전집을 사서 책이 닳도록 트레이싱을 하며 학습했다는 일화는 유명하다. 지금도 하루에 두 시간 정도는 무슨 일이 있어도 책을 읽는다고 한다.

"내게 건축학과의 학생 시대나 설계사무소에서 수습하는 시기가 없었던 것은 다행인지 불행인지 알 수 없습니다. 학교에서는 지식을 배울 수 있지만, 발상의 범위가 축소될 수 있습니다. 평균화된 민주 교육은 개성을 잃게 합니다. 학교에 가거나, 혹은 가지 않더라도 스스로 공부해야 하는 것은 마찬가지일 것입니다. 혼자서 배우고, 혼자서 자신의 인생과 맞부닥뜨리는 방법이 내게는 가장 어울린다고 생각합니다."

또 하나는 '답사'이다. 그는 설계실이 아닌 답사를 하면서 건축을 터득했다. 특히 1965년부터 사무소를 여는 1969년까지 4년간은 모색과 답사의 시기였다. 러시아·핀란드·스위스·이탈리아·그리스·스페인·프랑스·오스트리아·인도·미국 등을 답사하며 르코르뷔지에, 미스 반 데어 로에,

아돌프 루스Adolf Loose, 미켈란젤로Michelangelo, 알바 알토Alvar Aalto, 프랭크 로이드 라이트Frank Lloyd Wright, 루이스 칸Louis I. Kahn 등의 작품들과 수많은 고전 건축들을 보고 공부하며 온몸으로 느끼면서 독자적인 건축관을 형성했다.

"건축을 진정으로 이해하는 데 매체가 아니라, 자신의 오감으로 그 공간을 체험하는 것이 무엇보다도 중요합니다. 내게 "답사"는 그 자체가 유일한 나의 스승이었습니다.

"여행"이라는 것은 타성적인 일상을 떠나 사고를 깊게 하는 자신과의 "대화"인 것입니다. 여행 중에 필요 없는 것은 떨쳐 버리고 맨몸인 자신과 만납니다. 그 과정에서 일진일퇴를 반복합니다. 그것이 한 인간을 강하게 만드는 것입니다."

독학과 답사를 통해 권투 선수이자 '노가다'였던 한 젊은이는 서서히 건축가가 되어 갔다.

안도 다다오의 삶은 우리에게 이야기한다. 우리가 평계쟁이가 아니냐고. 어려운 환경과 좋은 교육을 받지 못하는 것을 불만불평하고, 평계대기보다는 독학과 답사라는 누구에게나 열려 있는 방법을 통해 자신의 길을 찾아 가라고 말이다.

도발하는 노출 콘크리트 상자

안도 다다오의 수많은 작품들을 한두 마디로 정리할 수는 없을 것이다. 굳이 한두 마디로 정리해야 한다면 "도발하는 노출 콘크리트 상자"로 정의하고 싶다.

안도 다다오는 거의 대부분의 경우에 사각형·원·삼각형·타원과 같은 순수한 기하학적 형태를 선택한다. 왜 그는 순수 기하학적인 형태를 택하게 되었을까? 자연의 유기적인 모습과 달리 인간들은 이성의 생물로서

추상적이고 기하학적인 결과물을 만들어 냈다. 어떻게 보면 그 결과물인 인공적인 건축은 자연에 맞서는 것이다. 그에게 건축이란 자연과 장소에 대립하고 투쟁함으로써 오히려 자연과 장소에 조화를 이루어 내는 역설을 만들어 내는 것이다. 순응적 조화가 아니라 대조적 조화라고 할 수 있다. 따라서 가장 추상적이고 순수한 기하학이 그의 건축이 된다.

노출 콘크리트하면 안도 다다오, 안도 다다오하면 노출 콘크리트라고 할 정도로 노출 콘크리트는 그의 트레이드마크가 되었다. 사실 안도가 사용하기 이전의 노출 콘크리트는 별로 호감 가는 재료가 아니었다. 건물 기초나 창고 같은 건물에나 쓰는 칙칙한 재료였을 뿐이다. 물론 르 코르뷔지에나 루이스 칸 같은 건축가가 콘크리트라는 재료의 가능성을 열어 주었지만, 그 이후로는 거의 잊힌 재료와 다름없었다. 아마도 안도는 두 거장의 건축을 답사하면서 자연스럽게 노출 콘크리트의 가능성을 마음속 깊이 생각했을 것이다. 두 거장의 노출 콘크리트 사용법은 사뭇 다르다. 거칠고 원초적인 미감을 추구하는 것이 르 코르뷔지에라면, 상대적으로 미끈하게 콘크리트 면을 뽑아 내고 폼 타이 구멍의 미감을 살리는 것이 루이스 칸이다. 안도는 르 코르뷔지에보다는 칸으로부터 영감을 얻어 콘크리트의 새로운 매력을 개척하고 이를 성취해 낸 것이다.

수많은 실험과 실패를 거쳐 그는 대리석처럼 반들거리는 '안도 표' 노출 콘크리트를 만들어 냈다. 이는 콘크리트의 새로운 미감의 창조로 구조체로서의 중량감은 느낄 수 없고, 어떻게 보면 무거운 콘크리트 덩어리가 아닌 가벼운 대리석처럼 느껴지고, 빛이 반사되면 심지어 따스함마저 느껴진다. 그 고급스러운 느낌으로 인해 오늘날 우리는 전 세계에서 유행처럼 '안도 표' 노출 콘크리트를 보게 되었다. 미운 오리 새끼에서 백조로의 변화는 물질의 소재감에 생명을 불어 넣는 창의적인 건축가에 의한 것이다.

안도의 특이성은 어찌 보면 단순하고, 무미건조할 수 있는 노출 콘크리트 상자를 도발(?)하게 만든다는 데에 있다. 단순한 상자와 대조적으로 상자의 내부에는 매우 역동적인 공간이 들어 있다. 어쩌면 순수 기하학적 형태는 이런 공간을 담아 내는 그릇의 역할을 하는 것이다. 안도는 이야기 한다.

"건축은 단순히 형태를 조작하는 것이 아닙니다. 그것은 공간을 구축하는 일이자 무엇보다도 공간의 기초를 제공하는 하나의 장소를 구축하는 행위라고 믿습니다. 내 건축에서 공간이 하나의 구체적인 존재가 되도록, 주의 깊게 그리고 장인 정신을 가지고 만들어 가기를 원합니다."

그의 노출 콘크리트 상자는 그냥 고정된 상자가 아니다. 외부의 환경과 내부의 공간을 매개하며, 연결하고 변화시키는 도발하는 상자이다. 그곳에서 우리는 보통의 건물에서는 경험하지 못했던 인간의 내면에 숨어 있던 감각과 정서를 회복하게 된다. 역동적인 공간 체험과 곳곳에서 조우하는 자연과 빛을 경험하며 우리의 잠자던 인식의 감각이 다시 살아나는 것, 그가 도발하고자 하는 것은 바로 그것일 것이다.

만들어진 자연, 만들어진 빛

안도 다다오는 인간의 가능성과 가치를 믿는 사람이다. 자연계의 어떤 존재와도 다른 인간의 특성은 이성을 가지고 있다는 것이고, 이 인간 이성의 산물이 추상적·기하학적 건축으로 표현되는 것으로 굳게 믿기 때문이다. 그러나 그가 믿는 인간의 가능성과 가치란 자연을 무시하고, 정복함으로써 얻어지는 것이 아니라 자연과의 조화를 통해서 이루어지는 것이다. 자연과 인공의 조화, 서로는 서로에게 각각이었을 때보다 함께 공존할 때, 더 큰 의미와 아름다움을 줄 수 있다는 것이 그의 믿음이다.

그 방법은 대립과 대조 속의 조화이다. 자연과 대조적인, 기하학적
속성들-단순성·규칙성·반복성·대칭 등은 오히려 그것 때문에 자연과
공명할 수 있다는 것이다. 그의 주장을 들어보자.

> "건축은 닫혀 있고, 분절되어 있는 영역으로 간주되어야 하지만,
> 그럼에도 불구하고 그것을 둘러싸고 있는 주변의 환경과 명백한 관계를
> 맺고 있어야 합니다. 눈에 보이지 않는 자연의 논리를 찾아 내고 뚜렷하게
> 드러내는 것은 바로 그것을 건축의 논리와 대비시키는 일입니다."

이런 기하학적 건축은 전체를 위한 기본 틀을 제공할 뿐 아니라,
각각의 장면을 위한 단편들도 만들어 내고, 동시에 스크린 역할을 하기도
한다. 섬세하게 절개된 개구부와 프레임들 덕분에 자신도 모르게 주변의
풍경과 조우하게 된다. 자연은 자연 그대로이지만 건축에 의해 절개된,
만들어진 자연이 된다. 물·하늘·빛이 추상화되는 것이다. 이때 자연은
자연 상태 그대로일 때보다 더 잘 인식될 수 있다. 그리고 이때 건축 자체도
추상적인 형태로 그 본 모습을 드러낸다. 기하학과 만들어진 자연, 그리고
그 장소의 기억이 하나로 통합될 때 건축은 그것이 가야할 길을 찾게 되는
것이라고 안도는 믿는 것이다. 아마도 그의 주장이 성공적으로 성취된다면
그의 건축에서 우리는 인간의 삶과 자연이 하나가 되는 드문 경험을 하게
될 것이다.

> "나는 건축이 너무 말을 많이 하지 않아야 한다고 생각합니다.
> 조용히 있는 것이 좋습니다. 그리고 바람과 빛으로 가장한 자연이
> 이야기하게 해야 합니다."

양복을 입은 아시아의 목소리

'글로벌'이라는 말이 화두이다. 글로벌 전략, 글로벌 시각, 글로벌 기업, 글로벌

랜드마크 등. 글로벌의 홍수시대에 살고 있다. 동북아시아 인으로서 우리는 어떻게 세계화되고 있는 이 시대를 살아갈 것인가? 그리고 건축가는 어떻게 정체성을 포기하지 않으며, 세계적 보편성을 획득할 것인가가 매우 중요한 이슈로 다가오는 시기이다. 지금은 전통성과 세계성을 나눌 정도로 고루하지 않지만, 이 둘을 창의적으로 조화시키는 것은 대단히 환영받는 시대이기 때문이다. 이웃 일본이나 중국 건축가들의 행보는 그러한 점에서 시사하는 바가 크다. 한·중·일은 서로의 차별성도 있지만 동아시아인으로서의 공통성도 갖고 있기 때문이다. 특히 일본의 건축가들은 별도로 일본성이니 혹은 아시아성이니 하는 말을 하지 않아도 자연스럽게 그들의 건축에서 자신의 색깔과 풍취가 나오니, 우리에게 좋은 탐구 사례가 된다. 그 대표적인 사례들로는 SANAA, 쿠마 켄고Kuma Kengo, 다니구치 요시오, 마키 후미히코 그리고 안도 다다오 등 그 수를 헤아릴 수 없다.

전통이나 지역성은 형태상의 모방이 아닌 정신과 감성을 계승한다는 안도의 주장은 새겨 볼 만하다. 눈에 보이는 것만이 정체성이 아니라 눈에 보이지 않는 것이 진정한 정체성일 수 있다는 주장이다. 형태의 모방은 시대와 불화를 낳고 정신과 감성의 계승은 실현하기가 쉽지 않다. 그러나 안도 다다오는 오랜 탐구를 통해 우리에게 좋은 단초를 제공한다. 그가 이야기하는 일본의 정신과 감성은 다음과 같다. 자연과 장소에 대한 경외, 사물 사이의 공백에 의미를 두는 간間의 미학, 소재의 존중과 직접 대화, 극한까지 간소화하려는 간결의 미 의식, 질서를 존중하는 일본의 심성 등이다. 정도의 차이는 있지만 그의 건축을 설명하는 주제어로 사용해도 무방할 것이다.

구체적으로 그는 전통에서 계승해야 할 정신과 감성의 기본이 되는 일본 전통 건축으로 스키야數寄屋와 민가를 들고 있다. 다도를 즐기기 위한 스키야와 생활을 위한 민가는 미감이 구별되지만 자연 속에 일체가 되려는 정신성은

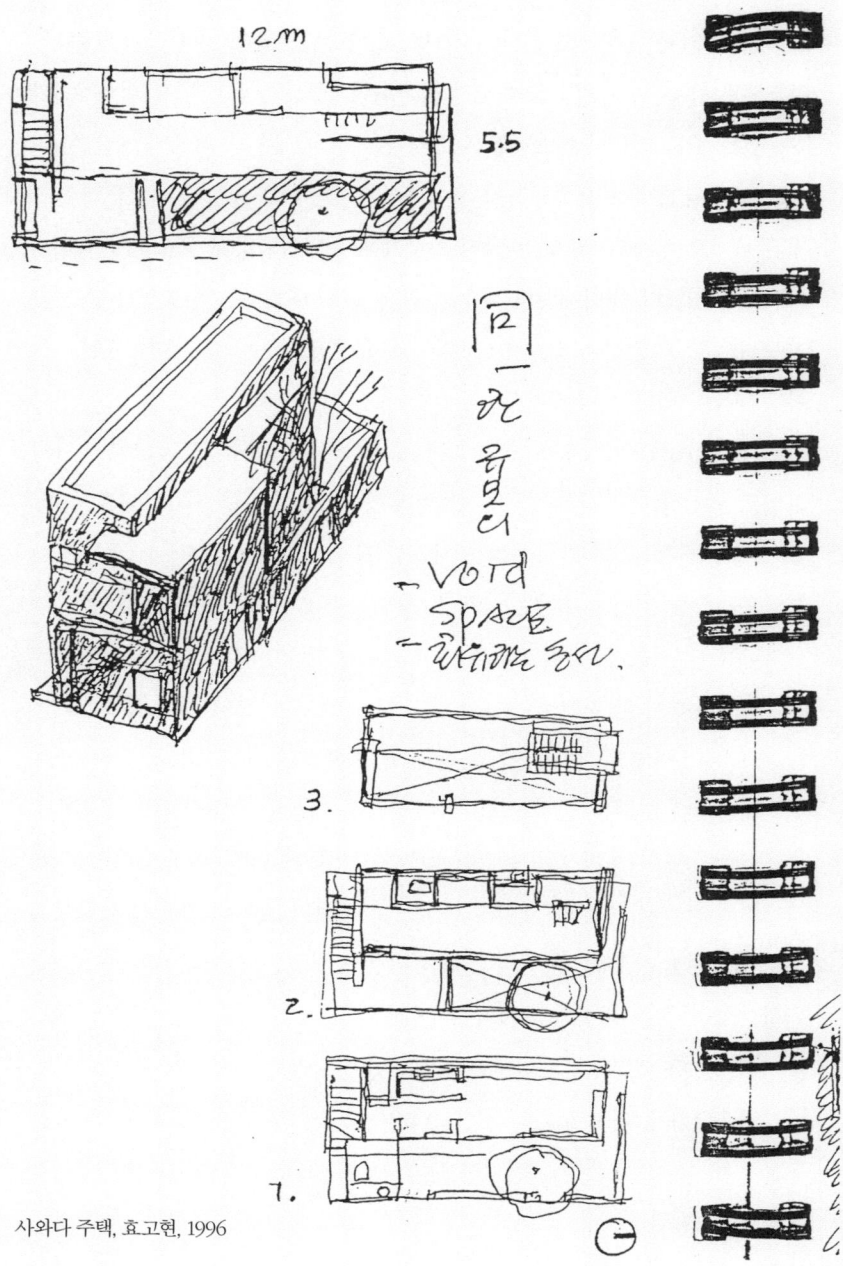

사와다 주택, 효고현, 1996

유사하다. 전체는 생활의 질서를 떠받치고, 부분은 생활의 각 장면을 보다 풍요롭게 하는 두 차원의 조화도 이야기한다.

그는 서양 건축의 대표적인 사례로 로마의 판테온과 18세기 예술가 피라네시Pirnesi의 상상 속의 공간을 꼽는다. 판테온이 단순한 기하학적 질서에 빛이 들어오는 순간, 이 공간은 자연 세계에서는 경험하지 못하는 건축의 가치를 드러낸다. 피라네시의 환상의 감옥 속에 내재하는 미로적인 공간의 상상력은 그 역동적 수직성으로 일본의 전통 건축과는 다른 대조적인 아름다움이 있다는 것이다.

이런 탐구를 바탕으로 그는 일본동양과 서양의 대립하고 모순되는 가치를 하나로 통합한다.

"이 모순들을 통해서, 우리는 외면상 각 공간의 특성들이 격렬하게 충돌하는 것처럼 보이는 상태를 넘어 동양과 서양의 분위기를 함께 다룰 수 있는 것이며, 그렇게 해서 새로운 장소가 그 잠재적인 성격들과 공명하며 수면 위로 떠오르게 되는 것입니다. … 오랜 생각 끝에, 나는 내 작품이 지향해야 할 목표가 이와 같이 상반되는 공간적인 개념들을 하나의 단일한 건축, 그 각각의 개념들을 초월하여 하나의 건축 속으로 통합하는 일이라는 결론을 내렸습니다."

영원한 '촌뜨기'로서, 게릴라 정신을 주장하며 건축이 자본의 흐름에 대한 배경으로서 기능하는 데 그치고 마는 오늘날의 건축에 대한 창의적인 저항으로서, 그는 이렇게 이야기 하는 것 같다.

"우리는 양복을 입고 있지만 세계를 공명시키는 아시아의 목소리를 낼 수 있습니다. 그것이 우리의 소명입니다."

21_21 디자인 사이트
21_21 Design Sight Tokyo, 2007

2007년 봄, 도쿄 중서부 아카사카의 미나토구에서는 동경 미드타운이라는 대단위 도심 재개발 프로젝트의 오프닝 개막 행사가 열렸다. 도쿄 시 전체가 이를 알리는 홍보물로 넘쳐났고 TV에서도 많은 광고를 하고 있었다. 주말을 이용해 무작정 배낭을 메고 개막 기간에 도쿄에 왔다는 것이 우연의 일치만은 아니라는 생각으로 이른 아침 미드타운으로 향했다.

  총 여섯 동의 주상 복합단지와 공원 그리고 문화시설로 이루어져 있는 이곳에는 미드타운 타워오피스, 호텔, 메디컬 센터, 디자인 센터 등, 미드타운 이스트주거시설, 미드타운 웨스트오피스, 오크우드 프리미어 도쿄 미드타운호텔, 산토리 뮤지엄젠코 구마 설계 그리고 안도 다다오가 설계한 21_21 디자인 사이트가 있다. 인근 롯본기 힐스와 함께 도시 재생의 성공적인 사례로 손꼽히는 이곳은 주거·업무·상업 시설뿐 아니라 다양한 문화 시설들이 있어 일본 디자인 문화의 핵심 공간으로 급부상하고 있다.

  이곳의 북쪽 공원 모서리에 안도 다다오가 설계한 21_21 디자인 사이트가 자리 잡고 있다. 이 건물은 디자인을 위한 새로운 문화 공간을 마련하기 위해 일본의 패션 디자이너인 이세이 미야케Issey Miyake의 제안으로 이루어졌다.

  인근 공원과 주변의 환경을 고려한 안도의 아이디어는 놀랍게도 미술관을 '지하에 파묻기'였다. 지상에는 삼각형으로 접힌 두 개의 철재 지붕만이 있다. 안도는 이 지붕이, 설계를 의뢰한 이세이 미야케의 '한 장의 천a piece of cloth'의 개념을 상징한다고 설명했는데, 얇은 금속판으로 마감된 이 지붕을 그렇게 볼 수도 있지만, 내게는 동아시아 건축의 특징인 지붕의 건축으로 더 다가왔다. 살포시 내려앉은 비행기의 모습과도 같은 이 지붕은 그 매력적인 형태로 관람객을 유혹하는 역할도 한다.

  대부분의 전시 공간을 지하에 계획한 21_21 디자인 사이트는 안도 특유의 상자 형태의 매스 구성에서 변화를 감지하게 하는 작품이다. 이전에도 그는 사선을 종종 사용했으나, 주로 평면적으로만 사용했다. 여기에서는 입체적으로 지붕에 사용해 지붕의 변화와 함께 공간의 변화를 노렸다. 내부에 펼쳐지는 것은 역동적인 공간과 함께, 다양한 창에 의한 빛의 변화이다. 내부 공간에 펼쳐지는 빛, 예를 들어 들어서자마자 보게 되는 노출 콘크리트 벽에 박혀 있는 높이 45센티미터 길이 무려 23미터의 수평 창을 통해 들어오는 은은한 북쪽 빛과 같은 빛들은 자연스럽게 지상 1층에서 주 전시 공간인 지하층으로의 이동을 유도한다. 지하에는 삼각형 광정光의 마당이 중심이 되어 지하를 지하 같지 않은 밝은 공간으로 만든다. 빈 공간, 보이드, 혹은 간間이 중심이 되는 것이다. 언제나 안도의 건축에서는 채움보다는 비움이 중심이 된다. 깊이가 깊어질수록, 지하로 한 걸음씩 내려갈수록 빛의 밀도는 조금씩 적어진다. 지하로 내려가면서 느끼는 미묘한 빛의 변화는 어머니의 자궁에 있었던 기억을 회귀시킨다. 때로 지상층에서도 밝음을 억제했던 그였는데, 이번 지하 공간의 빛의 느낌은 어두움 쪽이라기보다는 상대적으로 밝음의 스펙트럼에 가까웠다. 나이 들어 갈수록 강박보다는 여유가 늘어간 것일까? 빛의 강렬한 대비와 엄격한 순수 기하학에서 몇 발자국 떨어진 듯 그의 건축의 체온은 그리 차갑지 않았다.

　　개관 기념으로 지하층에서 열린 전시회는 안도 다다오 건축전이었다. 이름하여 "악전고투惡戰苦鬪". 건축은 언제나 악전고투이다. 완벽을 지향하는 자에게 삶은 더욱 쉽지 않다. 누구보다도 불운했던 어린 시절을 강인한 정신력과 불굴의 의지로 치환한 안도 다다오의 건축전 제목으로는 안성맞춤이 아닌가. 전시회를 다 관람하고 지상층으로 올라가는데 입구 쪽이 매우 시끄러웠다. 개관 기념 축하 및 사인회를 위해 안도 다다오가 나타난 것이었다. 또 한 번의 우연? 혹은 우연을 가장한 필연? 도록인《악전고투》를 사서 그에게 다가갔다. 여러 사람들이 자신의 이름을 이야기하며 스케치와 사인을 받아갔다. 일본어를 몰라 영어 이름을 말했다. "데이비드."
그는 이국인인 나를 한번 힐끗 보더니 사인해 주었다.

"21.21 Daibito, Ando."

안도 다다오 Ando Tadao

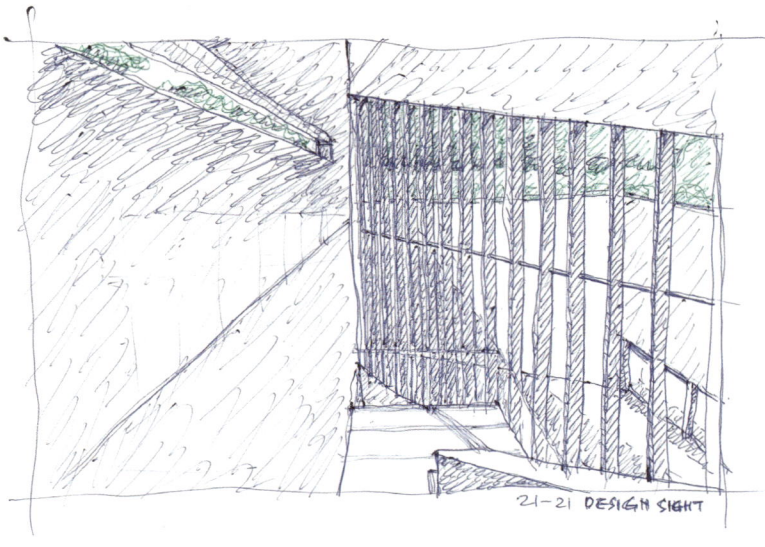

21-21 DESIGN SIGHT

안도 다다오 Ando Tadao

도쿄대학교 대학원 정보학관 후쿠다케 홀
Fukudake Hall, Tokyo University Graduate School,
2008

안도 다다오 Ando Tadao

안도의 사인을 받은 책을 한 손에 들고 발길을 도쿄대학교로 돌렸다. 아시아 최초의 근대적인 대학이자 일본 최고의 대학인 도쿄대학교에는 그 역사와 더불어 수많은 건축물들이 있다. 일본 최고 건축가들의 작품도 심심치 않게 볼 수 있다. 도쿄대학교의 오래된 정문 바로 옆에는 후미히코 마키 설계의 법정대학 종합강의동이 있다. 그리고 그 바로 옆에는 안도 다다오 설계의 대학원 정보학관 후쿠다케 홀이 있다. 이곳에 오기 전까지는 이 두 건물이 바로 인접해 붙어 있으리라고는 상상도 하지 못했다. 후미히코 마키의 유리 건물과 안도 다다오의 노출 콘크리트 건물이 나란히 놓여 있는 것은 우연일까? 필연일까?

　이 건물은 도쿄대학교의 창립 130년을 기념하고, 미래를 위한 새로운 개념의 학문 교류를 지향하고, 새로운 지적 창조의 거점을 만들기 위해 베네세 그룹의 회장인 후쿠다케 씨가 전액 기증해 지어진 것이다. 베네세 그룹과 후쿠다케 회장은 공해의 섬이었던 나오시마 섬을 안도 다다오와 함께 문화와 예술의 섬으로 바꾼 주인공이다. 진정한 이 시대의 '메세나'라고 할 수 있다. 기부자의 취지에 따라 안도 다다오도 무보수로 설계했다.

　대지는 본교 정문 옆 수령 100년, 높이 30미터의 울창한 녹나무 가로수가 둘러싸고 있는 길이 100미터, 깊이 15미터의 좁고 긴 땅이다. 여기서 안도 다다오는 자연의 존중과 새로운 공간의 창조를 동시에 이루어 냈다. 풍요로운 녹지 공간의 분위기를 단절하지 않기 위해 지상 2층 높이로 지상층을 제한하고, 강당·강의실 등 대부분의 주요 프로그램을 지하층에 배치했다. 지상 부분은 전통건축의 지붕과 열주의 감성을 현대화하여 주변 및 오래된 캠퍼스와 조화를 이루며, 새 건물이지만 옛날부터 있었던 것과 같은 분위기를 자아낸다. 실제로 안도는 교토의 매우 긴 전통건축인 33칸 당을 연구 했다고 한다. 형태의 모방과 관습적인 반복이 아닌 정신과 감성을 계승하는 통찰력 있는 수법이다.

특히나 놀라운 것은 캠퍼스 내 가로와 건물 사이에 있는 길이 100미터의 노출콘크리트 벽이다. 비일상적으로 길게 수평으로 뻗어 있는 이 벽은 벽에 대한 새로운 가치를 다시 한 번 생각하게 한다. 그래서인지 안도 다다오가 명명한 이 벽의 이름은 '생각의 벽'이다. '생각의 벽'은 가로의 소음과 번잡으로부터 후쿠다케 홀을 적절히 분리해 준다. 절개된 출입구와 수평 개구부 그리고 좌우의 열린 공간으로 인해 이 벽은 경계를 고착한다기보다는 도로와 벽 뒤의 테라스와 지하 공간을 적절히 이완시킨다. 이 벽은 배움과 창조의 교차로를 지향하는, 새로운 학제를 담고 있는, 이 건축의 주제와 맞는 채움과 비움을 존립시키는 담이 된다. 이것은 동아시아 건축가라면 누구나 이해할 수 있는 담과 마당 공간이라는 전통 기법의 현대적 재현이다.

여기서 안도는 벽 뒤의 마당 공간을 지하로 확장하여 계단식 마당 공간이라는 새로운 공간으로 재창조했다. 계단을 통해 지하로 내려가면 강의실과 강당으로 쉽게 접근할 수 있다. 또한 이곳은 학생들의 활발한 지적 활동이 전개되는 풍경을 경험하는 '산책로'이자 '계단식 좌석' 그리고 '교류의 장' 자체가 될 수도 있다. 이 비움의 계단 공간은 안도 특유의 단골 메뉴이다. 비움을 통해 빛·바람·사람·정보가 넘나든다. 다시 한 번 안도는 '벽-비움-채움'을 통해 채움의 한계를 뛰어 넘은 것이다.

안도 다다오 Ando Tadao

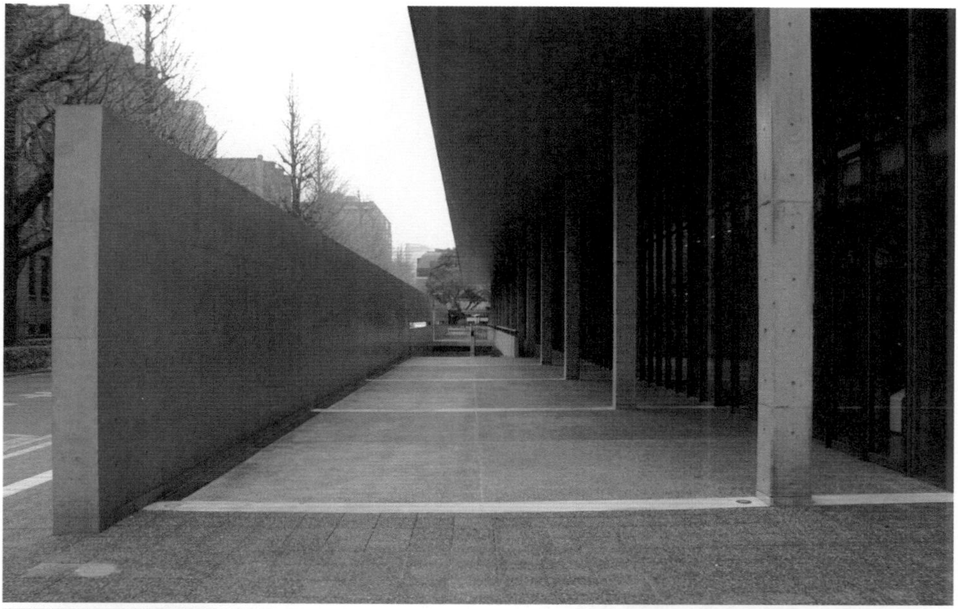

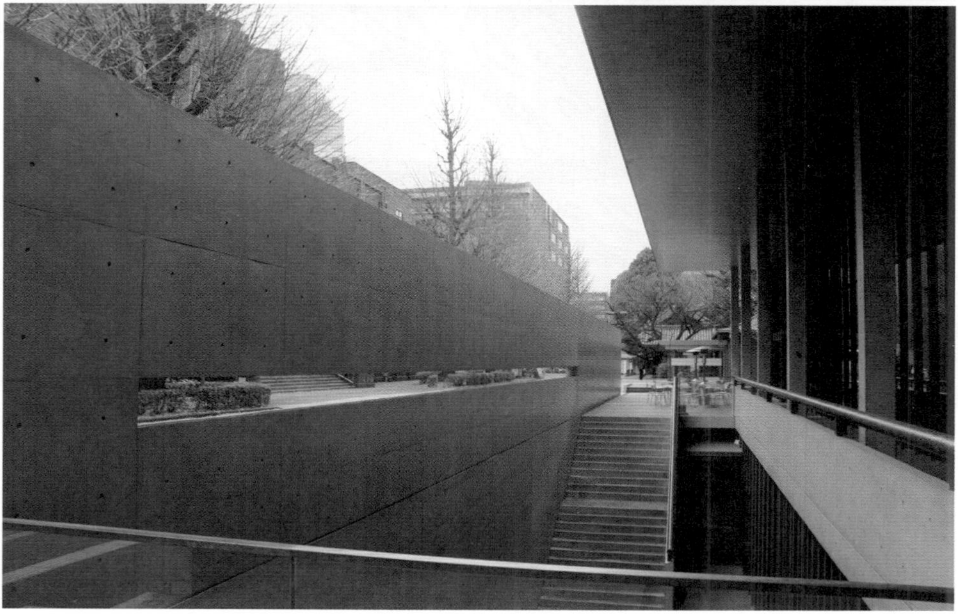

아부다비 해양 박물관

Maritime Museum, Abu Dhabi Saadiyat,

2004-

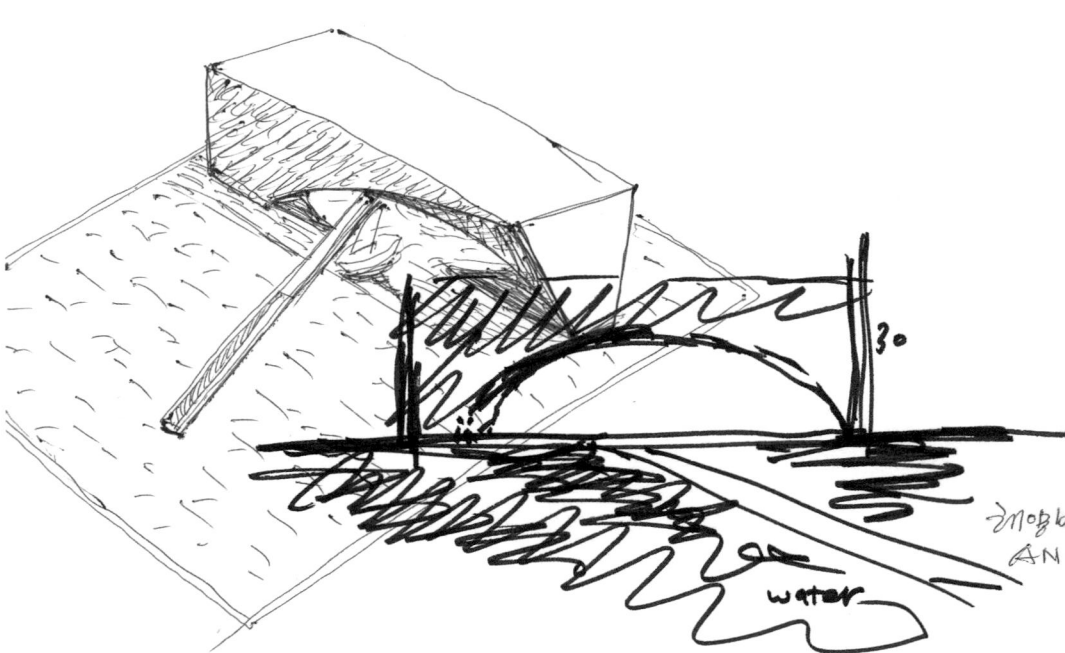

두바이의 광풍이 전 세계를 휩쓴 적이 있었다. 사막의 기적이라느니, 경제 발전의 모범이라느니 하며 칭송을 한 것이 엊그제 같은데, 두바이에서 나오는 요즈음의 소식은 버블의 붕괴나 허장성세의 귀결이니 그리고 국가 부도의 우려 섞인 전망뿐이다. 두바이에 비해 조용했던 아부다비는 서서히 조심스럽게 행보를 보여 왔고 그 방향성도 사뭇 다르다. 경제 금융 허브를 지향했던 두바이와 달리 중동의 문화 허브를 구축하는 것이다.

아부다비 최고급 호텔인 에미리트 팰리스 호텔을 방문했을 때 우연히 이곳에 상설 전시 중인 '사디야트 아일랜드Saadiyat Island' 프로젝트를 보게 되었다. 여의도 세 배 면적의 사디야트 자연섬을 개발하여 스물아홉 개의 호텔과 리조트, 십오만 명을 수용할 수 있는 고급 맨션과 빌라를 짓고 네 개의 대형 미술관과 공연센터 등을 짓는 종합문화지구를 건설하는 야심찬 계획이었다.

전시장에는 이 중 가장 주요 핵심인 네 개의 건축물에 대한 전시가 이루어지고 있었는데, 그것은 프랑스 루브르 박물관의 분관인 루브르 아부다비장 누벨 설계를 비롯하여, 구겐하임 미술관의 아부다비 분관프랭크 게리 설계, 뮤직홀·콘서트 홀·오페라 하우스·극장 등이 한꺼번에 들어서는 공연예술센터자하 하디드 설계, 그리고 마지막으로 안도 다다오의 해양 박물관이었다.

이 박물관에서 안도는 도발하는 상자의 변형을 보여 준다. 그것은 개념에 의해서이다. 즉 아부다비의 바람, 사막의 구릉, 흘러가는 구름과 같은 자연 경관과 전통 선박의 이미지를 형상화한 유연한 보이드를 장방형의 박스에 결합한다. 이러한 직선형 상자와 유선형 보이드의 결합은 이 건축의 개념을 강화시켜 준다. 첫째, 박물관 자체가 바다와 도시, 하늘과 도시를 연결하는 게이트가 되게 한다. 둘째, 물위의 건축이 개구부의 유선형 하부면에 반사됨으로써 물의 건축, 바다의 건축이 되게 한다. 이 건축의 주제인 해양박물관이 되는 것이다. 셋째, 보이드 공간은 유동적으로 변화하는 내부 공간을 형성하게 한다. 또한 지상의 박물관과 물 아래의 박물관을 자연스럽게 순환하는 동선을 연출한다. 넷째, 수면 위에는 보행 데크가 있어 수면 위와 수면 아래를 이동하며 극적인 구성을 체험 가능케 하며, 데크 옆으로는 아라비아 범선이 떠 있어 해양 박물관을 상징한다.

사각형의 추상적인 기하 형태에 만들어진 외부의 수공간자연은 이곳에 인접해 있는 바다와 하늘을 인식시키는 또 하나의 장치가 된다. 아마도 이 박물관이 지어지면 다른 세 건축가의 특이한 형상보다는 상대적으로 차분하고 조용한 안도의 건축이 눈에 띄지는 않을 것 같다. 그러나 단순함에는 오래가는 아름다움이 있기에 답사객의 마음 한 구석에는 남아 있을 것이다.

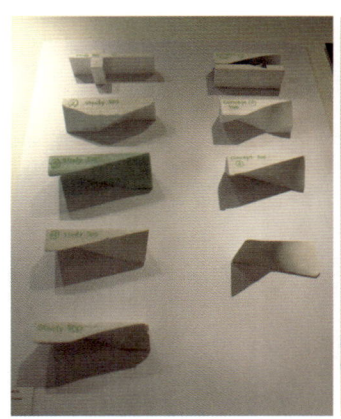 

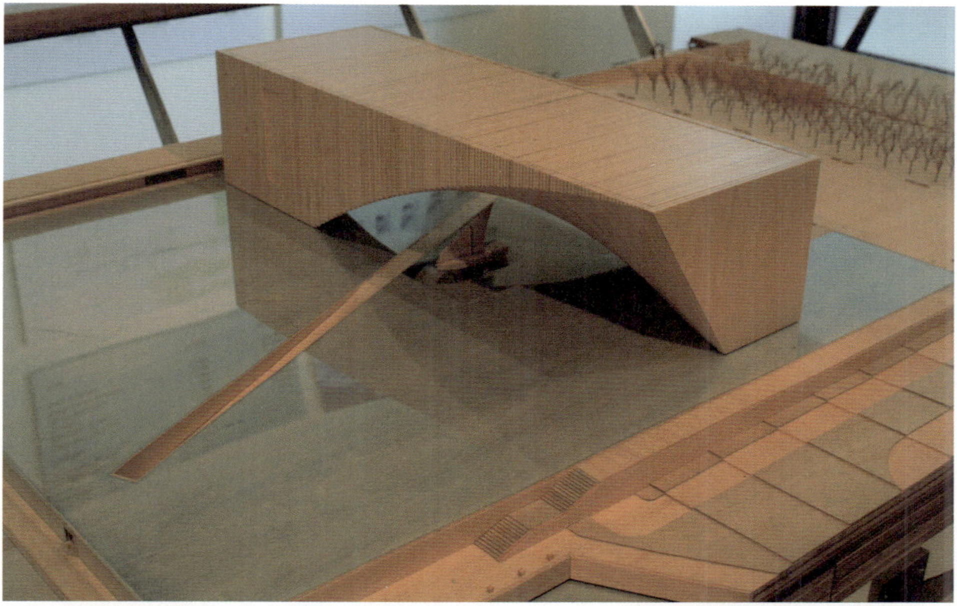

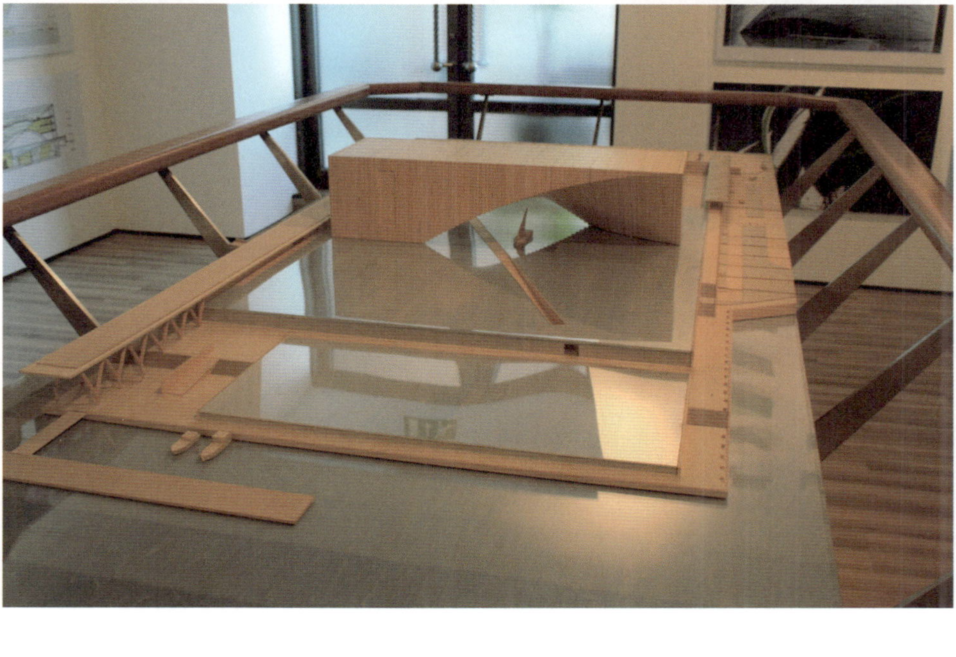

이 박물관에서 안도는 도발하는 상자의 변형을 보여 준다.
그것은 개념에 의해서이다. 즉 아부다비의 바람, 사막의 구릉,
흘러가는 구름과 같은 자연 경관과 전통 선박의 이미지를
형상화한 유연한 보이드를 장방형의 박스에 결합한다.

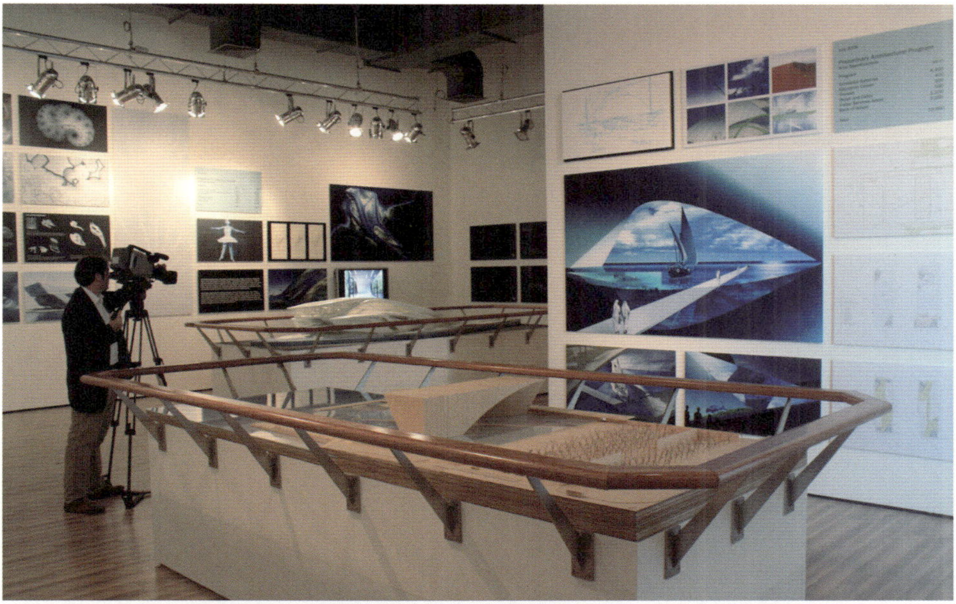

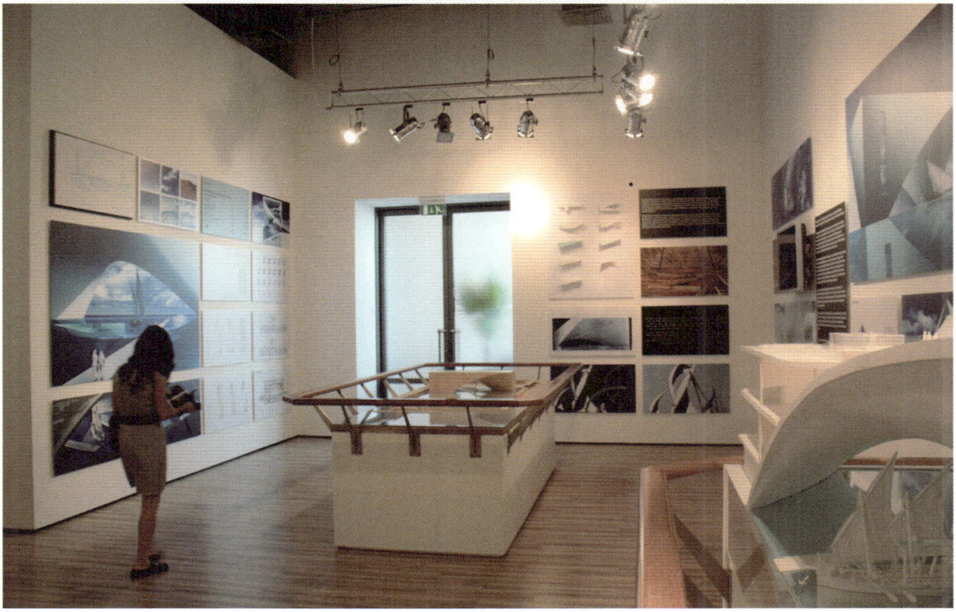

데이터로
새로운 건축을 꿈꾸는
몽상가 그룹

MVRDV, 1993~

놀라운 상상력과 도전 정신으로 몽상을 현실에 구현해 가는 MVRDV는 1959년생 위니 마스Winy Maas, 1964년생인 야콥 판 레이스Jacob Van Rijs, 1965년생인 나탈리 드 프리스Nathalie de Vries가 "베를린 보이드Berlin Voids"라는 주제로 베를린 주거 프로젝트의 유럽 설계공모전에서 우승한 것을 계기로 같은 해에 네덜란드 로테르담에 설립한 사무소의 이름이다. 사무소 이름은 세 사람 이름의 머리글자에서 나왔다. 위니 마스의 M, 야콥 판 레이스의 V·R, 나탈리 드 프리스의 D·V. 세 사람은 모두 델프트공과대학TU Delft 출신으로 위니 마스와 야콥 판 레이스는 렘 콜하스의 OMA에서, 나탈리 드 프리스는 메카누Mecanoo에서 실무를 익혔다.

네덜란드 델프트 공과대학의 건축 강연장에 한 건축가가 서서히 들어왔다. 건축 세미나 강연자가 캐주얼한 옷을 입는 것은 그리 낯선 풍경이 아니다. 그러나 원색의 운동화를 신은 건축가의 모습은 매우 신선했다. 눈이 번쩍 뜨였다. 아마도 무겁고 진지한 건축의 세계를 '폴짝폴짝' 가볍게 뛰고 싶은 마음은 아닐까? 여러 가지 관습이 지배하는 현실 속에서 '사뿐사뿐' 꿈을 꾸고 싶은 것은 아닐까? 발표자는 호기심 가득한 눈매를 지닌 MVRDV의 위니 마스다.

MVRDV는 하루가 다르게 변화하는 세상을 진두지휘라도 하려는 듯 정신없이 변화하는 세계 건축계에서 신선하면서도 건축의 가치를 잃지 않는 뛰어난 작품으로 건축계를 자극하고 있는 그룹이다.

그들의 강연장은 항상 호기심어린 청중들로 넘쳐났다. MVRDV는 작품 활동, 강연 이외에도 렘 콜하스의 OMA 출신답게 책이나, 컴퓨터 프로그램을 출간하고 개발함으로써 건축가의 외연을 확대한다. 밀도에 대한 탐험이라는 부제를 가진 《파맥스 Farmax》 1998 는 대지 면적 대 총 건조면적에 대한 비율, 즉 용적률에 대한 가능성을 극대화하자는 제안이다. 《메타시티/데이터 타운 Metacity/Data Town》 1999 은 도시 계획과 관련된 정치적 결정 수립에 데이터를 어떻게 창의적으로 사용할지 제시한다. 단순한 밀도를 뛰어 넘어, 2D의 도시에서 3D의 도시로 나아가자는 제안으로 확대된 《케이엠 3 KM 3》 2005를 출간함으로써 세상에 대한 건축가의 발언을 지속적으로 하고 있다. 실로담 프로젝트를 수행하면서 개발한 소프트웨어인 '기능 혼합기 Functionmixer'는 다양한 기능의 혼합과 복수 공간 활용에 대한 시대의 변화에 대한 대응이다. 이들은 계속해 《스페이스 파이터 Space Fighter》 2007라는 책과 게임 프로그램을 동시에 발행함으로써 컴퓨터와 게임, 시대와 공간이라는 현재의 문제점들에 대해 지치지 않는 창작력으로 경계를 넘나들며 종횡무진 활약하고 있다.

OMA의 적자

네덜란드의 건축가 렘 콜하스는 현대 건축계의 대부라 할 만하다. 현재 활발히 활동하고 있는 많은 건축가들이 그의 사상과 사고의 영향을 받았고, 그의 건축 스타일에서 영감을 얻었다. MVRDV, 노이텔링스 리데이크Neutelings Riedijk, 키스 크리스티앙스Kees Christianse 등이 있고 벨기에에는 자비에르 드 가이터Xaveer De Geyter 그리고 덴마크에는 BIG 등 이루 헤아릴 수 없을 정도이다. 이 중 OMA의 적자嫡子로 MVRDV를 꼽을 수 있다.

빠르게 변하는 시대에 대한 인식, 다양한 미디어의 활용, 책 출간과 같은 건축가의 외연을 확장하는 모습, 대담한 직설성과 극단적인 실용주의를 추구한 건축물, 다이어그램의 효과에 대한 창의적 사용 등은 렘 콜하스에서 MVRDV로 그대로 전수되었다.

"우리가 하고 있는 작업과 OMA에서의 경험을 연결하는 한 단어가 있다면, 넓은 의미의 '커뮤니케이션'일 것입니다. 책 만드는 문화, 다양한 협력자와 협업, 많은 조언가의 조언, 모든 형태의 자료 이용, 각양각색의 미디어 활용 등. 커뮤니케이션은 사고의 속도를 가속시켜 줍니다. 이러한 가능성과 달리, 건축계는 시간이 걸리는 건설 방식과 지적 담론이 형성되는 시간의 필요성 때문에 생각한 것만큼 빠른 속도로 진행되지 않고 있습니다. … OMA에서 세계를 이끌어 가는 높은 차원에서 일하는 경험과 건축을 조직적으로 하는 것 등을 배웠습니다. 그러나 렘 콜하스가 분석에 치중한다면 우리는 지어지는 건축과 현실화할 수 있는 제안에 보다 초점을 맞추고 있습니다."

MVRDV가 OMA의 적자라고는 하지만 이들 사이의 비슷한 면모와 다른 면모가 극명하게 드러난다. 비슷한 면모는 네덜란드 출신의 네덜란드를 대표하는 건축가, 단순주의에 반하는 다양주의자, 프로그램과 구조를 결합하는 건축을 지향, 리서치의 중시, 다이어그램의 활용, 아방가르드의 추구, 미디어의 활용, 극단적 실용주의 등이다.

다른 면모는 렘 콜하스를 나타내는 단어로는 건축으로 새로운 드라마를 쓰는 극작가, 아방가르드와 거장을 연구하고 추구, 무채색의 변주, '많은 것이 풍요로운 것이다More is More' 등이 있다.

MVRDV를 대변하는 단어로는 데이터로 새로운 건축을 꿈꾸는 몽상가 그룹, 거장에 대한 강박이 없는 아방가르드의 추구, 다채색의 변주, 책 출간과 컴퓨터 프로그램이나 게임 프로그램의 개발, '다다익선More with More' 등이라 할 수 있다.

두 사무소의 분위기도 유사한 면과 다른 면이 있다. 수많은 대안을 위한 스터디 모형이 끝없이 펼쳐져 있는 모습이나 작업 환경, 직원들의 모습은 상당히 유사하다. 가장 큰 차이는 OMA는 렘 콜하스의 방이 별도의 반투명 유리로 구획되어 있는데 반해 MVRDV에서 세 사람의 자리는 별도의 구획 없이 개방되어 있다. 이것은 두 회사의 정체성을 잘 보여 주는 예이다. 사무소의 대표가 소통 가능한 열린 공간에 자리하고 있는지 아니면 완전히 막혀 있는 것은 아니지만 반쯤만 열려 있는 곳에 자리하고 있는지 말이다.

렘 콜하스는 대형사무소를 혼자서 이끈다. 팀장이나 여러 협력자와 협업하지만 그가 유일한 리더이다. 모든 직원들이 아이디어를 내지만 결정은 그의 몫이다. 때론 독재자와 같은 모습을 보이기도 한다. OMA에서는 눈에 보이지 않는 긴장감이 있다. 렘 콜하스와 회의할 때는 긴장이 극에 달한다고 한다.

이에 반해 MVRDV는 같은 유형이면서도 더 추가되고, 더 더해졌다고 할 수 있다. 한 사람이 아니라 세 사람의 파트너로 시작해서 세 사람의 머리글자로 사무소 이름을 정한 것에서 알 수 있는 것처럼 세 사람이 함께 혹은 팀원들과 함께 수없이 토의나 토론하고 결정을 내린다. 소요되는 시간은 낭비나 소모가 아니라 다양성을 포함하려는 자양분이나 밑거름이 된다. 수많은 데이터를 분석한다. 이 과정은 혼란과 모순을 심화하는 것이 아니라 더 창조적인 아이디어를 얻기 위한 자료가 된다. 눈에 보이지 않는 느슨함이 있고, 사무소 안에서도 리더인 위니 마스의 존재감은 빛나지만, 전체 속에 파묻혀 있다.

렘 콜하스와 MVRDV의 다양성과 차이를 극명하게 드러내는 것은 무엇보다도 주거 건축일 것이다. 렘 콜하스는 일본 후쿠오카의 넥서스 월드에서 기본적인 시스템을 잘 분석하여 원형을 만든 후 평면, 외곽선이나 지붕의 형태 등에 조금씩 변화시켜 다양하게 구사했음을 알 수 있다. 이에 반해 MVRDV의 보조코 아파트나 실로담 등을 보면 다양한 평면 구성과 외관의 형태, 그리고 다채로운 재료와 컬러의 사용을 볼 수 있다. 렘 콜하스는 전체 구조 속에서 다양함을 추구한다면, MVRDV는 다양함을 기본 구조로 하고, 다시 다양함을 추구하고 있는 것이다.

굳이 단순히 정리하면 렘 콜하스는 '아방가르드 건축'을 추구한다면 MVRDV는 '아방가르드 풍경'을 추구하는 것으로 보인다.

다다익선

20세기가 산업화·표준화·대량생산의 세기였다면, 21세기는 정보화·다양화·다품종 소량생산의 세기이다. 사회적으로는 규범과 권위가 해체되고 있고, 탈 중심주의가 가속되고 있으며, 다양화와 혼성화가 심화되고 있다. 모호함과 불확실성은 절대적인 하나의 답을 거부한다.

20세기 초반 미스 반데어로에는 '적을수록 좋다Less is More'라고 이야기했다. 20세기 후반 로버트 벤투리는 '단순한 것은 지루하다Less is Bore'라고 선언했다. 현 세기를 대표하는 렘 콜하스는 '많은 것이 풍요로운 것이다More is More'라고 했고, MVRDV는 '다다익선More with More'을 주장한다.

미스 반 데어 로에의 '적을수록 좋다'는 선언은 매우 철학적이며 아름답다. 진정한 단순함이 만들어 내는 아름다움은 우리를 정서적 풍요의 세계로 이끈다. 그러나 이것은 아무나 갈 수 있는 길은 아니다. 대부분의 사람들은 단순함으로 지루함을 만든다. 이런 면에서 생각하면 미스 반 데어 로에와 로버트 벤투리의 선언은 다르다기 보다는 다른 능력을 이야기하는 것으로 볼 수 있다.

렘 콜하스는 '쿨'하게 있는 상황을 말한다. 많은 것은 많은 것이고, 많은 것이야말로 말 그대로 풍요를 만들어 낸다고. 기본 요소에 더해진 많은 요소들과 여러 재료들은 그 다양성으로 인해 무미건조한 세상에 풍요로움을 준다고 주장한다. MVRDV는 여기서 더 몇 걸음 나아간다. 다양함을 기본으로 하고 이에 다양함을 더해 다다익선을 만드는 것이다. 적극적으로 다양함을 가지고 '유희'를 하는 것이다. 렘 콜하스가 다양성의 가치를 옹호한다면, MVRDV는 다양성의 가치를 낙관하는 것이다.

미래 사회에서 단순함과 다양성에 대한 당신의 시각은 어떠한가. 미스 반 데어 로에, 혹은 로버트 벤투리? 렘 콜하스, 아니면 MVRDV? 혹은 그 사이의 어디쯤?

데이터에서 데이터 스케이프로

건축을 '형태 만들기'에서 '데이터로 인공적 풍경 만들기'로 인식하는 MVRDV의 피에 흐르는 것은 네덜란드성이다. 즉, 대지의 삼분의 일을 인공적으로 만들고, 센티미터 단위로 토지가 규정되는 나라에서 태어나고 자라고 사고하는 네덜란드 사람들에게 데이터와 이에 따른 연구와 분석은

숙명과도 같다. 데이터와 자료는 누구에게나 개방되어 있다. MVRDV가 우리에게 주는 교훈은 단지 데이터의 연구와 분석에 있지 않다. 방대한 양의 데이터여기서 데이터란 숫자만이 아니라 도시계획과 건물의 규제, 기술적이고 경제적인 제한 및 환경적 제한, 법적인 조건 등 모든 것을 포괄한다를 수집하여 연구하고 정리해 문제를 해결하고 새로운 것을 창조한다. 새로운 형태를 만들어 내는 창조가 아니라 주어진 제약 조건들과 데이터에 의한 창조를 보여 준다.

MVRDV는 문제점을 다이어그램을 통해 해석하고 표현함으로써, 기존 건축계에서는 전혀 예상하지 못했던 해결책을 발견한다. 익숙한 경험이나 관습과 차별화되는 연구와 분석을 통해 다이어그램을 파생하고, 이 다이어그램이 건축을 창조하는 것이다. 기존의 건축이 아니라 데이터의 시각화이거나 데이터의 풍경 혹은 다이어그램을 건축화한 건축이다. 그래서 MVRDV의 건축은 낯설게 신선하고, 허를 찌르는 새로움이 있다.

55세 이상 거주자를 위해 100호의 가구를 구성해야 하는 보조코 아파트의 6개의 다이어그램을 보자. 첫 다이어그램은 100호의 주거를 세운 입방체이다. 두 번째의 것은 여기에 법적인 규준선사선제한선을 그려 넣는다. 세 번째 다이어그램은 규준선에 의해 잘려 나간 주거를 나타낸다. 네 번째 것은 출입구 기능을 위해 추가로 잘려 나간 주거이다. 다섯 번째 다이어그램은 87호의 기본 입방체에 적절히 분할 계획된 13호의 주거 계획이다. 마지막 여섯 번째 다이어그램은 이들 13호의 주거를 복도쪽 벽면에 붙여 완성된 계획안을 보여 준다. 이러한 다이어그램의 결과로 나타난 건축물은 매우 역동적이고 기념비적이다. 아니 새로운 풍경이 되었다.

이런 개념을 실현하기 위해서는 처음 설계 과정부터 구조 엔지니어와의 협업은 필수적이다. 이런 노력의 결과로 본체에서 14미터나 떨어진 캔틸레버 구조의 주거가 가능하게 되었다. 물론 이 집은 노인의 공동주거라기보다는 젊은이들이나 신혼부부를 위한 아파트로 보인다. 그러나 MVRDV의 의도는 분명해 보인다. 어느 정도 삶을 살아 이제는 다소 지루해진 일상을 가지게 될 55세 이상의 거주자들에게 또 하나의 '닭장 건축'보다는 다소 과격해 보이거나, 낯설어 보일지라도 새로운 건축을 통해 삶에 신선함과 자극을 주며, 새로운 인공 풍경에 의해 아직도 인생은 살 만한 것이라고 생각하게 하자는 것이다. 그런 건축은 다소 논란거리가 있더라도 용인될 수 있는, 아니 오히려 그런 건축에 희망이 있는 것은 아닐까라는 불온하고 발칙한 몽상에 대한 믿음일 것이다.

그래서 MVRDV는 감히 데이터에서 건축을 아니 데이터 스케이프데이터 풍경를 만들 수 있다고 주장하는 것이다. 왜냐하면 데이터는 기본적으로 흥미로운 것이고, 누구나 사용할 수 있는 개방성과 민주성이 있어서 지금 이 시대는 열린 데이터정보의 시대이기 때문이다. 이런 데이터를 어떻게 창의적인 도구로, 수단으로 사용할지는 이 데이터를 다루는 사람에게 달려 있다. 따분한 자료만을 만들어 내든, 데이터로 세상을 조작하든, 데이터로 새로운 건축을 만들어 내든 말이다.

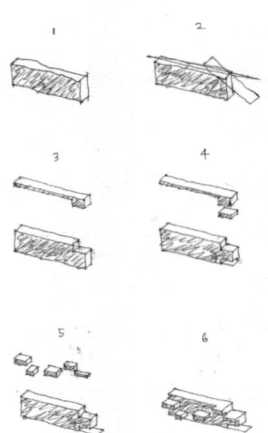

보조코 아파트, 암스테르담, 1997

MVRDV의 사무실

빌라 브이피알오

Villa VPRO, Hilversum, 1993~1997

빌라 브이피알오는 힐베르쉼의 복합 미디어 단지인 미디어 파크에 자리한다. 상업 채널이 증가하는 새로운 미디어 전성기에 대처하기 위해 계획된 네덜란드 통합공영방송기구이다. 13개의 독립된 주거용 빌라에 흩어져 있던 방송 업무용 사무실들을 하나의 건축물에 통합하는 것이 주요 과제였다.

　　　MVRDV가 이 건축을 설계할 때, 사용자들의 요구 사항은 단독 빌라에서 작업했을 당시 누렸던 쾌적하고 아름다운 조망, 그리고 채광과 환기가 되는 빌라와 같은 업무 공간이었다. 따라서 새로운 사옥을 세우면서 중요한 이슈는 최대한의 효율을 거두기 위해서 계획되는 현대의 사무소에 옛날 건물에 사용되던 방법의 적용이 가능하겠는가라는 것이었다. 도시설계 지침에 따른 벽면 지정선과 최고 높이 제한으로 인해 네덜란드에서 가장 깊은 사무실 평면을 가질 수밖에 없었다.

　　　이런 어려운 조건들을 데이터로 정리하고 다이어그램으로 분석한 결과 사방 42.5미터의 거대한 정사각형 5층 볼륨에 다수의 보이드 공간, 계단식 층 바닥, 이벤트가 있을 경우 앉을 수 있는 커다란 계단, 경사로 등과 결합된 방들로 구성하여 요구된 프로그램을 모두 소화하는 고밀도의 건물이면서도, 기능과 프로그램 그리고 보이드 공간이 중첩된 경관이 연속된 새로운 건축을 완성했다. 그러므로 기존의 복도 및 사무실의 배치라는 관습적인 방식을 탈피하게 되었다. 사무실이 서로 연결되고 소통하는 새로운 풍경의 연속으로 계획한 것이었다.

　　　이러한 구성은 낯설지만 자연 환기와 채광 그리고 조망을 원하는 사무공간이라는 사용자의 요구를 성공적으로 성취할 수 있게 되었다. 전통적인 수평, 수직의 공간 구분은 3차원적인 공간 유동성으로 치환된다. 그래서 실내공간은 마치 외부공간처럼 느껴진다. 이런 새로운 시도가 모든 사람에게 환영받는 것은 아니다. 위니 마스는 이렇게 이야기 한다.

"빌라 브이피알오 프로젝트의 경우 보이드를 통해 서로 상대편 영역의
사람들을 볼 수 있는 재미있는 건물이다. 물론 다수의 사람들이 이 건물을
좋아했지만 10%정도는 극렬한 거부 반응을 보였다. 하지만 중요한 것은
우리는 이렇게 논쟁을 불러일으키는 건축에 관심이 있다는 것이다. 다른
사고 방식의 사람들도 관심을 갖고 거주 문제와 건축 본질에 대해 논지를
줄 수 있는 건축을 하고자 한다."

건축의 본질에 대한 사람들의 의견은 다를 것이다. 그러나 건축이 인간의
삶에 건강한 자극을 주고 인간의 삶을 고양시킨다면 그것은 충분히 건축의
가치를 이룩한 것이라고 생각한다. 미디어와 문화를 다루는 사람들에게
변화와 새로운 건축을 주지 않는다면 누구에게 줄 것인가?

빌라 브이피알오를 방문했을 때 들었던 "거부감이 이제는 새로운 건축에
대한 애정과 자랑으로 변했다"는 이곳 안내인의 설명을 듣고 새로운 건축도
건축이지만 그것을 받아들이는 네덜란드의 높은 문화 의식에 놀랐다.

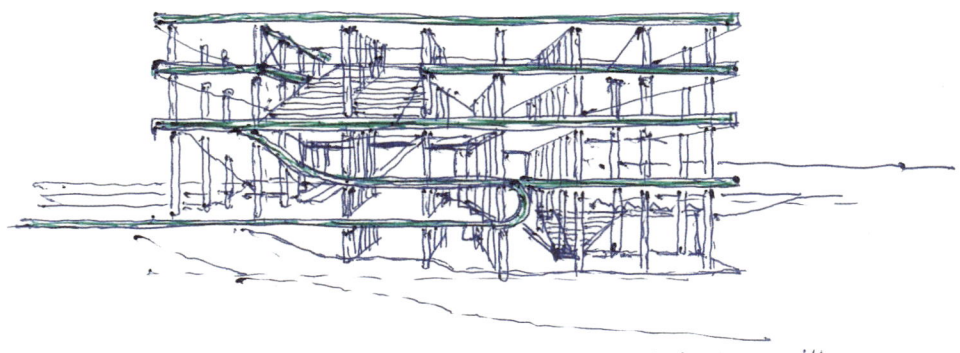

MVRDV 본사 VPRO

MVRDV

MVRDV

로이드 호텔
Lloyd Hotel, Amsterdam,
1996~2004

네덜란드의 행정수도는 헤이그이지만 수도는 암스테르담이다. 2차 세계대전 당시 도시의 대부분이 초토화된 로테르담과 달리 암스테르담은 고도의 모습을 상당부분 유지하고 있어 상업뿐 아니라 역사·문화·교육의 중심지로 큰 역할을 하고 있다. 네덜란드가 낳은 화가인 렘브란트, 반고흐의 그림을 다수 소장한 국립미술관과 반고흐 미술관이 있어 예술 애호가들의 순례지가 되는 도시이기도 하다.

MVRDV 주거의 대표작인 보조코 아파트, 강 위에 떠 있는 실로담, 보르네오 섬의 단독주택들, 파크랜드 하우징 등 문제작이나 수작들이 많지만 여기 소개하는 것은 일명 '감옥 호텔'이라고 불리는 로이드 호텔이다. 로이드 호텔 건물은 1920년대에 지어졌다. 1964년부터 1989년까지 감옥으로 사용된 곳으로, 2004년 MVRDV의 설계에 의해 호텔로 개조되었다. 외관은 기존 건물을 그대로 유지한 채 보수만 한 것으로 별다른 감흥을 주지 않는다. 물론 주변의 대부분이 새로 지어진 이스턴 독 랜즈 지역이어서 조용한 울림 그 이상을 보여 주는 역사적 건물이긴 하다.

그러나 진정 놀라운 반전은 내부에 있다. 116개의 호텔 객실이 모두 다르다. 보통 호텔은 한 등급의 호텔로 인정받는데예를 들면 3성급 호텔, 5성급 호텔, 여기에는 일성급 객실에서부터 오성급 객실까지 모두 있다. 가난한 예술가들로부터 돈 많은 예술 애호가나 아트 딜러까지 머물 수 있다. 실제로 이들이 교류할 수 있는 전시 공간·상담실·회의 공간·식당 등이 있어 호텔 기능뿐 아니라 문화의 대사관 역할을 하고 있다.

이것이 가능한 것은, 저층부는 공공시설, 고층부는 숙박시설이라는 호텔의 기존 개념을 90도로 회전시켜 제일 안쪽을 공공시설식당·전시·공간·문화공간의 켜로, 바깥 쪽 켜를 개별 숙박시설객실로 새롭게 재조직한 MVRDV의 유연한 사고 덕이다. 공공시설의 켜는 대부분의 슬래브를 걷어 내어

1층부터 상층부 대부분을 관통하는 열린 공간을 만들어 이곳의 공공성을
더욱 확대시킨다. 식당·전시장 등 문화 공간, 회의 공간 등이 하나의
공간으로 연결되어 있다. 이 사회적 실험이 잠만 자는 숙박공간을 예술가들과
문화애호가들을 끌어들여 교류하게 하는 새로운 건축으로 다시 태어나게 했다.

Lloyd Hotel
내부

Lloyd Hotel
위층 올라가 보다.

MVRDV

와이 팩토리 트리뷴

The Why Factory Tribune, Delft University of Technology, 2009

MVRDV

2009년 한 학기 동안 네덜란드 델프트 공과대학의 건축대학에서 연구교수로 있었다. 이때 직·간접으로 경험한 네덜란드 건축 교육은 매우 우수해 보였다. 다양하고 뛰어난 건축 스튜디오 프로그램, 스튜디오마다 세 명의 교수건축·구조·디테일들이 학생을 가르치는 것, 최첨단 기계로 가득 채워져 있는 모형 제작실, 각종 도서와 자료들이 충실한 건축도서관, 전 세계의 건축가와 학자들의 작품과 사고에 대해서 직접 보고 듣고 배우고 토의할 수 있는 수많은 세미나, 주 출입구 근처에 있었던 건축 전문서점과 식당, 카페 등 각종 편의시설 등은 그 규모와 질에서 이 대학이 세계 최고의 건축 대학 중 하나임을 인정하지 않을 수 없었다. MVRDV의 위니 마스가 이 대학의 정교수이다. 위니 마스는 여기서 도시, 건축 리서치 유닛이자 스튜디오인 와이 팩토리Why Factory를 설립해 이끌고 있다.

    MVRDV는 스튜디오의 거점으로 건축대학의 큰 아트리움 내부에 계단 형태의 파빌리온을 설계했다. 특징적인 오렌지 색깔로 인해 학생들 사이에 "오렌지 마운틴"이라고도 불리는 이 와이 팩토리 트리뷴은 3층으로 이루어져 있다. 1층은 강의실, 2층은 설계실, 3층은 연구실과 사무실로 쓰인다. 외부 계단은 평소에는 학생들 간 소통의 장으로 활용되고, 각종 강연이나 세미나 그리고 기타 행사시에는 좌석으로 사용되고 있다. 이는 실내에 있는 또 하나의 건축물로서 계단식 강단이자 내부에는 다양한 형태로 사용 가능한 세 개의 방들을 품고 있는 파빌리온이기도 하다. 문이 없는 이 방들은 누구에게나 개방되어 있고, 누구나 접근 가능하다. 또한 모든 자리는 고정석이 없어 아무나 사용 가능하다. 물론 소음이나 타인의 방해에는 무방비의 상황이기도 하다. 그러나 열린 세상을 위해서는 이 정도의 손해는 감내해야 한다는 것이 이 건축이 우리에게 전해 주는 메시지이다.

    네덜란드를 상징하는 오렌지색으로 건물의 외벽과 지붕바닥이자 계단 모두를 칠해 버린 이 건물 자체는, 개방적이고, 유연하고, 극도로 실용적인 그리고 개성적인 네덜란드를 상징한다. 동시에 네덜란드의 한 극단인 MVRDV를 상징하기도 한다. 세상을 향해 '왜Why'라는 질문을 연구하고 생산하는 공장Why Factory 건물이 우리에게 묻는다.

왜 건축이 이러면 안되니?Why not?

건축은 더 이상 형태의 조작Form-giver이 아니라 커뮤니케이션의 장치라고 주장하는 MVRDV의 생각은 발칙하거나 불온하다. 그들의 주장에 동의하더라도, 그들이 만드는 최종 결과물은 역시 형태와 공간의 조작이기에 더욱 그러하다. 그러나 그들의 발칙하고 불온한 생각과 아이디어와 꿈이 현실 속에서 빛을 발한다면, 그 정도의 발칙함이나 불온함은 받아 주거나 이해해 주어야 하지 않을까? 언제나 꿈꾸는 자들은 낙관적으로 불온했고, 희망적으로 발칙하지 않은가. 그리고 그들의 꿈으로 인해, 그들과 같이 꿈꾸는 자들로 인해 세상은 조금은 더 괜찮은 곳이 되어 갈 수 있지 않을까?

213

살아 있는 건축을 만드는 마법사

유엔 스튜디오
UN Studio,
1998~

유엔 스튜디오UN Studio는 네덜란드 부부 건축가 벤 판 베르켈Ben van Berkel과 캐롤라인 보스Caroline Bos가 설립한 설계 사무소의 이름이다. 벤 판 베르켈은 1957년 네덜란드 위트레흐트에서 태어나, 암스테르담 리트벨트 아카데미와 런던의 AA에서 건축을 전공했다. 리트벨트 아카데미에서는 건축뿐 아니라 인테리어 디자인 능력과 색채 감각을 키웠을 것이고, AA에서는 아방가르드 건축에 대한 도전 의식과 사상으로서의 건축에 눈을 뜨는 계기가 되었을 것이다.

    런던의 AA 건축학교에서 공부하던 1980년대에 베르켈은 운명적으로 런던대학에서 미술사를 공부하던 캐롤라인 보스를 만나게 된다. 1988년 판 베르켈 앤 보스 건축사무소를 설립하고 활동하다, 10년 뒤인 1998년에 통합 네트워크United Network를 표방하는 유엔 스튜디오로 개칭하여 오늘날에 이르고 있다.

점점 더 많은 부부 건축가들이 세상에 출현하고 있다. 팀 작업의 중요성이 더욱 강조되고 있는 건축계에서 같이 생활하고 호흡하는 부부야말로 더욱 좋은 팀이 될 수 있지 않을까?

현재 활약하는 건축가들 중 괄목할 만한 작품을 보이는 부부 건축가로는, 미국의 로버트 벤투리와 데니스 스코트 브라운Denis Scott Brown의 벤투리·로치·스코트 브라운 설계사무소, 미국의 엘리자베스 딜러Elizabeth Diller와 리카르도 스코피디오Ricardo Scorpidio의 딜러 앤 스코피디오 설계사무소가 있으며, 토드 윌리엄스와 빌리 치엔의 토드 윌리엄스 앤 빌리 치엔 설계사무소 등이 유명하다.

유럽에는 OMA에서 함께 일하다 사무소를 만든 알레한드로 자에라 폴로Alejandro Zaera Polo와 파시드 무싸비Fasad Mussavi의 FOA가 있으며 MVRDV 위니 마스의 파트너인 야콥 판 레이스와 나탈리 드 프리스도 부부이다. 다만 이들을 포함한 대부분의 부부 건축가 그룹이 둘 다 건축을 전공한 건축가 부부라면 유엔 스튜디오의 벤 판 베르켈과 캐롤라인 보스는 다른 경우여서 흥미롭다.

그들은 서로에게 깊은 영향을 주었는데, 특히 캐롤라인 보스는 유엔 스튜디오의 모든 프로젝트에서 분석가이자 비평가 역할을 한다. 베르켈은 보스에 대해 이렇게 이야기한다.

"그녀는 다른 종류의 건축가입니다. 그녀는 작가 집안에서 자랐기에, 사물들을 언어로 표현하는 능력이 뛰어납니다. 그녀는 프로젝트들이 보다 더 개념적이고 언어적인 접근이 가능하도록 돕습니다."

이와 같이 그녀는 매우 탐구적이고 이론적인 건축가인 베르켈의 배후에서 동력을 주는 엔진 역할을 한다.

통합 네트워크를 의미하는 사무소 명이나 이들이 지양하는 바는 우리에게 큰 자극을 준다. 미래 설계 사무소의 작업은 일종의 네트워크 작업이 된다는 선언이다. 네트워크의 실행은 기존의 건축주·투자자·사용자 및 기술 컨설턴트와의 공조 형태에서 디자인 엔지니어·재정담당자·경영 분야 권위자·프로세스 전문가·디자이너 및 스타일리스트 등을 포함하는 전방위로 확장된다. 고정된 것이 아니라 필요에 따라, 마치 영화를 제작하는 것과 같은 네트워크 방식으로 건축의 프로세스가 진행될 것이라는 시각은 신선하면서도 시사점이 많다. 어디에나 필요하다면 접속되고 연결되는 것이 이 시대 변화의 한 흐름이고, 유엔 스튜디오는 그것을 앞장서서 실천하고 있기 때문이다. 따라서 유엔 스튜디오는 유엔과 같이 다국적 큰 집단이 될 수도 있고 상황과 시기에 따라 스튜디오와 같이 작은 아틀리에일 수도 있는 것이다.

이론의 탐닉 – 철학하는 건축가이자 과학하는 건축가

유엔 스튜디오의 작품은 많이 알려져 있지만 이 그룹의 리더인 벤 판 베르켈의 사유와 이론적 탐닉에 대해서는 상대적으로 덜 알려져 있다. 그는 자주 프랑스의 현대 철학자 푸코Michel Foucault나 들뢰즈Gilles Deleuze에 대해서 언급하고, 이들에게 영감을 얻었음을 이야기한다. 이름도 생소한 독일의 철학자 페터 슬로터다이크Peter Sloterdijk나 프랑스의 수학자 푸앵카레Jules Henri Poincare 등의 이론들을 심심치 않게 거론하기도 한다. 또한 과학과 수학의 새로운 유형인 '뫼비우스의 띠'나 '클라인 병' 그리고 '세이페르트의 표면들'을 자주 다이어그램으로 활용한다.

"1990년대 이후의 건축은 과학의 또 다른 매력에 사로잡혀 있었습니다. 그것은 대부분 들뢰즈의 개념과 이에 대한 건축 분야의 탁월한 해석에 영향 받은 것입니다. 건축가들은 들뢰즈의 '매끄러운smooth 공간'과 '홈 패인혹은 선조적striated 공간', '인간의 동물 되기', '다이어그램', '주름fold'의 개념을 공간적·구조적·조직적으로 증명하고자 했습니다. 이와 함께 복잡한 기하학적 구조에 대한 새로운 이해가 가능해졌습니다. 건축가들은 신중한 태도로 과학의 응용 가능성을 중시하면서 주류의 공학을 따르고자 했습니다. 이들은 개념의 확장을 추구하면서 자신들의 시도가 정당화 될 수 있다는 믿음을 갖기 시작했습니다. 모더니즘과 표준화라는 도그마는 근본적인 도전을 받게 되었습니다. 우리는 시간과 공간에 대한 본질적인 이해를 통해서 건축의 새로운 패러다임이 위축이 아니라 확신임을 보여 주는 프로세스들을 발견할 수 있었습니다."

그의 이야기에서 '건축가들'이나 이와 관련된 '이들은', '우리는'이라는 단어 대신 '벤 판 베르켈'이라는 이름을 넣으면 그대로 자신에 대한 설명이 된다. 여기서 이 모든 것을 이야기할 수 없지만, 이 중에 다이어그램은 현대 건축에서 흥미로운 주제이니 조금 더 들여다보자.

상당수 현대 건축가들이 들뢰즈의 개념을 단지 형태적인 아이디어로 적용한다. 예를 들어 주름진 형태, 유선형의 매끈한 형태, 비정형화된 건축 모습, 다이어그램을 형태의 시각적 수단으로 활용하는 것 등이 있다. 반면 베르켈은 예를 들어 '주름'이라는 개념을 형태가 아니라 새로운 건축을 만드는 영감으로 이해한다. 즉 주름의 개념을 공간적·구축적으로 특별한 것을 만드는 것, 차별화된 효과로 해석하는 것이다. 다이어그램도 형태를 만들거나 컴퓨터를 활용하는 수단이 아니라 '사고'를 위한 도구로 정의한다. 어떤 건축가보다도 유엔 스튜디오의 다이어그램 개념이 푸코나 들뢰즈가 말했던 다이어그램 개념과 유사하다. 유엔 스튜디오에게 다이어그램이란 형태적 개념이 아니고 "권력을 실행하기 위해서 만들어진 눈에 보이는 명확한 제도나 장치와 같은 거시적 모델이 아닌, 미시적 권력이 작동하기 위한 눈에 보이지 않는 틀 혹은 배치 관계를 의미"푸코하거나,

"현실의 다양성을 종합하지만 그들의 변이와 다양성 혹은 일탈을 포함하는 느슨한 체계"들뢰즈를 의미하기 때문이다. 유엔 스튜디오에 다이어그램은 최종 형태의 결과물이기보다는 열린 가능성을 내포하는 창의적이고, 자기 스스로 생성 가능한 도구가 되는 것이다.

베르켈은 철학과 과학에 탐닉한다. 왜냐하면 철학과 과학이 발견한 새로운 사실들이 건축에 새로운 비전과 방법을 제시하기 때문이다. 그러고 보니 아주 오래된 비트루비우스Vitruvius의 건축가에 대한 정의가 기억난다. "건축가란 한편으로는 철학자이고, 한편으로는 과학자이다."

공간의 탐닉 – 공간연출자이자 건축가

앞에서 말한 것처럼 베르켈은 다이어그램이나 주름 등의 개념을 형태가 아니라 사고하는 열린 수단이자 공간적·구축적·특이성의 표현이라고 이해한다. 유엔 스튜디오에서 가장 특징적인 것 중 하나는 공간에 있다. 즉 그들이 표방하는 '뫼비우스의 띠', '클라인 병', '세이페르트의 표면' 등과 같은 다이어그램들은 형태와도 관련이 있지만 주로 공간에 있다.

'뫼비우스의 띠'는 안과 밖의 구분이 없으므로 한 면만 있는 것이다. 따라서 한 면에서 쭉 이어가다 보면 모든 면을 지나 다시 원래대로 되돌아오게 된다. '클라인 병'도 이와 비슷하다. 이것은 '뫼비우스의 띠'를 닮게 만든 2차원 평면으로, 방향을 정할 수 없는 병 모양이다. 즉 안과 바깥의 구별이 없기 때문에 병을 따라가다 보면 앞면에서 뒷면으로 갈 수 있다. '세이페르트의 표면'은 방향성의 표면으로 하나의 경계 요소가 매듭 방식으로 끼어 있어서, 면들은 방향을 바꾸고 젖혀지기도 한다.

이런 다이어그램들은 형태적인 특징도 있겠지만 그것보다는 공간과 흐름의 무한한 연속성이라는 측면이 더욱 강조된다. 이런 개념이 건축화되고 공간화된 뫼비우스 주택, 아른하임 중앙역, 벤츠 박물관을 보면 형태의 표식성보다 이들 다이어그램이 강조하는 끊임없이 연결되고 이어지는 공간의 유동성에 새삼 놀라게 된다. 이곳에서 방향성이나 공간의 크기는 중요하지 않다. 시작도 없고, 끝도 없이 이어지고 연결되는 공간의 이어짐과 그에 따른 변화만 있다. 이것은 그들이 만든 건축이 고정체가 아니라 이동체이거나, 심지어는 살아 있는 것이라는 인식을 가능케 한다. 그것은 새로운 공간과 시간의 세계이다.

재료의 탐닉 – 패션 디자이너이자 건축가

유엔 스튜디오는 때때로 세상을 놀라게 하거나, 세인의 호기심을 자극한다. 그들의 가치는 프랭크 게리나 자하 하디드처럼 스펙타클한 형태적인 것이 있지 않다. 피터 줌터처럼 고요한 침묵과 정숙에 있지 않다. 안도 다다오나 SANAA처럼 미니멀한 것에도 있지 않다. 오히려 건축적인 것으로 한정짓는다면 끊임없이 이어지는 공간의 연출이나 이것이 여의치 않을 때는 패션 디자이너 같은 계속 변화하는 외피 디자인과 재료 감각에 있다. 그런 면에서 그들은 새로운 화두를 제시했다고 볼 수 있다.

'건축도 패션으로 보라.'

우리나라 서울에서 2004년에 개·보수한 갤러리아 백화점은 이런 유형을 보여 주는 대표작이다. 사실 개·보수 프로젝트는 특별한 건축적 조작을 하기 어렵다. 그러나 그러한 제약은 오히려 새로운 옷을 입히기에 최적의 조건이 되었다. 여기서 그들은 빛에 반응하는 외피를 통해, 빛의 향연을 연다. 이 세상에서 가장 신비롭고, 살아 있어 가장 변화하는 재료를 택한 것이다. 의외의 결과에 사람들은 신기해하고 즐거워했다.

이렇게 다양한 모습을 보일 수 있는 것은 백화점 외벽 전체에 지름

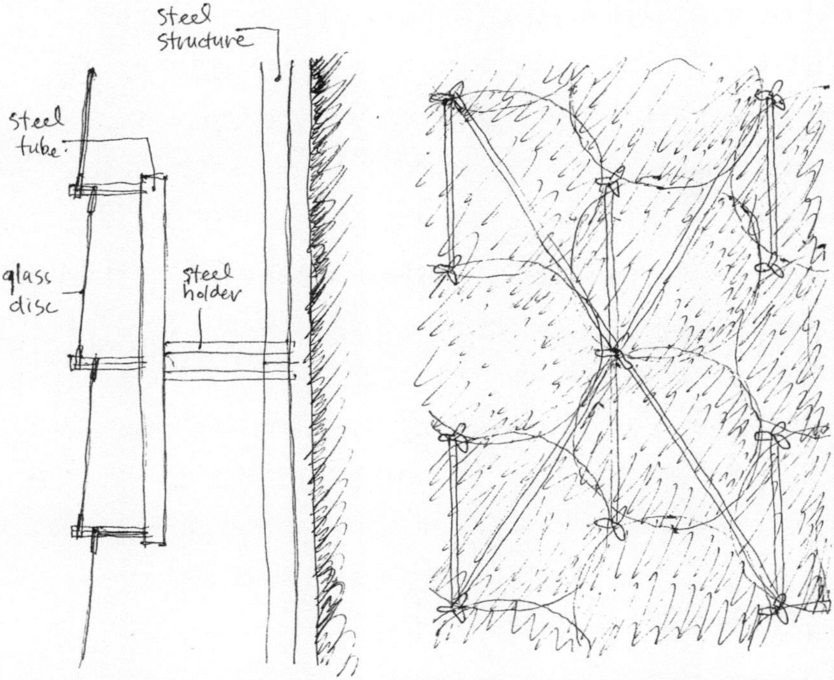

Detail GLASS DISC HOLDER
글로리아 백화점

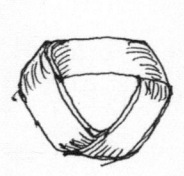
뫼비우스의 띠

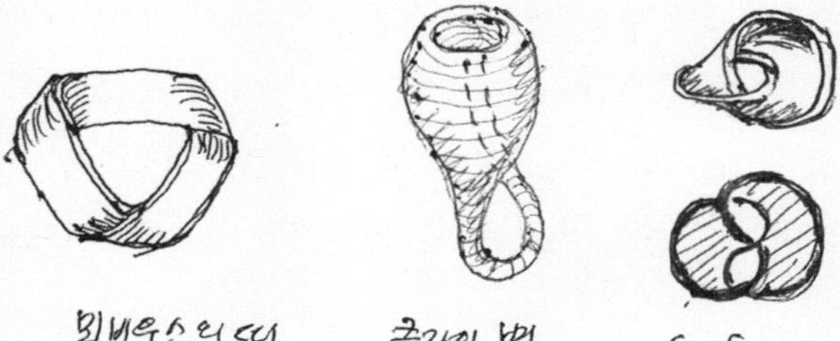

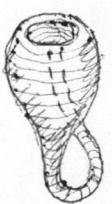
클라인 병

Seifert Surface

UN STUDIO's

83센티미터의 동그란 유리 디스크를 설치하고무려 4,330개, 그 뒷면에 빛의 삼원색적·녹·청으로 발광하는 특수 LED 조명을 설치했기 때문이다. 낮에는 두 장의 유리 디스크 사이에 끼워 있는 반투명 셀로판지 형태의 홀로그래픽 포일이 부착되어 보는 방향과 위치에 따라 무지개 빛깔이 건물 전면에 끊임없는 변화를 주고, 밤에는 컴퓨터 시스템과 연결된 LED 조명이 유리 디스크를 다이내믹하게 비추며 환상적인 조명 쇼를 보여 준다. 이러한 빛의 마술쇼는 네덜란드 알미르 라데팡스의 오피스 디자인과 다시 우리나라에 빛의 선물을 준 천안의 갤러리아 백화점 등으로 이어지고 있다. 유엔 스튜디오는 유리, 금속 패널, 유리 디스크, 홀로그래픽 포일 등 새로운 재료를 통해 건축에 빛의 옷을 입힌다. 그래서 건축은 공공을 위한 패션 모델이 된다.

"건축가는 미래의 패션 디자이너가 될 것입니다. 캘빈 클라인에게 배운 건축가는 미래를 준비하고, 다가오는 이벤트를 사색하고 예상하며, 거울로 세계를 보는 일에 관심을 가질 것입니다."

아마도 그들로 인해 앞으로는 패션 디자이너가 건축가들에게 영감 받을 날도 멀지 않을 것이다.

상상의 탐닉 - 마법사이자 건축가

베르켈은 네덜란드 중앙에 위치한 위트레흐트라는 도시에서 태어나고 자랐다. 어린 시절 매주말 아버지와 산책하며 도시에 새로운 건축과 구조물들이 들어서는 것에 매료되었다. 그는 건축가가 되겠다는 꿈을 일찍부터 찾았다. 서양 건축 자료 중 현존하는 가장 오래된 건축 책인 비투르비우스ㅅㅅㅅ로 이론가, 철학자·수학자·과학자·기술자인 동시에 건축가라 했던 건축가의 《건축 10서》에는 건축가에 대해 이렇게 기록되어 있다.

"건축가는 문장에 능해야 하고, 그림에 숙달해야 하며, 기하학에

정통하고, 역사를 알며, 철학자의 말을 듣고, 음악을 이해하고, 의술을
몰라서는 안 되고, 법률가가 논하는 바를 알아야 하고, 하늘의 별과 천체
이론에 대한 지식을 가져야 한다."

　아마도 베르켈은 비투르비우스의 유명한 이 글귀를 보았을 것이고,
깊은 인상을 받았음에 틀림이 없다. 그의 행보는 정확히 비투르비우스가
이야기하는 건축가의 길을 걷고 있기 때문이다. 베르켈은 이론가이며,
철학자이며, 수학자이며, 과학자이며, 기술자이며 건축가이기 때문이다.
그는 공간 연출가이며, 패션 디자이너이며, 마법사이기도 하다.
비투르비우스가 그 시대의 로마 건축을 이끌었다면, 베르켈은 현대를
사유하고 그것을 건축화 한다.

　베르켈이 사유하는 현대의 특징은 유동성이고, 경계 없음이고,
혼성과 변화이다. 인간만이 아니라 인간-동물-식물-기계가 공존하는 것이다.
그래서 그의 건축은 '살아 있는 건축 만들기'이거나 '건축을 살아 있는 것으로
만들기'이다. 끊임없이 연결되고 이어져서 유동성이 있는 살아 있는 공간이
되거나, 외피가 시시각각으로 변화해서 살아 있는 표피가 되거나, 바닥이
벽이 되거나 다시 벽이 천장이 되어서 끊임없이 경계를 허문다. 그 끊임없음의
'윤회' 속에서 인간은 소통을 하고, 관계를 맺고, 성찰을 한다. 그 연결은
인간을 넘어서 동식물에까지 이어지고 다시 환경과 기계에까지 지속한다.
그것을 위해 그는 오늘도 탐구한다. 건축이 고정되고 한정된 것이 아니라
끊임없이 변화하고 이어지고 연결되는 실체가 되기 위해서. 결과적으로
나타나는 그의 '마법'은 사람들을 놀라게 한다. 그의 '마법'이 세상에 통하고
있다는 것이 다행이다.

에라스무스 다리

Erasmus Bridge, Rotterdam, 1996

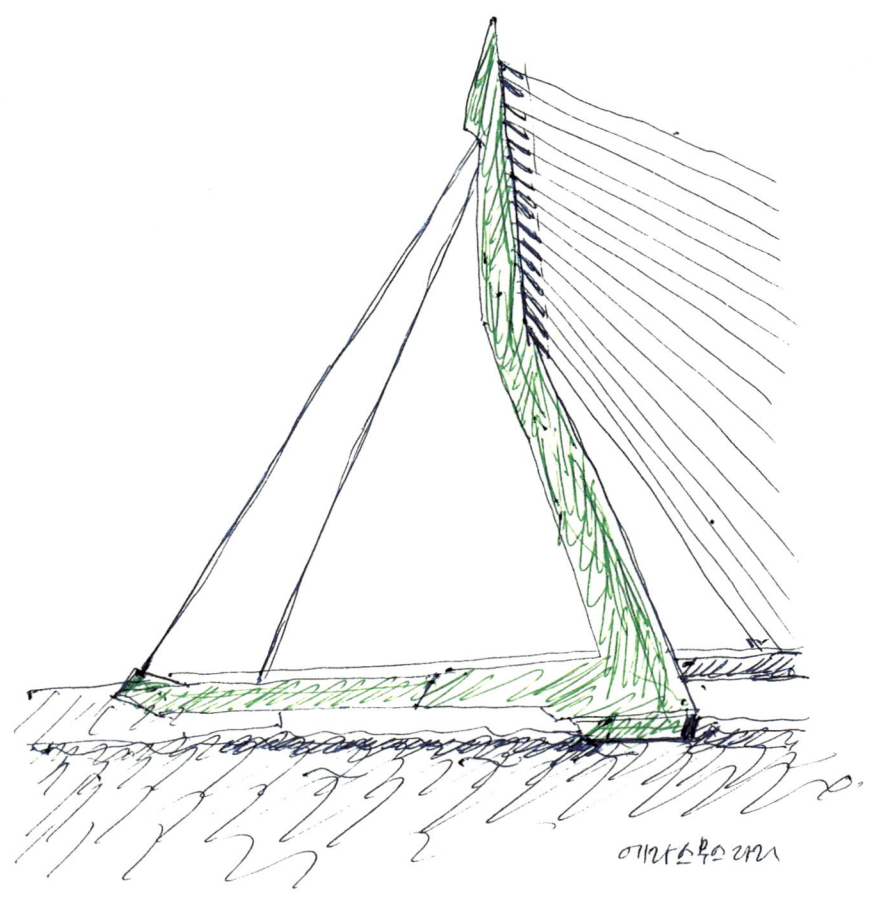

유엔 스튜디오 UN Studio

로테르담 시의 마스 강은 우리나라의 한강처럼 로테르담 시를 동서로 가로지르며 도시를 남북으로 갈라 놓는다. 이곳에는 여러 다리가 있는데 그중 하나인 에라스무스 다리를 유엔 스튜디오가 디자인했다. 이런 규모의 다리를 건축가가 작업하는 것은 흔치 않은 일이다. 대개 큰 규모의 다리는 건축가가 아닌 토목설계회사의 몫이기 때문이다. 건물뿐 아니라 여러 시설들과 도시의 조직까지 관여하려는 열망이 있는 유엔 스튜디오에게 이 다리의 설계는 좋은 기회가 되었다.

다리는 끊어진 관계를 이어 주고, 소통시키는 것이 아닌가? 단절된 두 세계를 이어 주는 것에 관심이 많은 이들에게 다리 설계는 자신들의 사고를 펼칠 수 있는 좋은 프로젝트였다.

이들은 여기서 일상의 다리 이상을 시도한다. 즉 정적 균형이 아니라 동적 균형을 추구한 것이다. 다리의 상판을 지탱하는 많은 다리를 제거하고, 뫼비우스의 띠처럼 계속 이어지며 힘의 흐름을 보여 주는 높이 139미터의 교탑을 설치했다. 교각을 중심으로 한 쪽에는 두 가닥의 굵은 강철 케이블의 조합이 있고, 다른 쪽에는 수많은 케이블들이 비대칭 형태로 디자인되어 있다. 이는 눈에 보이지 않는 에너지의 현현이다.

총길이 802미터, 콘크리트 100톤, 철재 350톤이 든 이 거대한 다리가 사뿐히 마스 강 위에 떠 있다. 콘크리트 교각, 난간, 각종 콘크리트 하부 구조물, 강철 케이블 등은 서로가 서로에게 연결되면서 끝없이 이어져 있음을 드러낸다. 마치 세상의 모든 것은 연결되어 있다고 이야기하는 것 같다. 마스 강 북측면 에라스무스 다리 하부에는 사람들에게 상대적으로 잘 알려지지 않은, 다리와 같은 개념으로 디자인된 멋진 카페가 있다. 카페 야외에 자리를 잡고 이 다리를 바라보면 강과 하늘, 도시와 도시가 다리와 함께 하나의 풍경으로 다가온다. 거대 구조물은 양분된 도시를 연결하는 봉사를 하면서 스스로 기념비가 되었다.

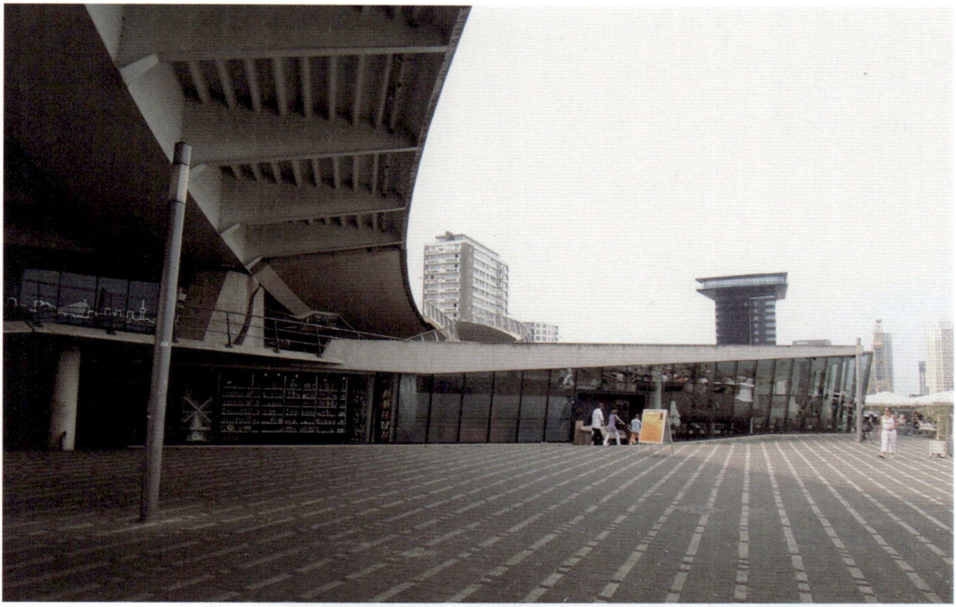

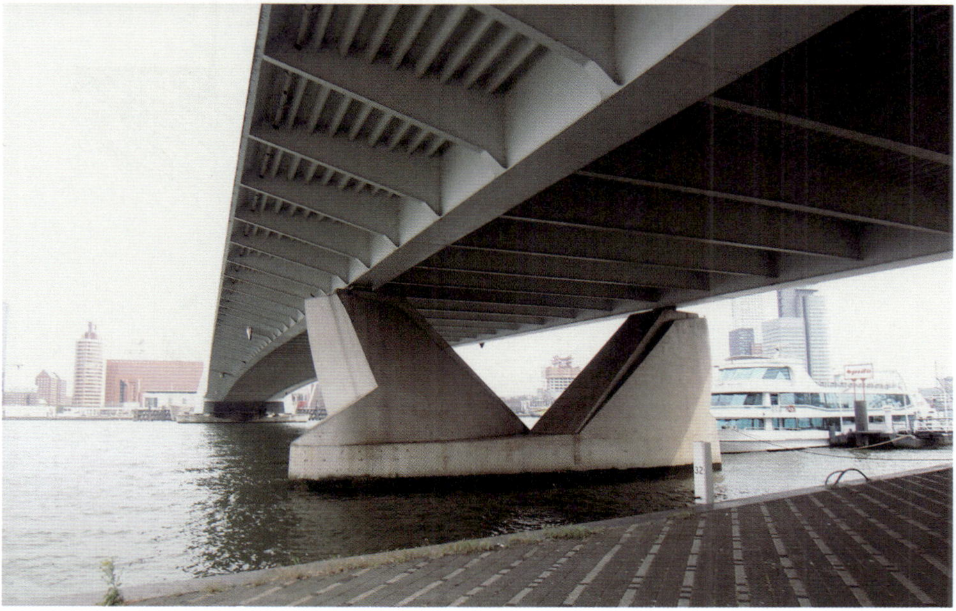

라데팡스 사무용 건물
La Defense Office, Almere,
1999~2004

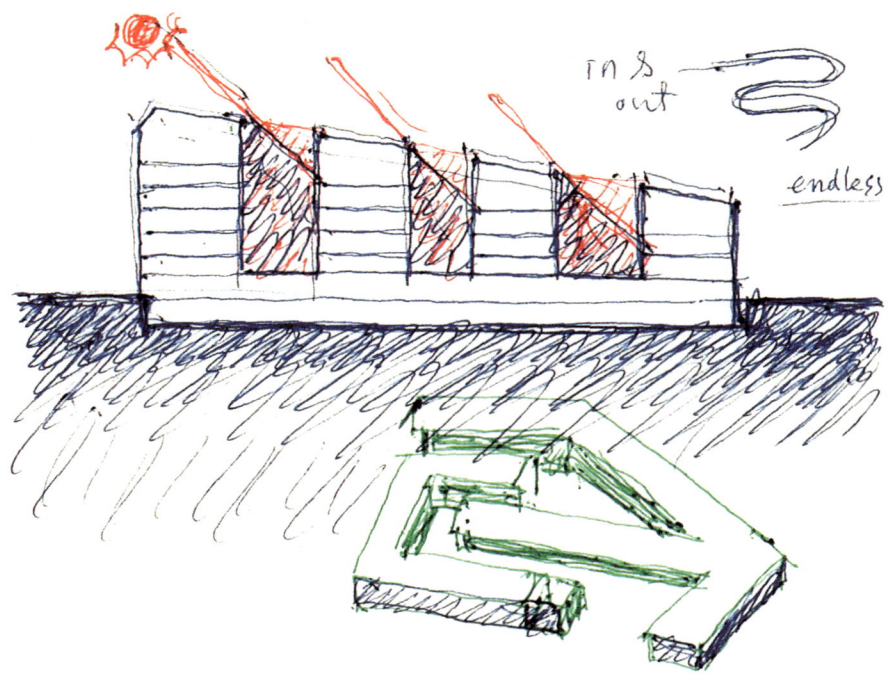

네덜란드 알미르에 있는 이 사무용 건물은 그저 평범한 일반 금속 커튼월 사무소 건물로 보인다. 도시 쪽에서 바라다 보이는 외부는 특별할 것 없는 도시 속의 그저 그런 건물이다.

건물 외벽을 따라 걷다보면 어느새 건물을 분할하여 구성된 중정의 입구에 다다르고 지금까지 '일상'의 세계와는 다른 '마법'의 세계와 같은 내부가 기다리고 있다. 즉 중정에 다다르게 되면 지금까지 보았던 회색 메탈의 세계는 사라지고 무지갯빛의 화려한 색이 시시각각으로 변하는 '색'다른 세계가 된다.

도시 풍경에서 내부 풍경으로의 변화가 매우 극적이어서 충격을 준다. 이것은 유리 패널에 홀로그래픽 포일을 겹쳐 외피를 구성한 결과인데, 일조량과 빛의 입사각에 따라 변화무쌍하게 색이 변화한다. 노랑색에서 푸른색·빨간색·자주색·녹색 등으로 저절로 변화하는 '색의 마술 쇼'를 보고 있노라면, 건물이 살아 움직이는 듯한 착각에 빠지게 된다. 분명 유리창은 고정되어 있고 움직이지 않는데, 태양의 움직임에 따라, 방문객의 움직임에 따라 창의 색이 달라지는 것이다.

뫼비우스의 띠를 연상시키듯 내부의 마당 공간은 S자로 구성되어 있고, 크기와 배치 상태도 다양하여 변화를 극대화한다. 긴 동선을 따라 돌아가다 보면 자신도 모르게 휘황찬란한 마법 쇼를 보고 극장을 빠져나온 관람객처럼 얼이 빠져서 다시 알미르라는 신도시와 마주하고 있는 건물의 회색빛 외벽과 조우하게 된다. 건물과 지면을 들어올려 지상에는 보행자 공간완벽한 보차 분리를 이루어냈다과 적절한 밀도의 사무실 공간만 두고 건물 지하에 주차장을 설치했다. 따라서 낮은 임대비로 복합 임대가 가능한 사무실 공간을 만들었다. 또한 도시 쪽에서 접근성을 높이기 위해 여러 방향으로 보행자 출입구를 둔 매력적인 프로젝트이다.

노랑색에서 푸른색·빨간색·자주색·녹색 등으로 저절로
변화하는 '색의 마술 쇼'를 보고 있노라면, 건물이 살아 움직이는
듯한 착각에 빠지게 된다.

유엔 스튜디오 UN Studio

메르세데스 벤츠 박물관
Mercedes-Benz Museum, Stuttgart,
2001~2006

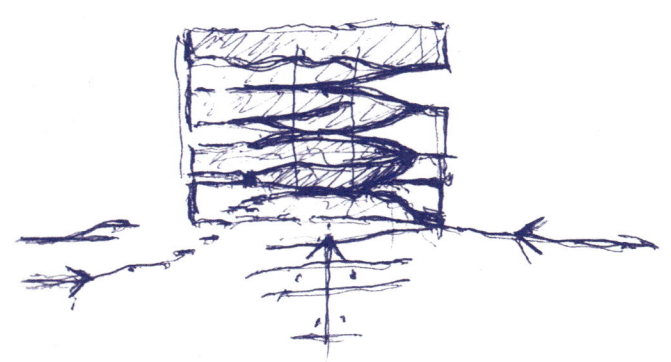

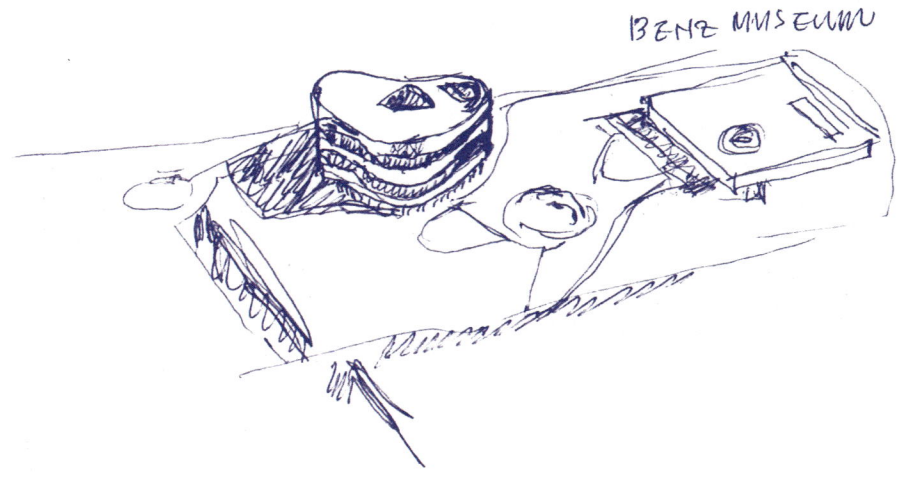

유엔 스튜디오 UN Studio

"최고가 아니면 만들지 않는다."

세계 최고 자동차 회사 중 하나인 메르세데스 벤츠의 모토이다. 2002년 세계적인 설계사무소들이 벤츠 박물관 현상에 참여한 가운데 당당히 유엔 스튜디오가 1등 당선했다. 2등은 SANAA였다.

벤츠의 로고를 연상시키는 세 잎을 가지는 트레포일 구조가 이 박물관의 시작이다. 두 개로 구성되어 있는 뫼비우스 구조가 세 개로 증가한 것이다. 유엔 스튜디오는 트레포일 기본 구조에다 기존의 전설 같은 현대 미술관의 역사를 결합한다. 즉 프랭크 로이드 라이트의 뉴욕 구겐하임 미술관의 동선 체계, 미스 반데어로에의 베를린 신 국립미술관의 기둥을 없앤 무주 공간 전시실의 구성, 렌조 피아노와 리처드 로저스의 파리 퐁피두센터의 순환 체계를 가져왔다.

유엔 스튜디오는 여기에서 몇 걸음 더 나아간다. 바닥과 벽과 지붕을 서로 비스듬히 결합하여 역동적으로 배열했다. 따라서 매우 유동적인 '주름'이 생기게 되었다. 이런 주름은 단지 시각적으로 보이기보다는 형태라기보다는, 형태적으로는 힌트만 있을 뿐이다 공간의 개념이자 운동성을 증진시키고 커뮤니케이션을 증가시키는 개념으로 사용되었다. 이는 결과적으로 자동차의 유선형 모습을 나타내기도 하는 부수적인 효과도 있었다.

또 하나 놀라운 것은 동선이다. 엘리베이터를 타고 최상층으로 올라가 그곳에서 내려오는 동선 체계는 구겐하임과 비슷하지만 그 이후 동선의 움직임이 한 방향인 구겐하임과 달리 여기서는 이중 나선 구조를 가지고 있어, 최소한 두 개의 동선이 서로 복합적인 나선으로 꼬여 있다. 게다가 한 나선에서 다른 나선으로 이동 가능한 열린 구조를 가지고 있어, 사실 수많은 동선 체계의 조합이 가능하다. 이로써 관람객이 자기 스스로의 관람 동선을 창의적으로 계획할 수 있는 새로운 개념의 박물관이 되었다.

단순하면서도 복잡하고, 한 세계이면서도 다른 세계로 들락거릴 수 있는 마법이 내부에 숨어 있는 것이다. 평범하고 지루한 일상의 세계에만 사는 사람들에게는 놀라운 선물이 아닐 수 없다. 동선만이 아니라 사실 이 박물관에서 모든 것은 다중적이면서도 하나로 통합되어 있다. 공간·형태·동선·기능·구조·전시 등, 이 모든 것은 각자이면서도 하나가 되어 있다. 자동차가 인간들을 새로운 세상으로 이끌었듯이 유엔스튜디오의 작업은 발상의 전환에서 오는 새로운 시각을 열어 주고 새로운 세계로 우리를 이끌어 준다.

유엔 스튜디오 UN Studio

검은 옷을 입은
팔색조

장 누벨
Jean Nouvel,
1945~

1945년 교사 부모에게서 태어났다. 부모는 자신들처럼 교사가 되거나 엔지니어가 되길 바랐지만 고1때 미술 선생님의 영향으로 화가가 되려고 했으나 부모의 반대에 부딪혀 건축을 전공한다. 나중에 그림을 그리겠다는 소망을 품고서 프랑스의 국립예술대학인 보르도의 보자르에 입학하고, 이후 파리의 에콜데보자르 1등으로 편입해 건축을 공부하게 된다.

　에콜데보자르 교육 방식 덕에 아틀리에에서 도제 교육을 병행할 수 있었는데, 그때 건축가인 클로드 파랭Claude Parent과 건축 이론가 폴 비릴리오Paul Virilio가 함께 운영하는 아틀리에에서 일했다. 클로드 파랭의 도움으로 학교를 졸업하기도 전인 1970년, 스물다섯이라는 젊은 나이에 독립 사무소를 꾸린다. 사무소 개설 초기에는 주로 협업 방식으로 일을 했다. 1994년 이후에야 장 누벨 건축사무소가 되었다.

현재 프랑스 건축가 중에서 가장 유명한 건축가, 2008년에 프리츠커 상을 수상한 건축가, 삼성미술관 리움의 건축가 중 한 명. 화려한 작업 이력만으로 그를 설명하는 것도 충분하다. 하지만 이번에는 작업 이력보다는 삶의 주요 지점 일곱 가지를 되돌아보려고 한다. 이 일곱 장면을 통해 팔색조 장 누벨의 독특한 건축관과 세계관을 이해할 수 있을 것이다.

장면1.
교사인 부모에게서 1945년 태어났다. 장 누벨의 부모는 그가 교사나 엔지니어가 되길 바랐다. 그는 예술 교육은 거의 받지 못했고 프랑스어·수학·역사·지리 등이 중요하다고 배웠다. 그러나 고1때 미술선생님과 만난 것이 그의 인생을 바꿔 놓았다.

장면2.
여덟 살 때 중세의 건축으로 유명한 프랑스 남서부의 소도시 살라Sarla로 이사하게 된다. 이곳에서 17세기에 지어진 귀족의 저택에서 살았던 경험은 그에게 살아 있는 건축 체험의 장이자 교육이 되었다.

"저의 첫 건축 선생님은 그 건물을 지은 17세기의 건축가였다고 말할 수 있습니다."

과거 건축은 그에게 건축이란 무엇인가를 가르쳐 주었고, 역사와 현재 그리고 미래를 생각하는 계기를 만들어 주었다.

장면3.
화가를 반대하는 부모의 주장에 막혀 고민 끝에 편법으로 건축을 전공한다. 나중에 그림을 그리겠다는 소망을 품고서. 프랑스의 국립예술대학인 보르도의 보자르에 입학하고, 이후 파리의 에콜데보자르에 1등으로 편입해 건축을 공부하게 된다. 내심 후에 그림을 하겠다고 선택한 전공이었지만, 점차 그림을 잊고 건축에 빠진다. 의도하지 않은 선택이 그를 또 다른 길로 인도한 것이다.

장면4.
에콜데보자르의 건축 교육은 기본적으로 아름다운 그림을 그리고 과거의 사례들을 공부하는 것이었다. 그는 이런 방식에 반기를 들게 된다.

"보자르에 들어가자마자 '조리법'밖에 가르쳐 주지 않는다는 것을 깨달았습니다. 정해진 것을 매년 똑같이 반복하기만 하는 체계 속에서 그저 단순히 그림을 복제하는 것 같은 방식으로 건축 교육이 이루어지고 있었습니다."

그는 두 가지 방법으로 기존의 방식에 도전한다. 과거의 유형을 찾는 대신, 문헌을 철저히 파고든다. 그리고 2×1미터짜리 패널 세 장을 제출하는 과제를 그림이 아니라 문장으로 채웠다. 사회적 분석을 논문 형식으로 구성한 것이다. 개념을 제시하는 방법으로 그림만을 그려 내는 형식주의 건축 교육에 대항한 것이었다.

장면5.
에콜데보자르 교육 방식의 또 다른 특성 덕에 아틀리에에서 도제 교육을 병행한다. 건축가 클로드 파랭과 건축 이론가 폴 비릴리오가 함께 운영하는 아틀리에에서 일하게 된다. 이 독특한 아틀리에에는 장 누벨에게 큰 영향을 미쳤는데, 건축은 사고의 행위이고 그것의 발현과 구현이 건축이라는 믿음을 평생 갖게 된다.

장면6.
1968년 5~6월에 소위 '68혁명'이 일어났고 여기에 참여한다. 68혁명은 정치적·사회적·문화적 저항운동으로 프랑스에서 시작되어 유럽으로 파급되었다. 프랑스에서는 학생운동으로 시작되어 전국 총파업으로 번졌다. 학생들은 민주화를 지향하고 폭넓은 연구와 자치권을 요구했다. 기존의 관습적인 체계에 저항하려는 정신을 소유한 장 누벨에게 더욱 큰 자극이 된 사건이었다.

장면7.
클로드 파랭의 도움으로 학교를 졸업하기도 전인 1970년, 스물다섯이라는 젊은 나이에 독립 사무소를 꾸리게 된다. 파랭은 누벨에게 일거리도 소개해 주었는데, 그중에는 파리 비엔날레의 전시시설을 디자인할 수 있는 기회도 있었다. 2년마다 열리는 이 행사에 누벨은 여러 번 참여해 많은 저명한 예술가들을 만나고 교류할 수 있었다. 이것은 그에게 사고의 폭과 깊이를 확장시키는 좋은 자극이 되었다.

기존의 체제에 저항하는 건축, 관습적이지 않은 특이한 건축, 이론과 사고를 중심으로 하는 건축을 지향하는 장 누벨은 어떤 하나의 스타일이나 유형으로 파악하기 힘든 다양함을 추구하는 건축가이다. 변화가 너무 다양해서 과연 혼자서 이 모든 것을 했을까 라는 생각이 들 정도이다. 장 누벨을 이분법이라는 다소 거친 방법으로 파악해 보자.

세계화 대 특이성

세계화의 파고가 갈수록 드높아지고 있다. 세계화란 자본·노동·상품·서비스·기술·정보 등이 주권과 국경의 경계를 넘어서 조직·교환·조정되는 현상을 말한다. 결과적으로 전지구화·보편화·중립화가 되었다는 것으로 이해할 수 있다. 건축에서는 2차 세계대전 이후에 전 세계로 널리 퍼져나간 국제주의 양식을 세계화의 한 유형으로 볼 수 있다. 국제주의 양식은 당시의 최신 기술인 콘크리트와 철 구조를 사용한 기능적인 기하학적주로 상자형 건축을 말한다. 대표적인 건축가는 미스 반 데어 로에와 르 코르뷔지에가 있다. 이 운동의 주창자들의 생각새로운 시대에 맞는 쾌적하고 기능적이고 새로운 기술이 적용된 세련된 현대 건축과는 달리 '삼류' 국제주의 양식값싸고 저렴하며 졸속으로 지어진 상자형 건물이 전 세계로 급속도로 퍼져 나갔고, 전 세계는 같은 유형의 건물들로 채워졌다. 간판의 글씨만 없다면, 어느 나라가 어느 나라인지 모르는 지경까지 이르게 되었다. 미스 반 데어 로에의 진지한 금언인 '적을수록 좋다'보다는 로버트 벤투리의 '적을수록 지루하다'라는 주장이 더 통하는 세상이 되었다. 그래서 우리의 일상은 따분하고, 지루하고, 무미건조한, 단지 경제적인 건물들의 숲으로 둘러싸이게 되었다고 해도 과언이 아니다. 장 누벨은 이에 반기를 든다.

> "건축가로서 제가 겪어야 했던 최초의 상처 중 하나는 국제주의 양식이었습니다. 그것은 곧 똑같은 오브제들을 모든 곳에 동일하게 적용할 수 있다는 사실이었습니다. 요즘에 제가 위험하다고 느끼고 있는 프로세스 중 하나는 이와 같은 종류의 문화적인 정형화입니다. … 이와 같은 종류의 세계화라는 것, 어떤 특이한 상황들에 대해 다른 진단을 내리는 것이 아니라, 단지 복제를 통해 어떤 정해진 유형으로 고착된다는 것은 아주 안 좋은 일입니다."

그래서 그가 주장하는 건축이란 것은 '특이성-특이한 개성을 가진 대상'이라는 말로 집약될 수 있다. 즉 '장소·건축주·프로그램·콘텍스트가 다르면 다른 건축물이 나올 수밖에 없으며, 동질화 될 수 없는 '차이'가 생기게 마련'이라는 주장이다. 이런 '다름'과 '차이'가 가치 있고, 오히려 이런 개성을 잘 살릴 때 삶은 풍요로워지고 가치를 증진시킨다는 그의 믿음이다.

> "예상치 못한 것, 규칙적이지만은 않은 것, 놀라움이 있는 것, 경탄이 있는 것들이 미의 특징과 본질이라고 생각합니다."

그에게 건축이란 '특이한 개성을 가진 그 어떤 것'이다. 그의 건축은 주변 환경을 외면하지 않으면서도 아니 존중하면서도, 특이하거나 과격하거나 신선하다.

모더니즘 대 모더니티

유럽의 건축계에는 두 가지 경향이 있다고 볼 수 있다. 하나는 유럽의 도시 전통을 잇는 역사주의이고, 다른 하나는 모더니즘의 대부격인 르코르뷔지에의 전통이다. 장 누벨은 이들 모두를 역사주의의 범주로 본다. 모더니즘의 정신이 아닌 모더니즘 스타일도 또 다른 의미의 역사주의라고 단정한다. 그는 '역사주의'가 아닌 '역사'를 중시하고 '모더니즘'이 아닌 '모더니티'를 추구한다.

> "나는 역사의 참조나 재고가 아니라 우리 시대의 새로운 것들을 반영하는 건축에 흥미를 느낍니다. … 내가 하는 일은 지금 일어나고 있는 일, 현재의 기술, 이 시대의 재료, 오늘 우리들이 할 수 있는 일 등과 같은 우리 시대의 모더니티와 관계 있습니다. … 모더니티는 항상 역사의 인식이기에 나는 모더니티의 연속성으로서만 이 역사를 읽을 수 있다고 생각합니다. … 진정한 모더니티는 역사적인 진실성을 갖는 행위라고 확신하고 있습니다."

그렇다면 그가 읽는 이 시대의 건축에 있어 모더니티는 무엇일까? 그것은 관습적인 구조·질서·기능·기술·재료에서 탈피해 가장 현대적인 것, 경계를 허물고 가벼움을 추구하고 떠 있는 것_부유성_을 사랑하고 비물질적인 것을 탐구하고 새로운 기술을 적용하고 새로운 재료를 사용하는 것이다. 이 모든 것은 현대 철학의 형이상학적 관점_특히 프랑스 현대 철학자들의 이 시대를 읽고 해석하는 것들_에 빚을 지고 있으며, 장 누벨의 철학적 해석력_프랑스 현대 철학자들과의 교류와 이의 탐구를 통한 이해와 통찰_과 건축적 재능이 이를 실현해 내는 동력이 된다.

> "모더니티란 발명의 위험을 감수하는 것입니다. 현대의 모든 가능성을 이용하는 것이고, 상상력을 실재하는 형태를 위한 도구로 바꾸는 것입니다."

그의 첫 사무소의 스승들처럼 철학과 이론_폴 비릴리오_은 건축의 실재_클로드 파랭_가 된다. 그래서 그는 우리를, 우리가 보지 못했던 새로운 건축의 세계로,

우리가 이 시대의 것이라고 고개를 끄덕이게 만드는 '낯선' 새로운 건축의
세계로 이끌어 가는 것이다.

스타일리스트 대 사고가
그의 건축은 특정한 스타일이 없다. 그의 터치가 느껴지기는 하지만 '장 누벨
표'라는 강한 표식으로 작용한다고까지는 볼 수 없다. 다름과 차이에서 나온
'특이성'을 추구하는 그가 어느 한 스타일에 머문다는 것도 이상한 일이다.
"저는 자신의 스타일을 개인적인 영역을 정의하기 위해 적합하게 만들어
넣은 어떤 특징적인 요소들을 사용함으로써 규정하려는 건축가들과는
반대의 입장에 저 자신을 위치시키겠습니다. 저는 그와 같은 태도는
오늘날 별로 실효성이 없는 작업 방식이라고 믿고 있습니다.… 그것은
우리가 하는 작업의 잠재적 가능성을 제한할 뿐입니다. 왜 항상 하얀색
세라믹 패널로만 지어야 하는지, 아니면 왜 항상 삼각형 기하학만 써야
하는지 … 저는 이해할 수가 없습니다."
 고정된 스타일의 추구는 그의 길은 아니다. 오히려 그는 생각하는 것과
사고하는 것을 강조한다. 그는 강조한다. '건축은 궁극적으로 사고하는
행위'라고. 그에게 중요한 것은 하나의 스타일의 추구가 아니라 그 상황과
조건에 대응하는 것으로서의 사고이다. 따라서 그의 작업 방식은 남다르다고
볼 수 있다. 그는 본격적인 작업을 하기 전에 매우 철저하게 분석한다. 모든
요소들을 조사하고 분석해 목표 지점과 이유를 정리한다. 추측적인 직감과는
정반대이다. 이렇게 조사와 분석이 끝나면, 많은 시간을 들여 '특이한'
개념과 아이디어를 찾는다. 이때 고려되는 것은 건축의 시적·철학적 측면에
대한 것이다. 이렇게 개념, 아이디어를 찾은 이후에야 마지막으로 형태에
관한 문제를 다룬다. 그리고 기술이 이를 해결하도록 한다. "먼저 위대한

아이디어를 품어라. 기술이 그것을 실현시켜 줄 것이다"라는 드골의 말처럼.

    이제 우리는 그의 건축이 형태적으로 매우 다양한 이유를 이해할 수 있다. 그러나 이런 다양성에도 불구하고 그의 건축의 배후에서 어떤 공통점을 찾을 수 있다. 빛 혹은 빛나는 것에 대한 강박적 집착, 낯설고 색다른 이미지와 그에 따라 파생된 형상의 선호, 그리드를 중첩시키는 방식, 유리, 금속 그리고 가벼움에 대한 남다른 선호는 숨겨진 그의 표식이다. 어쩌면 그는 또 다른 의미의 스타일을 추구하는 사고가이거나, 사고가를 표방하는 탐미적 스타일리스트일지도 모른다.

    장 누벨은 이처럼 이중적이거나 복합적이거나 화려하다. 그러나 이러한 다양한 사고와는 달리 항상 검은 색 옷을 즐겨 입는 그를 보면 이런 생각이 든다.

    검은색 옷을 입는 팔색조.

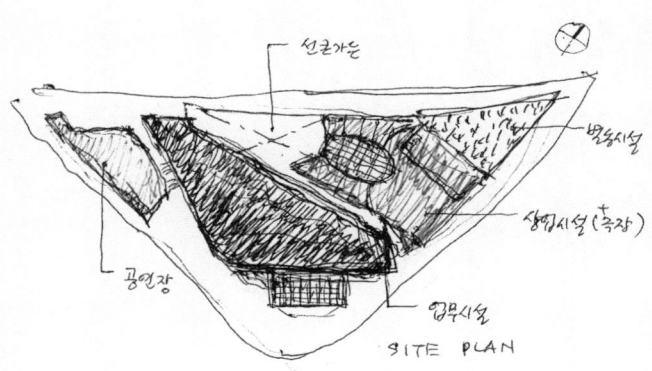

덴츠타워, 도쿄, 1996~2004

케 브랑리 박물관
Musée du Quai Branly, Paris, 1995–2006

장 누벨 Jean Nouvel

파리 센 강변 에펠탑 바로 옆에 자리한 케 브랑리 박물관은
프랑스 국립 인류사 박물관이다. 이 박물관은 주로
아프리카·아시아·아메리카·오세아니아 지역의 초기 문명 및 그 유물을
전시하는 대표적인 박물관으로 2006년 6월에 개관했다.

　대통령의 문화적 활동을 강조하는 전통이 있는 프랑스는 미테랑François Mitterrand 대통령 시절에 루브르의 피라미드 박물관을, 퐁피두George Pompidou 대통령 시기에는 퐁피두센터를, 자크 시라크Jacques Chirac 대통령 시절에 케 브랑리 박물관을 지었다.

　케 브랑리는 센 강 주변의 브랑리 지역이란 뜻이다. 센 강 및 에펠탑과의 콘텍스트가 중요한, 쉽지 않은 대지 조건이었는데 장 누벨은 흥미로운 계획안으로 현상설계에서 당선한다. 경쟁자는 렌조 피아노Rezo Piano, 피터 아이젠만Peter Eisenman 등이었다.

　우선, 투명 유리 스크린으로 도시와의 경계를 시각적으로 통하게 하면서도, 공간적으로는 분리하는 예민함을 보인다. 투명 유리벽에는 전시 내용이 프린트되어 있어 이곳이 일상생활의 세계와는 다른 곳임을 암시한다. 안으로 들어가면 프랑스에서는 매우 예외적인 기하하적이지 않은 많은 프랑스의 정원들은 기하학적 질서를 추구한다, 인공적인 느낌이 들지 않은, 심지어 원초적으로 느껴지는 초기 문명의 유산들을 경외하기라도 하는 듯이 정원이 관람객을 맞이한다. 더욱 놀라운 것은 얼마의 정원을 지나면 통상적으로 등장하는 건물이나 출입구가 나오는 것이 아니라, 건물을 들어 올린 거친 생명력이 넘치는 정원이 길게 이어지고 있다. 실로 이곳이 현재의 문명과는 거리가 있는 먼 옛날의 문명의 유물을 전시하고 있는 곳이라는 것을 암시하는 듯하다. 길게 돌아 들어가며 보는 떠 있는 건물에서 시선을 끄는 것은 건물 몸통에서 튀어 나와 있는 형형색색의 스물아홉 개의 박스이다. 마치 어느 아프리카 옛 마을의 입면을

상징하는 듯하다. 그것들이 하나로 열려 있는 커다란 전시 공간의 박물관 내부에서 별도의 공간을 가지고 있는 전시 공간이라는 것을 알게 되는 것은 내부에 들어와 한참이나 유물들을 구경하고 나서이다.

실내에는 조절된 자연채광이 들어오지만 전체적인 조도는 많이 어두운 편이다. 마치 밤하늘 별빛을 받으며 아프리카의 원시림에 들어온 듯한 착각을 주기도 한다. 오래된 유물을 보관하려는 조명 계획 때문이겠지만, 결과적으로는 모든 계획과 동선이 전시품을 주인공으로 만들기 위한 일련의 장치와 과정이라는 것을 느끼게 된다. 수만 점의 전시품을 보는 것으로 눈은 호사를 만끽한다. 강탈해 온 유물들은 과거의 상처를 모르는 듯 무심히 아름답다. 발이 아프도록 전시를 보고 밖으로 나와 본관 옆 건물의 외벽에 식물학자 패트릭 블랑Patrick Blanc이 조성한 약 800제곱미터 넓이의 '수직 정원'을 보는 것은 또 다른 즐거움이다. 장 누벨의 주장대로 이 독특한 형태의 박물관이 건물 외부에 디자인한 '새로운 숲'에 용해되지는 않았다고 생각하지만, 이 박물관이 주변 환경, 정원, 전시물과 서로서로의 특이성을 가지면서 '보색 조화'의 공존을 이루고 있다.

장 누벨 Jean Nouvel

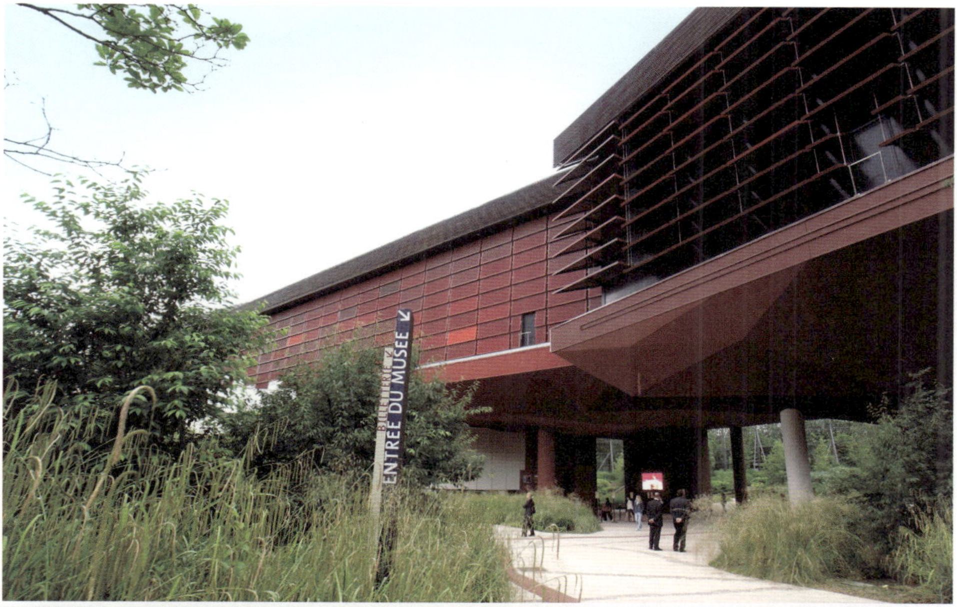
ENTREE DU MUSEE

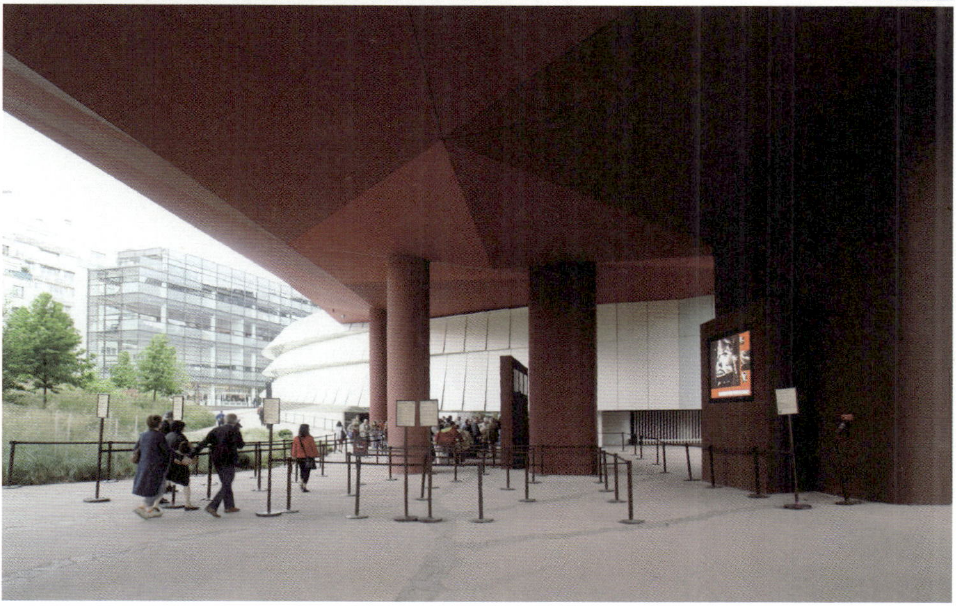

갤러리 라파예트 백화점

Galeries Lafayette, Berlin,

1991~1995

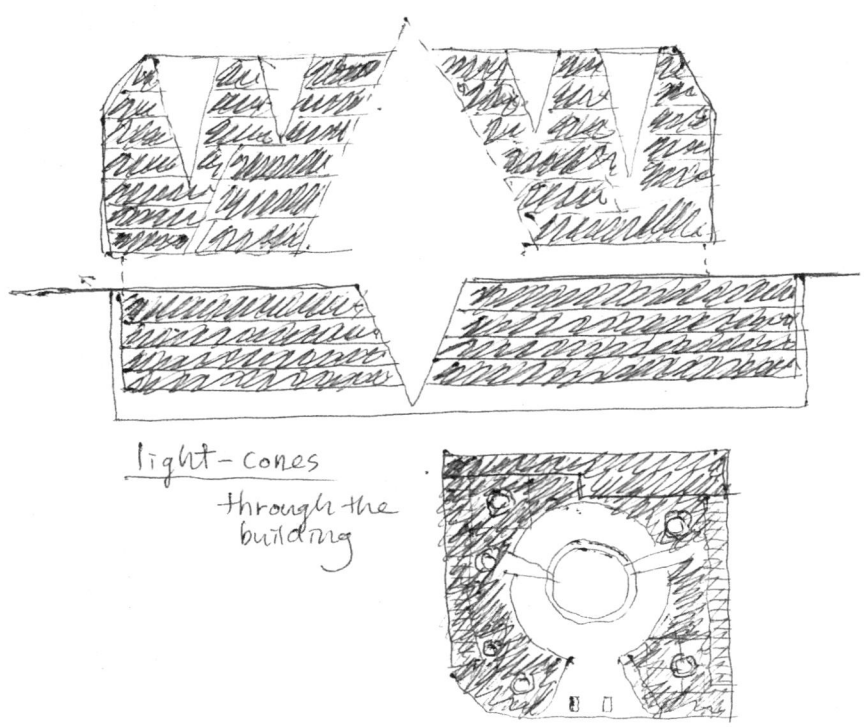

light-cones through the building

하나의 나라가 분단되는 것은 역사상 종종 있을 수 있어도, 하나의 도시가 둘로 나누어지는 것은 매우 드문 일이다. 독일 베를린은 특이한 운명을 지닌 도시였다. 독일이 통일된 것과 더불어 베를린 시는 통일 독일의 수도로 거듭났고, 옛 명성이 부활하고 있다. 이 중 많은 사람의 관심을 끄는 것은 매력적인 새 건물의 신축이다. 마치 도시 전체가 '건축 박물관'이라고 일컬어질 만하다. 장 누벨의 라파예트 백화점도 그중 하나이다.

이 백화점이 자리한 거리는 매우 중요한 역사지구로 높이, 지붕 구성 등에 있어 지켜야 되는 상당한 건축적 제약이 있었다. 장 누벨은 이 건축에서 특유의 솜씨를 보여 준다. 베를린의 건물들은 오래된 건물로 대개 무겁고 투명성이 없다. 역사지구의 여러 제약을 따르면서도 유리라는 재료를 사용한다. 특히 지붕에도 유리를 사용한 것은 참신한 아이디어였다. 마치 이 건물은 이렇게 이야기하는 것 같다.

"그래. 역사지구의 모든 제약을 따라주마. 그러나 재료는 가장 현대적인 유리로 할 거야."

장 누벨은 과거와는 다른 투명하고 내부의 움직임을 알 수 있는 백화점을 구현했다. 과거를 존중하면서도 현대를 지향하는 두 마리 토끼를 다 잡는 묘안이 아닐 수 없다.

더욱 놀라운 것은 내부에 있다. 백화점 내부를 원추형 빛의 유입 장치가 수직으로 관통한다. 매장 면적을 다소 잃었을지 모르지만, 놀라움과 흥미를 얻었다. 빛을 받아들이고 총천연색 빛을 반사하는 원추형 유리 깔때기는 하늘로부터 빛을 받아 들였던 갤러리형 백화점의 창의적 해석이며, 이 건물에 쇼핑객들이 자연스럽게 돌아 움직이는 이동을 만들어 내는 마법의 장치가 되었다. 그는 소위 유리를 가지고 놀 줄 아는 건축가이다.

"저는 이미지를 투사할 수 있고, 서로 다른 반사의 정도나 불투명성

또는 투명성을 가지고 작업할 수 있는 재료로서의 유리가 지닌 특성에 대해 대단한 흥미를 느끼고 있습니다. 유리라는 것은 단지 재료만이 아니라 현 시대의 공간에 관한 연구의 테마입니다! 유리에 대해 제가 흥미를 느끼는 것은 완전히 투명한 상태만이 아니라 그것이 생산해 내는 다양한 뉘앙스의 총량에 있습니다. 저는 빛의 조건에 따라 유리가 보여 주는 반응의 복잡함과 깊이를 가지는 면으로 조절할 수 있는 마치 레이스로서의 성질에 흥미를 느낍니다. 유리는 복잡하게 뒤얽혀 있는 형태를 사용하지 않고서도, 건물의 복잡성을 증가시킬 수 있도록 해 줍니다. 또한 공간을 프로그래밍 하는 방법으로서 빛을 통해 작업을 할 수 있도록, 하루 사이에도 공간이 시간에 따라 변화할 수 있도록, 사인들을 겹쳐 놓을 수 있도록 해 줍니다. 유리가 놀라운 가능성들을 열어 주기 때문에 유리를 가지고 작업하고자 하는 유혹을 느낀다는 것, 그것은 사실입니다."

열린 유리 깔때기를 통해 쇼핑객들은 자신이 머물고 있는 층뿐 아니라 다른 층도 '아이 쇼핑'할 수 있다. 거리를 오가는 사람들이나 차를 타고 지나가는 사람들도 내부 공간의 변화를 감지할 수 있다. 호기심을 유발해 도시에 활력을 준다. 가히 유리라는 재료의 신비를 터득한 자만이 도달할 수 있는 경지라 아니할 수 없다.

장 누벨은 과거와는 다른 투명하고 내부의 움직임을 알 수 있는 백화점을 구현했다. 과거를 존중하면서도 현대를 지향하는 두 마리 토끼를 다 잡는 묘안이 아닐 수 없다.

눈에 보이는 것과 보이지 않는 것 사이에서

다니엘 리베스킨트
Daniel Libeskind, 1946~

1946년 폴란드의 로지에서 태어났다. 홀로코스트_{유대인 대학살}를 직접 경험하지는 않았지만, 그것을 경험한 부모님 밑에서 자람으로써 평생 홀로코스트의 트라우마를 가지게 된다. 11살이 되던 해, 그의 가족은 시국이 불안정하던 폴란드를 떠나 이스라엘로 간다. 뛰어난 아코디언 실력으로 최고 권위를 자랑하는 미국-이스라엘 문화재단_{America-Israel Cultural Foundation}의 장학생으로 뽑히기도 했다. 1965년에 미국인으로 귀화했고 브롱크스 과학고등학교를 다니면서 그림에 푹 빠진 그는 뉴욕에 있는 미국 최고 건축대학인 쿠퍼 유니언에 들어가 리차드 마이어와 피터아이젠만을 사사했다.

건축가란 무엇인가?

건축가는 어떤 존재인가?

다종다양한 답이 있을 수 있겠지만, 네이버 국어사전에 보면 "건축에 대한 전문적인 지식이나 기술을 가진 사람"으로 정의되어 있고, "건축 계획, 건축 설계, 구조 계획, 공사 감리 따위의 일을 한다"로 정의되어 있다.

위키백과에 보면 "건축을 건축할 때, 계획을 세우고 설계를 하며 감독하는 사람이다. 넓은 의미에서 보면, 건축가는 사용자의 요구 사항을 건축 환경에 반영하는 사람이다"라고 요약하고 있다.

건축가이자 교수인 매튜 프레더릭 Mattew Frederick은 《건축학교에서 배운 101가지》에서, "건축가는 늦게 피는 꽃이다"라는 꽤 흥미로운 정의를 내린다.

"나이 오십이 되기 전에 자신의 자리를 확고히 한 건축가는 거의 없다. 광범위한 지식을 명확하고도 구체적으로 통합하는 직업은 건축밖에 없을 것이다. 건축가는 역사·미술·사회학·물리학·심리학·물성·상징론·정치적 과정뿐 아니라 무수히 많은 지식을 알아야 한다. 또한 법을 충족시키고, 기후를 이겨 내며, 지진에 견뎌 내는 건물을 만들어야만 한다. 그리고 그것은 엘리베이터와 기계 시스템이 작동해야 하고, 사용자의 다양한 기능적·심리적 요구에도 충족해야 한다. 다양한 사항을 하나의 완성품에 통합하려는 것을 배우려면 긴 시간이 필요하고, 수많은 시행착오가 필수적이다. 만일 당신이 건축가가 되려고 한다면, 긴 과정을 거쳐야만 할 것이다. 그것은 충분히 가치가 있다."

책 마지막 101번째 항목에 있는 이 글에 깊이 공감한다. 물론 어떤 건축가들은 일찍 빛을 보기도 한다. 그러나 그것은 예외적인 경우일 것이다. 루이스 칸도 50대에 이르러서야 명성을 얻기 시작했다.

"당신은 그동안 무엇을 하고 있었습니까?"

다니엘 리베스킨트 Daniel Libeskind

사람들의 질문에 그는 늘 이렇게 대답하곤 했다.

"공부를 하고 있었습니다."

건축가 다니엘 리베스킨트도 50세가 되기 전까지는 건물을 지어 본 적이 없다. 건축가가 아니라 건축 이론가로 알려져 있었다. 그가 고백했듯이 자신의 작품이라 할 만한 것은 52세에 지어진 베를린 유대 박물관이다. 오랜 기다림 끝에 드디어 결실을 맺은 것이다.

프랭크 게리는 건축가의 자질 혹은 덕목을 '열정'이라고 강변했다. 아마도 우리는 여기에 한 가지를 더 해야 할지도 모른다. 그것은 '인내'이다. 늦게 피는 꽃이기에 오랜 시간 꺼지지 않는 기다림의 힘, 인내라는 덕목이 필요하다. 요즈음 같이 어려운 시기에는 특히나 더.

다니엘 리베스킨트는 독일 베를린 유대 박물관의 건축가로 명성을 떨쳤으며, 9·11테러로 무너진 미국 뉴욕의 그라운드 제로 재건축 설계공모에 당선되어 세계에서 가장 유명한 건축가 중 한 사람이 되었다. 우리에게는 서울 강남구 삼성동의 현대산업개발 사옥의 설계자로 알려졌지만, 실제로 그의 삶과 건축에 대해서는 잘 알려지지 않았다.

만일 매튜 프레더릭의 주장대로 "건축가는 늦게 피는 꽃"이라면 다니엘 리베스킨트의 경우도 그의 말을 보충해 준다. 자신의 첫 건축을 짓기 위해 50이 넘도록 그는 얼마나 기다리고 또 기다려야 했을까? 건축가란 어쩌면 오래 기다려야 하는 존재일지도 모른다.

선과 선 사이에서

'Between the lines'를 영어 사전에서 찾아보면 "짐작으로, 암암리에, 간접적으로" 등으로 해석할 수 있다고 나온다. 다니엘 리베스킨트는 자신의 최고 걸작 베를린 유대 박물관의 건축 개념을 'Between the lines'라고 했다.

하지만 사전에 나오는 숙어의 의미로 사용한 것이 아니다. 그냥 글자 그대로 '선과 선 사이에서' 혹은 '선들 사이에서'로 이해하는 것이 정확할 것이다.

그의 초기작에서 가장 중요한 것은 선이나 선들이었다. 그것이 베를린 유대 박물관이든, 펠릭스 누스바움 미술관이든, 포츠담 광장 계획안이든, 베를린 도시 경계 계획안이든…. 그것이 파편들의 조합이든, 여러 선들의 결합이든, 지그재그이든 명백히 선의 특징들을 내포하는 것이었다.

그는 선에 대해서 이렇게 이야기했다.

"… 선의 개념은 두 점을 잇는 최단거리같이 고도로 신비롭고 은유적인 개념을 가집니다. 선은 기하학과 건축적 현실을 내포하고 있습니다. 그려진 선들은 현실 속에서 하나의 벽이 되는 것입니다. 그렇지만 건축에서 벽에는 항상 선이 부재합니다. 나는 건축에서 선이 그 존재와 부재 속에서 존재한다고 봅니다. 또한 선은 시간과 관계합니다. 우리가 역사를 이야기할 때, 그것은 시간의 움직임을 기초로 하고, 그 움직임을 펼치고 통합하는 것은 선입니다."

리베스킨트에게 선은 벽을 구성하는 선이기도 하고, 축을 이루는 선이기도 하고, 동선을 나타내는 선이기도 하고, 공간이나 형태를 나타내는 선이기도 하다. 또한 그에게 선은 스토리를 담는 것이기도 하고 은유나 의미를 내포하는 것이기도 하다. 그의 선들은 단순하지 않고 다층적이거나 혼합적이고, 혼돈이나 혼란 그리고 파편이기까지 하다. 그러나 이 모든 것을 소거하고 난 후 그의 선[건축]에 남는 것은 건축을 통해 느끼는 감정이나 정서들이다. 진정 리베스킨트의 선은 건축을 해체하는 것이 아니라 구축한다. 일견 어지럽고 혼란스러워 보이는 선 뒤에 남는 것은 가슴속 깊은 곳에서 우러나오는 공감이다. 심지어는 질서가 보이기도 한다.

자! 그럼 그의 선과 선들 사이에는 between the lines 무엇이 있는가? 그것을 읽을 수 있는 사람들에게Read between the lines 선의 의미는 열려 있다.

사선과 수정체 사이에서

다니엘 리베스킨트는 직선이 아니라 사선을 주로 사용한다. 건축물의 매스나 모서리 부분에서조차 직각을 찾아보기 어렵다. 서로 다른 각을 결합시키는 방법으로 사선을 더욱 부각시킨다. 대부분의 건축물은 사각 입방체이고, 근대 건축 이후의 건축은 지붕까지 평활해 세계는 사각형의 세상으로 뒤덮여 있다고 해도 과언이 아니다. 매우 중성적이라고 할 수 있는 사각형의 세계, 즉 직각의 세계에 그의 건축은 반기를 든다. 건축물에서 직각을 볼 수 없다는 TV방송국 기자의 질문에 그는 이렇게 대답했다.

"아시다시피 여긴 민주주의 국가입니다. 그리고 각도의 종류만도 359가지입니다. 왜 한 가지 각도만 고집하십니까?"

"맞는 말 아닌가요, 수많은 가능성이 펼쳐져 있는데도 우리는 한 가지 곡조, 한 가지 박자에만 맞추어 행진하려 합니다. 직각과 반복이 공간에 질서를 부여한다는 고정 관념이 존재하는 것 같습니다."

그는 끝없이 반복되는 동일한 정사각형 위에 바둑판처럼 설계된 건물을 혐오하는 것이다. 우주나 우리의 삶이 획일적이지 않고 단순하지 않기에 풍부한 상상력과 정형화된 틀을 거부하는 건축을 지향하는 것이다.

다시 그는 사선의 건축에서, 보다 입체적인 수정체의 건축으로 진화한다. 덴버 미술관, 빅토리아 앨버트 미술관, 스위스 브뤼넨 웨스트사이드, 로열 온타리오 박물관, 뉴욕의 그라운드 제로 재건축 프로젝트, 샌프란시스코 현대 유대 박물관 등은 이런 유형의 건축 경향을 잘 보여 준다.

그는 자서전에서도 수정체에 대한 애착을 고백한 바 있다.

"나는 수정이 가장 완벽한 형태를 가지고 있다고 생각하며, 내 건물에 그 형태를 종종 접목시킨 바 있습니다. 빛을 굴절, 반사시켜 광채를 뿜어 낼 뿐만 아니라 흡수하기도 하는 성질이 마음에 듭니다. 수정은 단면이 많아 복잡해 보일 수 있지만 생각해 보면 상자도 수정입니다. 다만 단순화되었을 뿐이죠. 수정에 대해서는 할 이야기가 많습니다. 내게 수정은 불가사의 중 하나입니다. … 나는 자연이 모든 눈송이에 새겨 놓은 수정의 결정체에 경탄합니다. 이 말을 한 번 곱씹어 봅시다. 모든 건축은 수정과 같습니다. 건축은 수정처럼 입체 기하학을 담고 있습니다."

사실 여러 비평가들이 그의 건축을 어렵게 설파했지만 그의 건축의 원천은 사각형 상자 건축의 탈피, 자주적이고 변화무쌍한 수정 형태의 건축, 그 매력적인 형태 안에 내포하고 있는 역동적이고 활력 있는 공간의 힘에 있다. 그리고 그 수정의 경사면 사이로 들어오는 빛에 있다.

눈에 보이는 것과 보이지 않는 것 사이에서

결과적으로 분명한 리베스킨트의 형태적·공간적 스타일에도 불구하고, 그에게 우리가 배워야 할 것은 눈에 보이는 것보다는 눈에 보이지 않는 것에 있다.

그가 자주 인용하는 《성경》〈신약〉의 "히브리서 11장 1절"을 보면 몇몇 번역은 이것이 성경의 인용인 줄 모르고 잘못 번역하는 경우가 종종 있다. "믿음은 바라는 것들의 실상이요, 보이지 않는 것들의 증거"라는 말이 있다. 여기서 믿음이라는 말 대신에 건축을 치환하면 말 그대로 그가 주장하는 사고와 동일하다. "건축은 바라는 것들의 실상이요, 보이지 않는 것들의 증거니."

그렇다면 그가 바라는 것, 그가 생각하는 보이지 않는 것의 설명을 들어 보자.

"건물은 콘크리트와 철, 유리로 지어지나 실제로는 사람들의 가슴과 영혼으로 지어집니다. … 위대한 건축물은 위대한 문학이나 시, 음악과

다니엘 리베스킨트 Daniel Libeskind

마찬가지로 영혼에 내재된 이야기를 들려 줍니다. 건축물은 우리에게 새로운 시각을 부여하고, 세상을 영구히 변화시키기도 합니다. 건축물이 몰랐던 욕망을 샘솟게 하고, 상상의 궤적을 제시하고, 아직 바깥세상을 경험하지 못한 어린아이에게 이런 말을 건네기도 합니다. "세상은 네가 상상했던 것과 전혀 다를 수 있단다. 너 자신 역시 스스로 상상했던 것과 전혀 다를 수 있듯 말이다." 보통 사람들의 생각과 달리 건축물은 무생물이 아닙니다. 모두 생생히 살아 숨 쉬고 있으며, 인간과 마찬가지로 외면과 내면, 육신과 영혼으로 이루어져 있습니다."

그렇다면 상자와 정형화된 직각의 세상에서 사선과 수정체를 그려 나가는 그가 그리는 세계는 무엇인가? 그는 인간과 같이 이야기하는 건축, 심지어 노래하는 건축을 원하는 것이다. 중성적이고 단조롭고 무미건조한 건축이 아니라, 삶의 의미를 담고 있는 건축을 원하는 것이다.

그렇다면 분명하지 않은가. 그의 건축의 눈에 보이는 부분 너머에 있는, 눈에 보이지 않는 것이 무엇인가를 생각해 보는 것이 중요하고, 그의 건축을 보는 것뿐 아니라 무엇을 느꼈는가가 더욱 중요할 것이다. 그리고 그가 바라던 것이 잘 구현되었는지를 자문해 보는 것이다. 눈에 보이는 것은 눈에 보이지 않은 것으로부터 왔기에.

"우리의 눈에 보이는 것이 보이지 않는 것에서 나왔다는 것을 압니다." 히브리서 11장 3절

베를린 유대 박물관
Jewish Museum, Berlin, 1989~2001

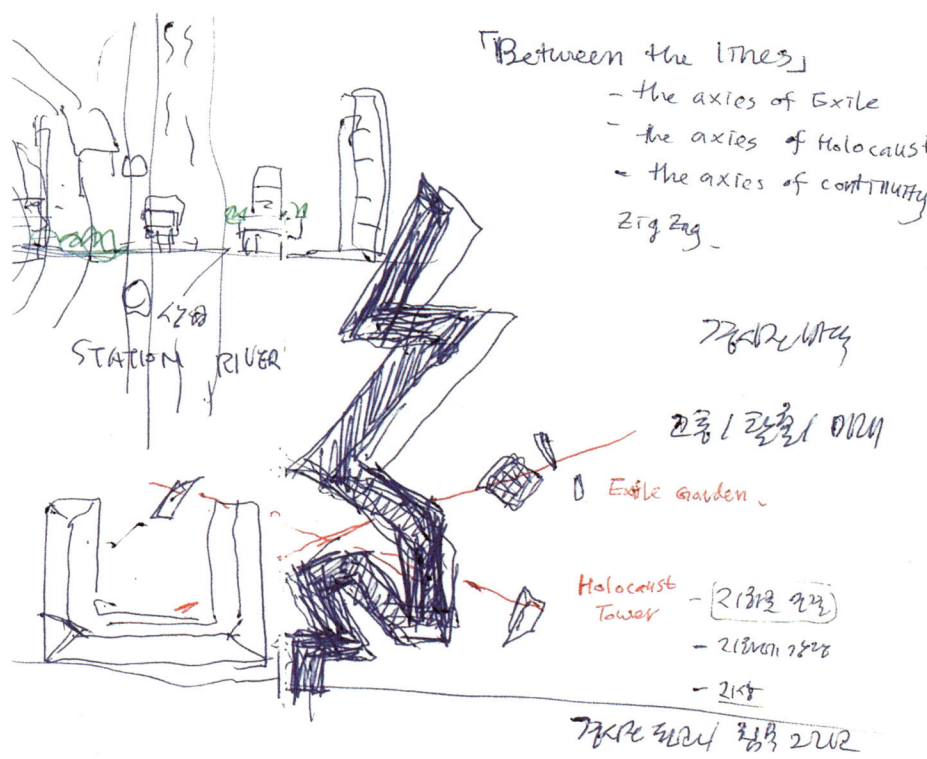

다니엘 리베스킨트 Daniel Libeskind

기존 유대 박물관으로 사용되던 바로크 양식의 옛 건물 증축 현상설계에서 리베스킨트가 당선한 것은 1989년이었다. 그러나 상대적으로 그리 크지 않은 지하 1층, 지상 4층 규모의 이 건물이 지어지기까지 10년의 세월이 흘렀다. 이 기간 동안 박물관의 이름이 다섯 번이나 바뀌었고, 정권이 네 번 바뀌었으며, 박물관장이 세 번 교체 되었으며, 건립이 취소될 상황이 여러 차례 있었다. 그러나 다행히도 원안 그대로 지어졌다.

다니엘 리베스킨트는 다윗별의 상징, 유대교인으로 개종한 아르놀트 쇤베르크Arnold Schönberg의 미완성 오페라 "모세와 아론", 유대인 학살과 관련된 이의 비망록, 유대인 철학자 발터 벤야민Walter Benjamin의 저술 《일방통행로Einbahnstraße》를 이야기하지만 그것들은 이 박물관의 눈에 보이지 않는 것들 중 일부에 대한 변명일 뿐이라고 이해하고 싶다. 오히려 그가 그리고 싶었던 것은 '홀로 코스트'로 인한 세상의 혼돈과 인간의 근본적인 결함에 대한 분노와 반작용, 그리고 서구 문명을 지배했던 지식·진보·이성에 대한 의문과 불신에 대한 결과물이 아니었을까?

이 비스듬한 지그재그형 건물에는 그 어느 것에서도 전통적인 방식이 연상되지 않는다. 은빛으로 빛나는 아연판을 입고 있는 이 건축은 비합리적이고 혼돈스러우며 뒤죽박죽으로 보인다. 비스듬히 찢긴 창문은 차라리 빛이 새어 드는 틈새일 뿐이다.

내부 공간도 미로처럼 펼쳐진다. 바로크 양식으로 지어진 옛 건물과 신축 건물은 지상에서는 연결되지 않는다. 진입부 어두운 지하의 경사진 바닥에서 어디로 가야할지 몰라 어리둥절해 하는 방문객을 안내하는 것은 벽들 사이로 길게 뻗어 있는 빛이다. 여기서 리베스킨트는 정교한 세 개의 축과 세 개의 건축을 미로 속에 삽입해 놓는다. 하나는 최소한의 빛만 틈새로 들어오는 홀로코스트의 탑인 '공허가 된 공허의 방'이다. 칠흑처럼 캄캄한 상실의, 어둠의 방이다. 두 번째는 6미터 높이의 기둥 49개를 세운 뒤 그 위에 나무를 심은 일명 'E. T. A 호프만 정원'이다. 기둥과 바닥은 이리저리 기울어져 관람객을 혼돈에 빠뜨린다. 유대인들의 불안한 망명을 나타내는 것이다.
세 번째의 건축은 방문객을 학살된 유대인들의 유품으로 안내한다. 날카롭게 찢어서 만든 것 같은 창으로부터 들어오는 빛이 유일한 안내자이다.
외부에서는 결코 체험할 수 없는 이 공간들은 베를린 유대 박물관이 가지고 있는 놀라운 성취이다.

"이 건물에는 물론 기념비적 요소가 있습니다. 추억을 위해 지어진 것이기 때문입니다. 그러나 그것은 뒤를 돌아볼 뿐 아니라 새로운 이해라는 희망도 구하고 있습니다. 이 건물은 대학살 기념비가 아닙니다. 지하의 둥근 복도 끝에 있는 대학살 탑인 '공허가 된 공허'만이 본질적으로 비어 있습니다. 이곳은 대단히 극적이며, 냉난방이 되지 않는 공간입니다. 이 탑은 아주 특이한 방식으로 관람객이 대학살을 연상시키는 공간과 정면으로 맞닥뜨리게 합니다."

박물관의 긴 전시 공간을 보고 체험하는 여정이 끝나고, 다시 바로크식 옛 건물과 베를린 시내로 나오면 긴 고통의 터널을 지난 것 같은 아픔이 전달된다. 그러나 그것은 상실과 고통만은 아니다. 그래도 살아야 한다는 위로이자 속삭임이다. 유대인들이 결국 살아 남은 것처럼.

리베스킨트가 현상설계 당시 제출한 보고서는 음악 악보인 오선지에 기록한 것이었다. 아마도 그는 눈에 보이는 건축을 눈에 보이지 않는 음악으로 표현하려고 했는지도 모른다. 그것은 아마도 망자를 위한 진혼곡이었을 것이다.

다니엘 리베스킨트 Daniel Libeskind

다니엘 리베스킨트 Daniel Libeskind

샌프란시스코 현대 유대 박물관
Contemporary Jewish Museum, San Francisco, 1994~2008

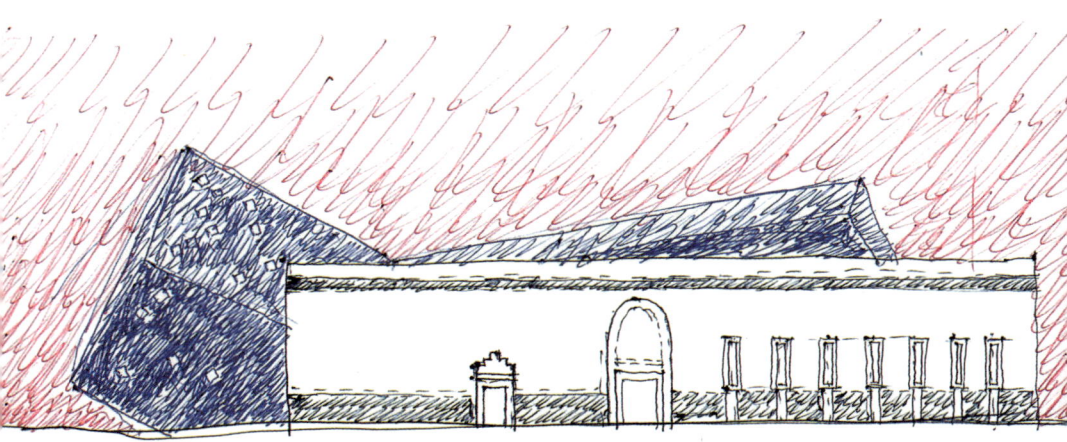

다니엘 리베스킨트 Daniel Libeskind

다니엘 리베스킨트는 이제 세계적인 유대 박물관 '전문' 건축가가 되었다. 베를린 유대 박물관1999, 펠릭스 누스바움 박물관1998, 덴마크 유대 박물관2003 등이 그의 유대 박물관 목록에 들어간다. 2008년에 또 하나의 유대 박물관이 지어졌으니, 샌프란시스코 현대 유대 박물관이 그것이다.

이 유대 박물관은 샌프란시스코 도심의 복합 문화공간인 예르바 부에나 가든Yerba Buena Garden: 두 블록에 걸친 넓은 공원을 중심으로 박물관·미술관·갤러리·공연장·호텔·식당·주거 등이 펼쳐지는 도심의 오아시스 역할을 하는 복합 공간의 한 자락을 차지하고 있던, 지금은 사용하지 않고 방치된 벽돌조의 변전소를 리모델링해 개조한 것이다.

베를린 유대 박물관에서 기존 건물과 분리해지하로 연결, 지그재그형의 신관과 고전적인 구관의 극명한 차이에서 나오는 대조미를 통해 신선한 자극을 주었다면, 이 박물관은 기존 건물의 내·외부에 새로운 '수정체'를 삽입해 한 몸뚱어리를 만듦으로써 도시에 새로운 활력을 제공한다.

리베스킨트가 주제로 삼은 것은 히브리어인 '레치얌L'chai'm'이었다. 이는 '삶을 향하여'라는 뜻이다. 말 그대로 버려지고 사용되지 않던 변전소를 개조해, 기존의 벽돌 원형을 회복시키고 파란색 금속 패널로 덧입혀진 '수정체'를 결합함으로써 과거는 과거대로 회복시키고, 현재를 더욱 생생하게 하며, 미래로 향해 힘차게 나아가려는 역동적인 형태와 공간의 새로운 박물관을 만들어 내었다.

현대 유대 박물관은 우리에게 말한다. 옛것과 새 것이 조화를 이루고, 전통과 혁신이 결합할 수 있다는 것을, 각자가 서로서로를 무시하지 않고서도. 그것은 어쩌면 병치하여 지하에서만 몰래(?) 결합되어 있는 베를린 유대 박물관보다 어떤 의미에서는 진보이다. 옛것을 무시하고 홀대하는 너무나도 쉽게 과거를 지우고 부수어 버리고 없애고 오히려 과거보다 더 못한 단지 새것으로 그 자리를 대신하는, 따라서 역사와 뿌리를 부정하고 현재를 근근히 살아가는 우리에게 전하는 리베스킨트의 메시지다. 일갈이다.

"부모가 우리의 적이 아니듯, 오래된 것이 현재와 미래의 훼방꾼이 아니다."

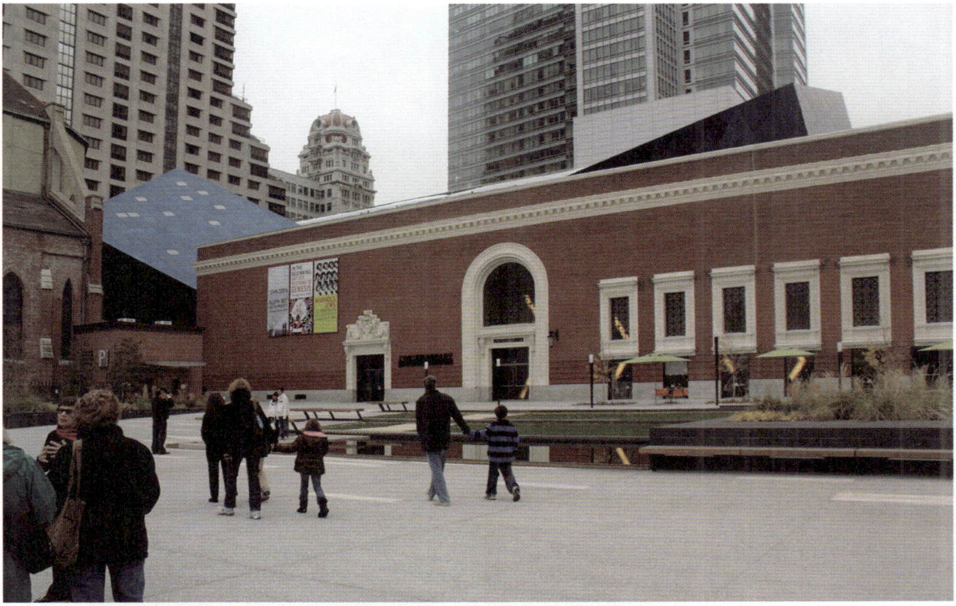

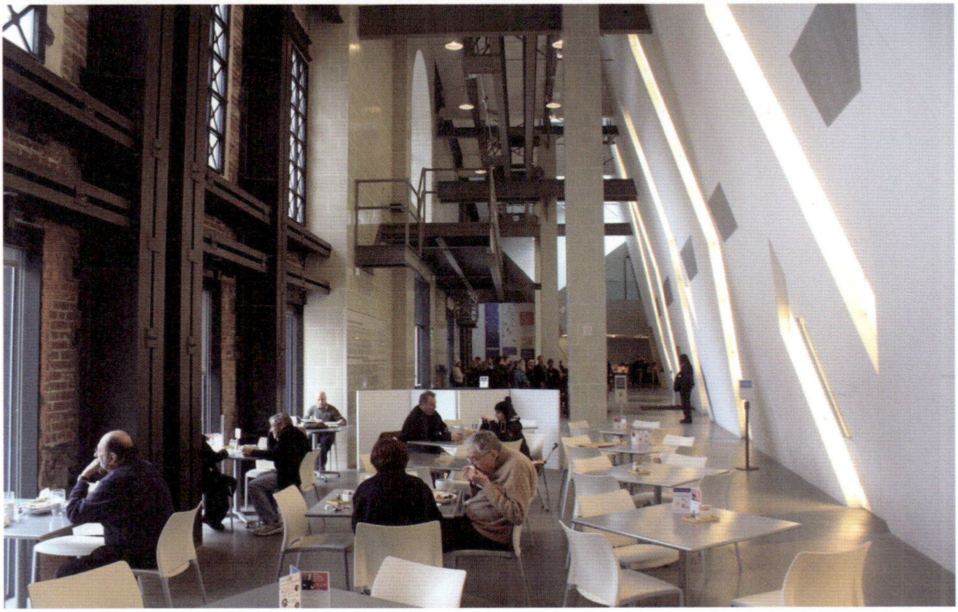

버려지고 사용되지 않던 변전소를 개조해, 기존의 벽돌
원형을 회복시키고 파란색 금속 패널로 덧입혀진 '수정체'를
결합함으로써 과거는 과거대로 회복시키고, 현재를 더욱
생생하게 하며, 미래로 향해 힘차게 나아가려는 역동적인 형태와
공간의 새로운 박물관을 만들어 내었다.

다니엘 리베스킨트 Daniel Libeskind

개념과 현상의 이중주

스티븐 홀
Steven Holl,
1947~

미국 워싱턴 브레머튼에서 1947년에 태어났다. 대학에서 그래픽 아트를 가르치는 아버지의 영향으로 예술과 그림에 관심을 가진 스티븐 홀은 일단 끌리는 분야인 워싱턴대학의 건축과에 진학1966하지만 흥미를 느끼지 못하고 방황하던 중 미대 교수의 조언과, 건축 역사와 이론을 가르치는 헤르만 푼트Hermann Pundt 교수의 영향으로 건축에 관심을 가지게 된다. 1970년 로마 건축상을 받아 유럽을 여행한다. 조경건축가인 로렌스 헬프린Lawrense Halprin 사무소에서 실무를 익혔다. AA스쿨에서 공부하면서 강의를 했으며, 공부를 마친 후 뉴욕으로 와서 사무소를 차렸다. 브롱크스 다리 현상 설계에 참가, 이 작업이 잡지에 실린 것을 계기로 시라큐스 대학, 파슨스 디자인 스쿨에서 강의하고 서서히 이름이 알려지기 시작했다.

자신의 길을 찾고 그 길을 걸어 간다는 것이 의외로 쉽지 않다. 너무나 많은 젊은이들이 방황하며 헤매는 이유 중 하나는 자신을 아는 것, 즉 자신의 길을 찾는 것에 답을 얻지 못해서이다. 우리는 흔히 성공한 사람이나 유명한 사람들은 그러한 어려운 과정 없이 쉽게 혹은 저절로 그 자리에 간 것으로 착각하는 경우가 많다. 그러나 그렇게 된 사람은 거의 없다. 아니, 넘어지지 않고는 걸을 수 없듯이, 헤매지 않고는 길을 찾을 수 없는 것이 진실이다.

방황

현존 최고의 스타 건축가 중 하나인 스티븐 홀도 자신의 길을 찾기까지 많이 헤맸다. 건축에 대한 열망보다는 건축이 재미있어 보이니, 한번 건축을 공부해 보자라는 심정으로 건축과에 들어갔다. 그러나 그는 건축에 그다지 흥미를 느끼지 못했다. 기술 측면을 중시하는 워싱턴대학 건축과의 분위기와 대부분의 교수가 고리타분한 교육을 한 것도 이유 중 하나라고 한다. 대신 그는 어린 시절부터 좋아하던 그림을 그렸고 화가가 되려고 했다. 건축학과 수업보다는 같은 학교 미술대학의 수업을 주로 들었던 것이었다. 그러던 어느 날 그는 자신에게 성적을 잘 주던 미대 교수를 만나 건축을 전공하다 중퇴하고 화가가 된 사람이었다 진로 상담을 한다. 그 교수는 스티븐 홀에게 화가보다는 건축가의 길을 제시한다. 스티븐 홀에게서 화가의 자질보다는 건축가의 가능성을 본 모양이었다. 그는 건축과 미술 양쪽을 다 직·간접으로 경험한 사람이어서, 그의 충고는 홀에게 적지 않은 영향을 미쳤다.

    미대 교수와 함께 스티븐 홀의 진로 선택에 큰 영향을 미친 또 한 사람이 있다. 그는 건축과에서 건축 역사와 이론을 가르치는 헤르만 푼트 교수다. 다른 교수들의 수업과는 달리 그의 교육은 스티븐 홀의 호기심을 자극 했다. 헤르만 푼트 교수의 가르침으로 역사상 중요한 네 명의 건축가인 브루넬레스키Filippo Brunelleschi, 쉰켈Karl Friedrich Schinkel, 루이스 설리번Louis Sullivan
그리고 프랭크 로이드 라이트에 대해 깊게 공부할 수 있었다. 이 공부는
홀이 건축에 눈을 뜨는 계기가 되었다. 또한 푼트 교수의 추천으로 1970년에
로마 건축상로마에 있는 미국 아카데미가 수여하는 상으로 장래성 있는 인재를 발굴하여 유럽 문명의
원류인 로마와 이탈리아를 직접 탐구할 기회가 주어진다을 수상하고, 부상으로 로마에서
공부할 기회를 얻었다. 로마에서의 공부는 그를 더욱 건축가의 길로 이끌어
주었다. 특히 판테온 바로 뒤에 살면서 매일 아침 학교 가는 길에 판테온에
들러 원형 창으로부터 빛이 떨어지는 다양한 변화를 몸으로 체험하게 된다.
여섯 달 동안 매일 치룬 이 '의식'을 통해 갈 바를 몰라 헤매던 젊은 영혼은
서서히 길을 찾게 된다. 건축이 그에게로 찾아온 것이다.

그러나 건축으로 방향을 결정하고, 대학을 졸업한 후에도 건축의 길은
쉽지 않았다. 졸업하고 약 5년의 시간은 스티븐 홀에게는 '방황의 시기'라
일컬을 만하다. 거처를 샌프란시스코로 옮기고 나서도 정착하지 못하고,
여러 사무소를 거치는데, 그중 주요한 몇 가지 경험은 이후 그의 미래를
좌우하게 되는 계기가 되었다.

첫 번째는 거장 건축가 루이스 칸의 사무소에 일하게 될 뻔했던 일이다.
스티븐 홀은 언제나 모든 프로젝트는 '개념'으로부터 시작해야 된다는 신념이
있었다. 당시의 건축가 중 개념을 중시하는일반적인 설계사무소와 건축가들은 사실 설계로
바로 뛰어들지, 개념 운운하지는 않는다. 이 점에서 개념을 강조한 가장 유명하고 독특한 건축가가 루이스
칸이다 루이스 칸과 칸의 사무소가 그의 목표가 된 것은 당연한 일이었다.
무작정 포트폴리오를 들고 필라델피아에 있는 칸의 사무소를 방문했지만
칸은 출장으로 사무실에 없었다. 대신 사무소를 함께 이끌고 있던 페로라는
건축가를 만나 면접을 보고 사무실의 일원이 되는 것에 대한 긍정적인 답을
얻었다. 하지만 필라델피아로 갈 준비를 하던 중 칸의 부음을 접하게 된다.

방글라데시에서 출장을 마치고 돌아오던 칸은 펜실베이니아 역에서 객사한 것이었다. 결국 칸의 사무실에서 배우고 일하려던 스티븐 홀의 계획은 무산되었다.

두 번째는 역시 당시에 흥미롭고 강력한 개념적 작품을 추구하던 조경 건축가인 로렌스 핼프린의 사무소에서 견습한 것이다. 비록 로렌스 핼프린이 조경 건축가였지만 그것은 중요하지 않았다. 영역의 범주가 중요한 것이 아니라 개념적 작업을 경험하는 것에 관심을 두었기 때문이었다. 게다가 핼프린은 건축과 조경, 조경과 인간 행태 등의 경계를 깨트린 사람이기에 홀에게는 더욱 소중한 경험이 되었다. 이후에도 여러 사무소를 경험하며 건축사 자격증을 따고 샌프란시스코에서 사무소를 차리려 했지만 일은 거의 없었고, 본인의 표현대로 의기소침한 나날을 보냈다. 결단이 필요한 시기였다.

침체된 스티븐 홀을 일깨워 준 것은 학교로, 공부로의 복귀였다. AA스쿨의 교수였던 앨빈 보야르스키Albin Boyarsky를 샌프란시스코에서 만나 학업과 가르치는 일을 병행할 수 있도록 배려를 받은 것이다. 그는 수업료를 면제까지 해 주었다. 당시 AA에는 수많은 건축계의 인물들이 있었다. 스티븐 홀을 소개해 준 앨빈 보야르스키, 레온 크리에, 찰스 젠크스Charles Jenks, 피터 쿡Peter Cook, 엘리아 젱겔리스Elia Zenghelis, 렘 콜하스 등 당대 최고의 건축가와 교수들이 가르치고 교류하고 있어 큰 자극이 되는 곳이었다. 스티븐 홀이 소개한 다음의 일화가 그곳의 분위기를 엿볼 수 있게 한다.

"어느 날 건축가이자 교수인 베르나르 추미가 지하의 교실에서 '에로티즘과 건축'이라는 주제로 강의를 진행했습니다. 슬라이드 영사기는 끈으로 묶인 여성의 아주 기괴한 사진을 비추고 있었고, 추미는 긴 독백을 계속하고 있었습니다. 마침내 강의실 뒤에 앉아 있던 한 여학생이 화가 나서 불을 켜고는 "베르나르, 그만해요, 더 이상은 안 돼요" 라고 말했습니다. 추미는 그녀에게 불을 끄라고 했습니다. 그리고 다시 강의가 이어졌습니다. 그러나 5분이 지난 뒤 그녀는 다시 불을 켜고는 "나는 이것을 받아들일 수 없어요." 라고 외쳤습니다."

당시의 AA스쿨은 매우 적극적인 지적 논쟁의 장이었고, 어떤 주제를 논할 수도 있고, 누구나가 누구와도 자유롭게 토론을 벌일 수 있는 장점이 있던 곳이었다. 이런 열의와 토의가 수많은 인재를 배출하는 장이 되게 했다. 스티븐 홀은 AA스쿨의 지적이며 창의적인 교육을 통해 서서히 그러나 분명히 건축가의 길을 찾아가게 되었다.

또한 AA스쿨에서 공부를 마치고 미국으로 귀국하기 전 유럽의 여러 곳과 건축들을 답사하고 여행했다. 유럽은 서양 건축의 본류이고 이곳의 답사는 숨어 있던 건축가의 혼을 불러일으키는 계기가 되기에 충분했다. 학습과 탐구 그리고 답사 덕에 그는 이전과 달리 새로운 길을 향한 준비가 되었던 것이다.

AA스쿨에서 공부를 마치고 미국으로 돌아온 스티븐 홀은 샌프란시스코에 잠시 체류하다 새로운 도전을 하게 된다. 뉴욕에서 그림과 조각을 하고 있던 형을 방문하러 들렸다가 그냥 뉴욕에 눌러 앉아 버린 것이다. 인맥도 없고, 특별히 시작할 일도 없이 무작정 작은 사무소를 시작했다. 지성이면 감천이라고 했던가? 특별한 일도 없이 계획안과 그림만을 그리며 무기력한 생활을 하던 그에게 어느 날 기회가 찾아왔다. 다행히 그가 수행했던 계획안과 드로잉을 좋아한 한 지인이 브롱크스의 다리 현상설계에 참가하도록 주선해 주었고, 현상설계 참가 안이 잡지에 실리게 되었으며, 나중에는 리차드 마이어Richard Meier가 심사위원이었던 프로그레시브 아키텍처Progressive Architecture의 상까지 받았다. 또한 이것이 계기가 되어 시라큐스 대학에서 가르치게 되었다. 이후 파슨스 디자인 스쿨에서 가르치던 시절, 한 학생이 자신의 부친이 지으려는 수영장 부속 건물과 조각 스튜디오 증축 설계 의뢰를 해 왔다. 작은 집이지만 개념에서부터 형태, 공간 그리고 디테일 하나하나까지 열정을 가지고 설계에 전념했다. 그것이 지어지자 미국의 유명한 잡지인 《프로그레시브 아키텍처》, 《하우스 가든 House Garden》에 실렸다. 그것이 시발점이 되어 점차 많은 일을 하게 되고, 점점 더 유명해지게 되었다. 긴 어둠의 터널을 지나, 이후로는 다른 세계에 들어가게 된 것이다.

그는 이야기한다.

"나는 이곳에 아는 사람이 없었습니다. 인맥도 없었고 시작할 방법도 없었는데, 이렇게 시작하게 된 것입니다. 내 생각에는 이런 점이 뉴욕의 매력인 것 같습니다. 즉 이곳에서는 에너지와 재능이 있으면 … 할 수 있다는 희망이 있습니다."

도전하거나 떠나지 않는 자는 결코 도달할 수 없는 법이다. 거기에는 그의 말대로 재능·에너지·열정이 물론 있어야 한다.

개념과 현상의 조화

하나의 스타일에 머물지 않고 계속 변화하는 스티븐 홀과 그의 건축을 한두 마디로 표현하기는 어렵다. 굳이 정의한다면 '개념과 현상의 조화'라고 하고 싶다.

스티븐 홀은 건축 작업에서 개념 찾는 것을 가장 중요하게 여긴다. 일부 건축가들의 작품과 프로세스를 보면, 개념적 특징을 만들어 가는 작업이 창조적인 프로세스 자체를 이끌어 가는 중심 요소라기보다는 사후에 그것을 지적으로 다듬는 일에 불과한 것처럼 보이기도 한다. 그러나 스티븐 홀의 작품들은 개념과 최종 결과물이 진정한 상호작용으로 연결되어 있고, 개념으로부터 형태와 공간이 나옴을 알 수 있다.

스티븐 홀에게 개념은 어디에서도 얻을 수 있는 듯 보인다. 대지·상황·프로그램·공간의 구성·주변 콘텍스트·재료, 때로는 그가 읽던 소설이나 책 그리고 과학 이론 등 다양한 곳으로부터 온다. 때때로 작위적이기까지 한 개념의 추구는 그 스스로가 납득할 수 있는 영감을 얻기까지 계속된다. 개념은 그의 작품 진행의 근원이자 엔진이기에, 그것이 떠오르지 않을 때에는 수많은 대안을 만들어 보며 창작의 고통을 겪는다.

이런 개념 추구는 인간의 오감을 자극하고 일깨우는 형태와 공간, 재료와 디테일로 구체화 된다. 그런 독특한 '건축적 현상'을 체험하게 되면 잠자고 있었던 감각들이 살아나고 결과적으로 인간의 존재감이 고양되는 것이다.

"나는 '현상학'이라는 단어를 도구처럼 씁니다. … 21세기에는 본질을 존재에 되돌려 줄 잠재력을 건축이 갖고 있다고 믿습니다. 자연 속에서 떠오르는 영감이나 시심들, 달빛이 흐르는 눈 위를 걸으며 공간·빛·움직임·질감에 대한 느낌 때문에 들뜬 적이 있을 겁니다. 우리의 일상에 그런 기회를 만들어 줄 수 있는 것으로는 건축이 유일하다고 생각합니다. 특히 도시에서는 유일하게 사람을 영적 존재로 만듭니다."

그는 건축이란 빛·분위기·공간·냄새·색채·재료·디테일 등 다양한 '경험이 가능한 현상'들로 구성되고 조합되는 것으로 생각한다. 이런 다양성을 묶어 줄 끈의 역할을 하는 것이 개념이다. 사물들의 다양한 관계를 융합시키는 개념이 추출되고, 그것이 그대로 전개되어 발전할 수 있다면 건축을 한 아이디어개념로 구상하고 그 개념에 따라 건축을 만들 수 있다고 믿는 것이다.

그래서 이러한 생각이 성공적으로 성취된 그의 건축에서는 사고와 실재가 하나가 되고, 개념과 현상이 조화가 되는 건축이 우리의 심성을 자극한다. 마치 우리의 마음을 적시는 음악처럼.

마음-손-눈의 감각으로

몇 차례의 인연으로 스티븐 홀과 만나거나 협업할 기회가 있었지만 그를 직접 만난 적은 없었다. 그러다 그의 사무소에 근무하는 한국인 건축가 이종서 씨의 소개로 사무소를 방문해 그의 사무소 작품들과 사무소의 분위기와 작업 방식, 그리고 그와 만나고 대화할 수 있는 기회가 있었다.

뉴욕의 일반적인 임대 사무소 빌딩에 자리 잡은 스티븐 홀의 사무소는 출입구의 문부터 그와 그의 사무소의 정체성을 보여 주는 것이었다. 기본적으로는 철문이었지만 문의 구성이나 다양한 재료의 사용은 인간의 여러 감각을 자극하는 것이었다. 시각은 물론이요, 철문의 차가운 감각, 스르륵 들리는 미세한 소리, 그리고 문을 열면서 느껴지는 경험과 체험들. 많은 모형들이 펼쳐져 있는 그의 사무소는 일견 작업실이나 공방 같은 분위기였다.

> "손으로 만들겠다는 실제 감정을 유지하고 싶습니다. 그런 이유로 회의실보다는 작업실에 더 큰 비중을 둔 것이죠. 모형실에서 사용하는 도구나 갖가지 물건은 사물을 탐구하기 위함이며, 때로는 실제 건물에 이용되는 것도 만들어 냅니다. 만든다는 것, 그 자체에 좀 더 몰두하고자 합니다. 최소한 건축가가 검은 양복에 넥타이를 맨 사업장과 같은 사무소로는 만들고 싶지 않습니다. 저는 아틀리에이길 원합니다. 조각가와 같은 건축가의 열의가 세워지고 있는 건물의 디테일에 투영되도록 하는 분위기를 원합니다."

따라서 작업 방식도 컴퓨터뿐 아니라, 손으로 하는 스케치나 모형 스터디를 매우 중요하게 생각한다.

"우리는 디자인 과정에서 거의 모든 단계마다 컴퓨터 기술을 활용합니다.
그러나 개념 작업만은 예외입니다. 제게는 최초의 개념 스케치가
'마음-손-눈'을 친밀하게 이어 주는 아날로그 방식의 프로세스로
시작되어야만 합니다. 직관이 개념화 작업에서 행하는 역할이 갖는
미묘한 부분들과 세밀한 특성들을 놓치지 않고 디자인과 완전하게 연결
짓기 위해서는 이것이 유일한 방법이라고 생각합니다. 최초의 스케치
작업에서 저는 정신적인 의미에 직접 연결되는 느낌을 받을 수 있고
또 아이디어와 공간적인 개념 사이에 융합이 일어나는 것을 느낄 수
있습니다. 그런 이후에 작업은 컴퓨터로 옮겨지게 되는 것이죠."

선명하고 분명한 개념을 중요시하는 스티븐 홀은 개념 스케치로부터 입체적인 공간과 형태의 투시도를 그리고 또 그린다. 작은 스케치북에 때론 평면 계획도 없이 '이 공간은 어떻게 할까?'라는 의문과 함께 탐구를 계속해 나간다.

"나에게 있어 프로젝트는 명확히 표현될 수 있는 개념상의 전략이어야
합니다. 단순히 어떤 형태이거나 스케치가 아니라 전략입니다. 그 진행
과정은 수채화 그림에서부터 모형을 만들 때까지, 어떤 프로젝트라도
거의 동일합니다. 그후 우리는 여러 가지 전략들을 테스트하기 위해
모형을 만듭니다. 모형은 단지 프레젠테이션을 위한 것이 아닌 개념을
구체적으로 개발시키기 위한 작업 도구입니다. 개념 전략에 물질성을
부여하는 것입니다."

스케치-모형-컴퓨터의 삼각 연계

그는 모형이 일종의 중간 단계라고 정의하고 실제의 물질성을 찾기 위해
금속공예·목공·플라스터 성형·용접·납땜 등과 같은 여러 작업이 가능한

넓은 모형실을 유지하고 탐색해 나간다. '스케치-모형-컴퓨터'의 삼각 연계는 그의 작업을 특화시킨다.

이 중 수채화 스케치는 그의 트레이드마크이다. 5x7인치의 작은 스케치북에 울려 펴지는 수채화의 물감은 그대로 그의 건축이 된다. 왜 수채화냐는 질문에 그는 이렇게 답한다.

"빛의 효과에 관심이 있기 때문입니다. 수채화에서는 빛의 전체를 느낄 수 있는데, 밝은 데에서 어두운 데까지 빛의 움직임의 가능성을 이야기할 수 있습니다. 일련의 공간을 통한 투시도적 관점을 만들어 가면서 빛에 대해 생각할 때 수채화가 선으로 된 그림보다 나은 매체입니다."

그는 사무소의 크기도 10~20명 내외의 규모가 되길 원한다. 건축의 양보다는 질을 우선시 하기 때문이다. 프로젝트의 질과 완성도를 위해서 차라리 일을 거절할지언정 인원을 무작정 늘리는 물량 위주의 경영을 하지 않겠다는 스티븐 홀의 의지는 점점 더 경제적 가치를 중시하는 우리와는 사뭇 다른 모습이어서 우리를 돌아보게 만든다.

넥서스 월드

Nexus World, Fukuoka,

1991

스티븐 홀 Steven Holl

일본 후쿠오카 시의 넥서스 월드 주거 프로젝트는 지금으로부터 약 20년 전인 1991년 완성된 공동주거 프로젝트였다. 우리나라의 천편일률적인 공동주택들과 달리, 지금 봐도 새롭고 대담한 기획과 시도 그리고 높은 건축적 질에 다시금 가 보고 싶은 곳이다.

넥서스란 'Next-us', 즉 다음 세대의 우리들을 의미하는 신조어다. 표준화와 대량화가 양산해 낸 획일적이고 개성이 없는 공동주택에서 벗어나 보다 나은 디자인과 개인의 감성을 소중히 하는 다음 세대의 도시주택을 제안하자는 시도였다. 프로듀서 역할을 한 개발회사와 코디네이터 역할을 한 건축가 아라타 이소자키Arata Isozaki는 여섯 명의 건축가를 선정해 이 프로젝트를 진행했다. 스페인의 오스카 투스케Oscar Tusguets, 프랑스의 크리스찬 드 포잠박, 일본의 이시야마 오사무Isiyama Osamu, 오스트리아의 마크 맥Marc Mac, 네덜란드의 렘 콜하스, 미국의 스티븐 홀.

넥서스 월드에서는 단지 기능적이고 무미건조한 도시 주거를 타파하기 위해 몇 가지 새롭고 도전적인 개념이 제시되었다. 첫째, 기성 관념을 타파하는 데에서부터 새로운 창조는 탄생한다. 둘째, 시행착오를 통해 도시 개발의 새로운 방법을 찾는다. 셋째, 서로 겨루는 열정이 도시 주거의 새로운 가능성을 개척한다. 넷째, 결과로서의 디자인뿐 아니라 그것을 탄생시키는 사상개념도 성취한다. 다섯째, 주거이자 작품이므로 준공 이후에 판매한다. 여섯째, 미래의 도시 주거를 완성하는 것은 당신거주자이다. 이런 새로운 시도는 전 세계에 큰 반향을 일으켰고 일본뿐 아니라 전 세계에서 많은 건축상을 수상하는 결과를 낳았다.

스티븐 홀은 일본에 짓는 일본인의 공동 주거이므로 일본의 전통건축에서 개념을 찾고자 했다. 그는 일본 전통건축 곳곳에 존재하는 '선의 정원'에서 영감을 얻은 '보이드 스페이스void space'란 개념과 일본의 '가변식

창호'에서 영감을 얻은 '힌지드 스페이스 hinged space'라는 개념에서 출발한다.
"후쿠오카의 대지에 도착해서 텅 빈 땅의 지면을 바라보고 있었습니다.
진흙의 평평한 땅 외에는 콘텍스트라고는 전혀 찾을 수가 없었습니다.
이런저런 생각을 하던 중 두 가지를 생각하게 되었습니다. 첫 번째로
빈 공간이 놀랍게도 '선의 정원'을 떠올리게 했습니다. 이 프로젝트에서
현대의 선 공간을 만들고 싶었습니다. 두 번째로 일본인들의 '가변적인
칸막이'를 현대적으로 만들 수 있는 새로운 방법을 찾아보았습니다.
이 두 가지 방법은 내가 일본 문화를 공부하면서 얻은 것과 대지의
직접적인 만남에서 비롯된 것입니다."

그는 현대 공동주거에서 하루하루 반복되는 일상생활을 살아가는
도시인들에게 새롭게 창조된 '선의 정원'을 통해 정서적인 감각을 되살려
주고자 했다. 즉 상층부의 물을 채운 보이드 코트물의 마당나 자갈을
깐 하층부의 보이드 코트자갈 마당는 빛을 반짝반짝 반사하며, 일상의
도시인들에게 조용하면서도 시적인 정감을 제공하고 있다. 세 가지 유형의
진입로는 공간을 통과하는 다양한 경험을 고조시키며, 도시의 풍경을 관찰할
수 있는 다양한 건축적 장치이다. 총 28호의 개별 아파트는 일견 비슷하게
보이지만, 모두 다르게 설계되어 있다. 넥서스 월드의 여러 동 중 제일 먼저
주민 공동체 모임이 열렸다고 한다. 서로 다른 아파트의 내부를 보고 싶어서.
건축이 공동체의 삶에 기여한 것이었다. '힌지드 스페이스'라 불리는 움직이는
벽에 의해 내부 공간은 자유롭게 변화하며, 손님이 오거나 가족의 구성원이
바뀌더라도 바로 대응할 수 있는 가변성을 이루어 내었다. 살아 움직이는
내부 공간, 다양한 경험을 가능케 하는 통로, 시정을 느낄 수 있는 외부 공간,
그리고 다양한 빛을 체험할 수 있는 이 후쿠오카의 '스티븐 홀 동'은
'넥서스 월드'라는 미래 주거 세상을 성공적으로 이루어 낸 수작이다.

스티븐 홀 아키텍츠 제공

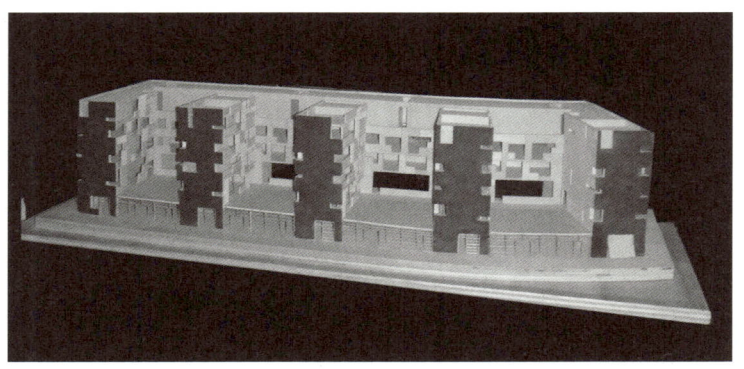

스티븐 홀 Steven Holl

스티븐 홀 아키텍츠 제공

뉴욕대학 철학과

NYU Department of Philosophy, New York,

2004~2007

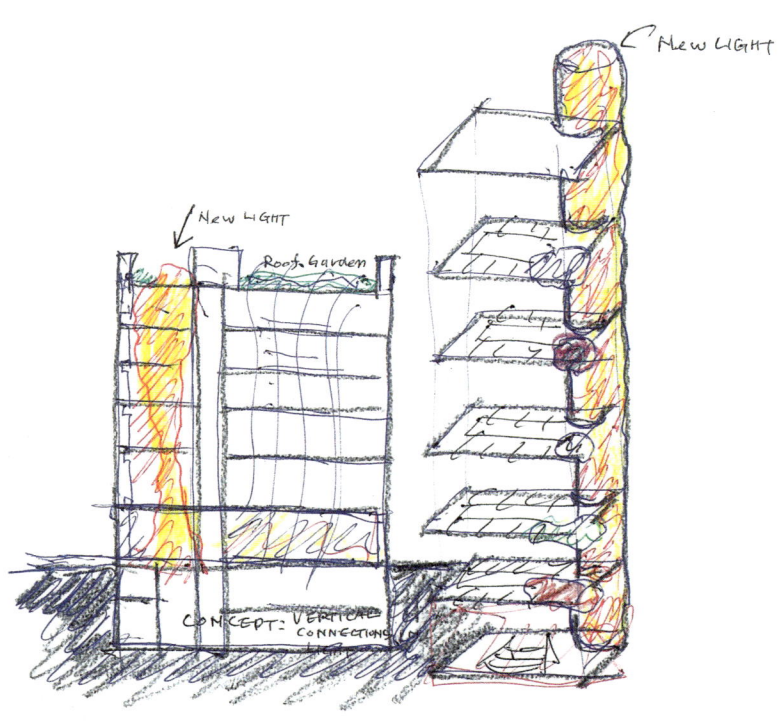

스티븐 홀 Steven Holl

뉴욕의 역사 보존지구에 자리하고 있는 뉴욕대학의 철학과 건물은 알프레드 주커Alfred Zucker라는 건축가에 의해서 118년 전에 지어진 건물이다. 낡고 오래된 건물을 리모델링해 사용하고자 뉴욕대학에서는 스티븐 홀에게 설계를 의뢰한다. 역사적으로 보존해야 하는 건물로 지정되었기에 외부는 변경 불가의 상황이어서, 일부 노후화된 창호 및 출입구의 교체와 디자인이 전부였던 어떻게 보면 인테리어 위주의 프로젝트로 볼 수 있다.

스티븐 홀은 특별히 디자인할 것 없는 곳처럼 보이는 이곳에서 새로운 공간을 만들어 낸다. 그가 만들어 낸 개념은 '수직으로 연결되는 빛 만들기'이다. 이를 위해 최근에 그가 주로 탐구하는 주제 중 하나인 '퍼로서티porosity'라는 개념을 사용한다. 다공질, 유공질이란 뜻의 이 단어는 많은 구멍들과 절개들이 있는 현상을 의미하는 것으로 꽉 차 있어서, 단절되고 분리되어 있는 상태보다는 다공질의 적용에 의해 빛이 통하고 바람이 통하고 서로 소통하여 건축에 즐거움을 줄 수 있는 아이디어를 뜻한다.

> "대학 건물은 학생과 교수의 상호 작용에 의한 인큐베이터가 되어야 합니다. 이러한 상호 작용이 이 건물 전체에서 중추적인 역할을 하는 계단으로부터 건물 곳곳에 펼쳐지길 원했습니다."

이를 위해 6층 전체를 관통하는 계단실의 구조와 벽과 핸드레일을 다공질의 재료로 처리하고, 일부 층의 인테리어 벽과도 연계를 했다. 기존의 단지 기능적이던 계단이 하얀색 다공질 계단으로 탈바꿈해 전 층을 연결해 준다. 이것은 단지 계단이 아니라 이동의 장치이며, 빛을 통과하고 받아들이는 장치이며, 인간의 감각을 되살리는 장치이며, 기존 건물의 흔적과 리노베이션된 부분과의 관계를 맺어 주는 장치이며, 각 층을 생동감으로 연결하는 장치이다. 계절적으로 변하는 빛과 하루에도 시시각각 변하는 빛의 향연을 보노라면 마음까지도 밝아진다. 이것은 건축주가 요구했던 교수와 학생의 단절의 해소, 그리고 각층 시설별 단절에 대한 해결을 위해 최상의 해답이 된다. 계단이 말 그대로 한 세계와 다른 세계를 연결하는 놀라운 기능을 회복시켜 주는 것이다. 건축물 외부에서도 언뜻언뜻 보이는 이 다공질의 개념은 철학대학 건물에 새로운 아이덴티티를 부여한다.

오늘날 철학은 그 학문적 난해함으로 더 이상 고립되어 있거나 스스로에게 갇혀 있거나 대중과는 소통 불능의 존재가 되어서는 안 된다는 것을 스티븐 홀의 아이디어에서 읽을 수 있다. 마음을 열고 서로 소통할 때 철학은 본연의 의미를 갖는다. 구멍 없이 막혀 있는 건물처럼 꽉 막혀 있는 사람이 되지 말고 이 건물처럼 가슴이 열려 있는 사람이 되라고 이 건축은 이야기하는 것은 아닐까. 그것이 스티븐 홀이 진정 이야기하고 싶어 했던 것은 아닐까.

이곳을 사용하는 사람들에게서 생기와 활력을 느낀다. 건축이 인간에게 줄 수 있는 선물이자 스티븐 홀이 우리에게 보여 주고자 했던 마법이 펼쳐지고 있다.

스티븐 홀 아키텍츠 제공 ©Andy Ryan

스티븐 홀 아키텍츠 제공 ⓒAndy Ryan

스티븐 홀 Steven Holl

스티븐 홀 아키텍츠 제공 ©Andy Ryan

건축 철학자 혹은 철학적 건축가

피터 아이젠만
Peter Eisenman, 1932~

피터 아이젠만은 1932년 미국 뉴저지 주 유대인 중산층 가정에서 태어났다. 리처드 마이어가 사촌인 것은 잘 알려지지 않은 사실이다. 화학자인 아버지를 따라 처음에는 대학에서 화학을 전공했으나, 기숙사에서 우연히 건축과 학생을 만나 사귀게 되어 건축에 흥미를 느끼고, 건축으로 전공을 바꿨다. 1955년에 코넬대학에서 건축 학사학위를, 1959년에 콜롬비아대학에서 건축 석사학위를 받았고, 졸업 후 영국으로 건너가 건축 이론가 콜린 로우Colin Lowe의 영향 아래 있던 케임브리지대학에서 박사학위를 받았다.

현대 건축에 대해 논할 때 흥미로운 이야기 중 하나는 대표적인 두 건축가의 주장을 겹쳐 놓았을 때이다. 피터 아이젠만은 말한다.

"400년 동안 변함없이 건축의 가치는 인본주의의 샘으로부터 솟아났다. 오늘날 그것은 변해야만 한다. 철학이 이루어 낸 근본적으로 새로운 성찰이 있기 때문이다."

그러나 렘 콜하스는 이렇게 말한다.

"오늘날 건축의 가치는 완전히 변했다. 엘리베이터 때문이다."

이 두 주장은 두 사람의 사고의 차이를 보여 주기도 하지만, 건축을 어떻게 바라봐야 하는지에 대한 관점이나, 건축을 어떻게 만들어 가야 하는지에 대한 영감도 주기 때문에 여전히 흥미롭다.

네덜란드 건축가 렘 콜하스가 수많은 담론을 제공하기는 하지만, 많은 사람들이 그의 성향과 속성상 그를 철학적 건축가로 인식하지는 않는다. 그러나 미국의 건축가 피터 아이젠만은 자타가 공인하는 건축 철학자이거나, 철학적 건축가이다.

건축 이론가 콜린 로우의 영향 아래 있던 영국의 케임브리지대학에서의 공부는 아이젠만에게 중요한 계기가 되었다. 아이젠만은 건축이 실용 예술일 뿐 아니라 건축에는 관념의 세계가 있다는 것을 배웠다. 또한 그는 이곳에서 근대 건축운동을 연구하고, 근대성의 이상을 구현하는 모더니즘 건축을 다시 현재에 회복시키려는 목표를 설정하게 되었다.

공부를 마치고 미국으로 돌아가 프린스턴대학에서 가르치던 그는 여느 건축가와는 달리 실무를 하거나 설계사무소를 여는 대신 1967년 뉴욕에서 건축과 도시의 이론과 담론을 연구하고 조사하는, 건축도시연구소Institute for Architecture and Urban Studies, IAUS를 설립하고 소장이 되었다. 이곳은 점차 명성을 얻어 현대 건축의 내로라하는 사람들은 모두 이곳을 거쳐 갔다. 렘 콜하스,

자하 하디드, 장 누벨, 베르나르 추미 등. 무엇보다도 IAUS는 건축의 이론적 사고가 순수 건축 실무에 대해 주도권을 갖게 하는 전초기지로서 중요한 역할을 하였다. IAUS는 기관지 《오퍼지션스Oppositions》를 발간했는데, "저항들" 혹은 "반대들"이라는 제호로 번역할 수 있는 이 책을 통해 단순 정보 제공을 넘어 이론적 탐구나 이의 발표 그리고 선언의 장이 형성되었다. 유럽의 만프레도 타푸리Manfredo Tafuri, 앤소니 비들러Anthony Vidler, 장 루이 코헨Jean Louise Cohen, 프란체스코 달 코Francesco Dal Co 등과 교류하며 영향을 주고받는 터전이 되었다. 약 15년에 걸친 소장으로서의 역할이 오늘날의 피터 아이젠만을 만들었다고 해도 과언이 아니다.

1972년에는 마이클 그레이브스Michael Graves, 찰스 과스메이Charles Gwasthmey, 존 헤이덕John Hejduk, 리처드 마이어 등과 작업한 결과를 《다섯 명의 건축가들Five Architects》이라는 책으로 출간하고 전시회를 열어, 근대 모더니즘의 '순수한' 건축을 옹호하고 발전시키고자 했다. '뉴욕 파이브' 혹은 '화이트'라고도 불린 이들은 1970년대 초반에 근대 건축의 거장 르코르뷔지에의 '백색 주택'들을 세련되게 발전시킨 프로젝트를 발표했다.

이후 이들은 각자의 길을 걸어갔는데, 마이클 그레이브스는 고전건축의 모티브를 사용한 포스트모더니즘으로, 존 헤이덕은 쿠퍼 유니언에 남아 후학 양성에 힘을 쏟았고, 찰스 과스메이는 여러 가지 시도를 하다가 결국 본인의 색깔을 잃어 버렸고, 리처드 마이어는 어떻게 보면 유일하게 '백색'의 최초 의도를 고수했으나, 피터 아이젠만은 좀 더 이론에 치우쳐 소위 새로운 건축 운동인 '해체주의 건축'을 이끌어 가게 되었다.

여러 대학에서 강의하고 이론을 탐구함으로써 '강단 건축가', '이론 건축가'로 일컬어지던 그는, 40대 후반인 1980년에 이르러서야 사무소를 개설하고 건축 실무에 발을 들여 놓았다. 많은 실무형 건축가들과는 달리,

그는 지속적으로 많은 현대 철학자, 사상가들클로드 레비스트로스, 아브람 노엄 촘스키, 롤랑 바르트, 미셸 푸코, 자크 데리다, 질 들뢰즈 등의 사고와 이론을 깊이 탐구해 건축 창조의 영감으로 삼았다. 이들 중 현대 해체주의 철학의 대부인 자크 데리다Jacques Derrida와의 만남은 그를 더욱 새로운 사고로 이끌어 주었다.

1988년 뉴욕 MoMA의 해체주의 건축 전에 프랭크 게리, 다니엘 리베스킨트, 렘 콜하스, 자하 하디드, 쿱 힘멜블라우Coop Himmelblau, 베르나르 추미 등과 함께 초대되었고, 해체주의 건축가그는 자신에 붙여진 이 표현을 싫어한다의 대표적인 인물이 되었다. 그가 누구보다 새로운 건축 운동인 해체주의의 대표가 된 것은 단순히 공간과 형태만의 문제가 아니라 기존의 수작업 방식이 아닌 새로운 도구인 컴퓨터의 창의적 사용을 건축 설계에 적극적으로 실험한 것도 한몫을 차지했다. 이는 컴퓨터의 자기 생성적 가능성을 탐구하여 건축에 적용하게 된 것이다. 미래의 컴퓨터는 스스로 디자인할 수 있다는 가능성을 예견한 것이다.

1999년에는 저서 《다이어그램 다이어리Diagram Diaries》를 통해 추상 건축의 담론으로부터 태도가 바뀌었음을 스스로 고백하고 있다. 즉 모더니즘의 영향으로 그 전에는 의도적으로 무시했던 장소, 은유, 역사 및 감정을, 이제는 고려하는 건축으로 변하고 있음을 설명하고 있다. 이 책에서 그는 다이어그램이라는 현대적 개념다이어그램이란 개념을 한두 마디로 설명하기는 어렵지만, 다이어그램이란 단순히 시각화된 그래픽이 아니라 새로운 조건을 포용하며 건축화시키기 위한 추상 기계나 장치 같은 것으로 이해할 수 있다을 통해 건축 외형상으로 계속 변화가 있었던 자신의 작업의 다양성의 배후에는 눈에 보이지 않는 특정한 지속성, 다이어그램이라는 개념으로는 일관되게 해석될 수 있는 건축을 지속적으로 만들어 왔다고 주장한다. 그래서 그의 일련의 건축 작업은 건축 형태나 공간만을 만드는 것이 아닌 '다이어그램을 건축화하는 것'이라는 의미에서

'다이어그램 일기'라는 제목을 부쳤다고 생각한다.

건축 이론가, 철학적 건축가로서 그는 많은 글을 쓰고, 강의하고, 발표했는데 그의 글 목록은 건축 목록보다 훨씬 두껍다. 최근에 그의 글을 모아서 편집한 두 권의 책이 출간되었는데 *Eisenman Inside Out: Selected writings, 1963-1988*과 *Written into the Void: Selected writings 1990-2004*이다. 이 책들은 그가 다른 건축가들과는 달리 지적인 담론과 이론들을 즐겨 펼쳐 가는 건축가임을 잘 보여 준다.

때로 난해하고, 현란한 철학적 담론을 펼치는 피터 아이젠만을 한두 마디로 정의한다는 것은 쉬운 일은 아닐 것이다. 그러나 최종 결과물인 건축을 보면 오히려 그의 실체가 더 잘 파악될 수도 있다고 생각한다.

건축 순수주의

피터 아이젠만의 초기 사고 중에 가장 도발적이고 논쟁적이고 신선하며 자극적인 것은 '건축 순수주의'라고 생각한다. 르네상스 이후에 건축의 대전제인 인간 중심주의나 근대 건축의 모토인 기능과 질서 등 건축을 설계하는 데 있어 기본 전제라고 인정되어 온 이런 조건들을 모두 내려 놓고 건축 그 자체로 돌아가자는 과격한 사고다. 아이젠만의 열망은 기능·장소·건물 시스템·인간 중심과 같은 모든 족쇄(?)로부터 건축을 자유롭게 하고 해방하게 된다면, 오히려 근대의 정신은 순수하게 온전히 꽃 필 수 있다고 믿었다. 미술과 철학이 인간 중심에서 탈피해 인간과 관계없는 새로운 미의 추구나 중심이 해체되는 새로운 세계로 나아가는데, 건축만이 아직도 과거의 생각에 머물러 있다고 주장하는 철학적 담론의 영향을 받았다.

아이젠만은 이런 생각을 그의 초기작인 주택 I호에서 주택 IX호의 시리즈에서 실험하고 탐구한다. 이 주택들은 주택이라는 기능적인 프로그램에 의해서 생성된 디자인이 아니다. 그는 건축의 요소들이 어떤 기능과 관련될 경우 그것은 형태가 의미로 연결된다고 생각했다. 예를 들면 기능기둥·벽·보을 일반적이거나 관습적이지 않은 방식으로 배치한다. 그는 이런 추상적 배치의 체계를 통사 구조syntax라 칭한다. 이는 언어학자인 촘스키Noam Chomsky의 변형생성 문법에서 말하는 표층 구조와 심층 구조의 구분에서 아이디어를 얻은 것이다. 다양한 표층에 나타나는 언어들 속에 내재되어 있는 공통적인 기반, 즉 공통적인 문법 체계가 심층 구조이다. 아이젠만은 이런 보편적인 심층 구조, 즉 의미와 상관없는 통사 구조를 찾아 내고 이 통사 구조건축의 구성를 전치·회전·변형함으로써 새로운 가능성을 찾아 가려는 것이다. 이런 이론적·학문적 영향과는 별개로 최종 결과물인 건축의 형상은 근대 건축의 대가인 르코르뷔지에, 주세페 테라니Giuseppe Terragni 등의 '백색 건축'의 영향을 받았음을 알 수 있다.

그의 주장들은 매력적이고 신선하지만 여전히 의문이 들게 한다. 인간 중심이지 않은 건축이 건축일 수 있을까? 기능을 고려하지 않은 건축이 어떻게 인간의 삶을 담을 수 있을까? 이에 대해 그는 아마도 당당하게 이야기할 것이 예측된다.

건축은 건축 자체로서도 이미 충분히 가치가 있다고.

건축을 그 자체만의 근원으로 되돌려서 탐구하는 것은 의미가 있다고.

그리고 우리에게 반문할 것이다. 그렇다면 이 시대가 상징하는 것은 무엇이냐, 건축은 변화하는 이 시대를 나타내야 되지 않느냐고 말이다.

이제는 당신이 숙고한 후 답 할 차례이다.

해체주의 건축?

평론가, 비평가 그리고 건축인 등 많은 사람들이 피터 아이젠만을 '해체주의 건축가'라고 칭한다. 1988년 해체주의 건축전의 대표 건축가 및 이론가로 소개되면서 이런 현상은 더욱 확대되었다. 현대 철학자 중 해체주의 철학을 주장하는 자크 데리다와의 친분·교류·공동 작업은 더욱 그를 '해체주의 건축가'로 규정하게 만들었다. 그러나 아이젠만은 수많은 대담과 인터뷰를 통해서 이를 거부하거나 싫어하는 표현임을 지적했다.

"나는 해체라는 단어를 사용하지 않았기 때문에 해체를 결코 정의하지 않았습니다. 비평가들은 내 작품에 대해서 이 해체라는 단어를 사용하는데, 이 단어 자체는 내 작업에 도움이 되지 않습니다."

줄리아 체미악Julia Czemiak은 이렇게 강조한다.

"그것은 당시 그가 데리다의 해체 이론이 건축에 어떤 의미를 가지고 있는지 밝혀 내려고 했던 시기였다. 그러나 해체주의 건축이나 해체주의 건축가란 없다. 사람들은 사방을 살펴보고, 이해할 수 없으면 그냥 해체주의라고 말한다."

오히려 철학가 자크 데리다의 옹호가 그럴 듯하다.

"건축가는 경제적·정치적 권력자와 일하지 않을 수 없는 사람들이다. 그래서 건축은 구조를 해체시키는데 가장 힘들고도 가장 효과적인 방식이다. 피터 아이젠만은 인간적인 척도에서 또 인간 중심적인 기준에서, 그리고 확고한 휴머니즘에서 자유롭다. 그는 동일한 건축 앙상블 내부에서 척도를 변형시키고 있으며, 인간은 이 건축 구조의 척도가 아니다. 해체라 칭하는 것은 어떤 전통에도 자리 잡지 않은 방식을 뜻한다."

결국 아이젠만과 데리다는 공히 '해체주의 건축'을 잘못 이용되는 개념으로 보고 '건축에 관한 해체 담론'으로 수정하길 원하는 것이다. 기존의 권위·체계·중심 등에 의문을 보냄으로써 그것들을 결과적으로 해체하는 사고는 매우 '현재적'이며, '시대'를 나타내는 것이며, '도덕적'이기까지 하다고 아이젠만은 믿고 있다.

그의 이런 주장에 여전히 의문이 생긴다. 해체주의 건축특히 해체주의 건축 스타일의 광풍이 지나간 지금도 그의 이론과 담론은 여전히 유효할까? 혹 건축에 지나치게 어려운 철학적 담론을 결합시키는 것은 오히려 그가 새로운 건축을 향해서 나아가기 위한 방편이나 핑계로 사용하고자 함은 아니었을까? 건축을 하는데 개념적·이론적 사고를 넘어 철학적 담론이나 미학적 담론에 지나치게 집착하는 것은 아닐까?

하지만 그의 말대로 이 시대는 기존의 질서나 권위, 체계나 중심이 변하거나 해체되고 있다는 것은 사실이다.

건축 철학자이자 스타일리스트

많은 사람들이 피터 아이젠만을 볼 때 그의 철학적 언설에 현혹되어, 그를 주로 건축 철학자 내지 철학적 건축가로만 보지만 한 발 떨어져서 그를 다시 바라보면 그의 실체를 다르게 볼 수도 있다. 피터 아이젠만은 건축가를 세 부류로 나눈다. 개념적 건축가, 현상학적 건축가, 행위적 건축가.

"개념적·현상학적·행위적이라는 세 개의 주요 관점은 각각의 타당성을 가지고 있습니다. 개념적 입장은 의미보다는 아이디어나 생각에 관심을 둡니다. 현상학적 입장은 사물이나 감각적인 공간의 성격에 주의를 기울입니다. 반면 행위적인 관점은 건축을 경험하는 사람과 건축이 그 사람에게 미치는 영향 등을 탐구합니다. 이들이 세 개의 다른 주요 건축적 관점입니다. 개념적 입장은 건축 자체를 표현하며, 여기서 건축은 표현의 수단이 됩니다. 나머지 두 입장은 건축 '안'의 것을 표현합니다. 건축을 표현하는 것과 건축 '안'의 것을 표현하는 데는 엄청난 차이가 있습니다."

피터 아이젠만은 자신과 베르나르 추미, 알도 로시Aldo Rossi 등을 개념적 건축가, 프랑크 게리, 자하 하디드 등을 현상학적 건축가, 그리고 렘 콜하스를 행위적 건축가로 칭한다. 여기서 개념적 건축가는 특히 피터 아이젠만의 경우에는 철학적 건축가라는 말로 치환할 수도 있다. 그의 논설대로 시대의 흐름에 따라 그의 건축은 변해 왔다. 쿠르트 포스터Kurt Foster는 아이젠만의 발전을 다음과 같이 요약한다.

"아이젠만은 건축의 통사론자로 출발해 영역의 의미론자가 되었다. 이후 그는 건축의 지형학자로 변했다."

이 모든 언급들은 피터 아이젠만 모습의 일단을 잘 표현한 것이다. 그러나 글이나 설명이 아니라 아이젠만의 건축을 보면, 몇 가지 스타일로 변해 갔거나 변하고 있는 스타일리스트형식주의자의 결과물로 볼 수 있다.

주택I에서 주택IX의 시대에는 순수기하학주로 상자의 구성과 결합을 시도한 형식주의의 극단을 보여 주었다. 이후 해체주의 건축가라고 불리어질 때에는 순수 기하학적 형태가 꺾이고 겹치고 돌아간 구성과 결합을 함으로써 새로운 형식을 만들어 갔다. 그리고 컴퓨터를 사용함으로써 파동치고 주름지고 중첩되고 접혀서 변형된 형상들의 실험을 일관되게 탐구해 왔다. 컴퓨터는 그에게 새로운 형상의 구축을 도와 주는 장치가 되었다. 도식과 그리드의 조작과 변환은 더 이상 힘들고 정교한 수작업의 결과가 아니라 컴퓨터에 의해 상대적으로 쉽고 자동화된 작업의 결과가 되었다. 이 모든 결과물들은 그가 주장하는 철학적·개념적 이론과 이념을 내려놓는다면, 그것은 순수 기하학적 형태의 변주이거나 지형을 닮은 굴곡지고, 꿀렁거리는 형태의 조작이거나 간에 모두 매우 뛰어난 재미있는 형태를 만드는 자의 솜씨에 다름 아닌 것이다. 물론 그 안에는 당연히 새로운 공간도 있다.

시대를 읽어 내는 세계관과 가치관 그리고 영감으로서 철학과 인문학의

담론은 중요하다. 그러나 인간이 배제된 이론적 표현의 건축보다는 인간과
그 정서를 존중하고 담아 내는 건축이 더욱 좋은 건축이지 않을까. 초·중기
아이젠만의 건축과는 달리 최근 그의 건축은 차가운 이론가의 건축에서
체온의 온기가 느껴지는 스타일리스트의 결과물로 느껴지는 것은 평생
변화를 실천해 온 그의 또 다른 변화이다.

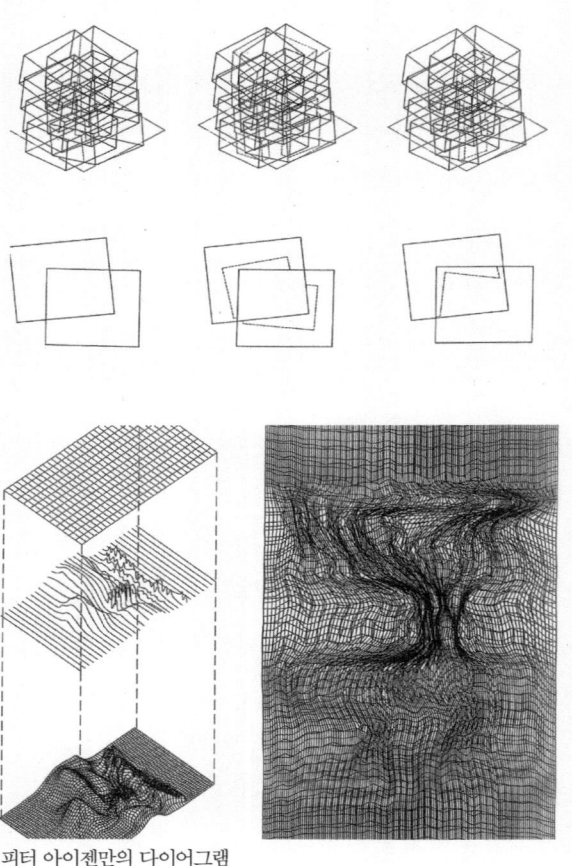

피터 아이젠만의 다이어그램

고이즈미 사 사옥
Koizumi Sangyo Coperation Headquarters, Tokyo, 1988-1990

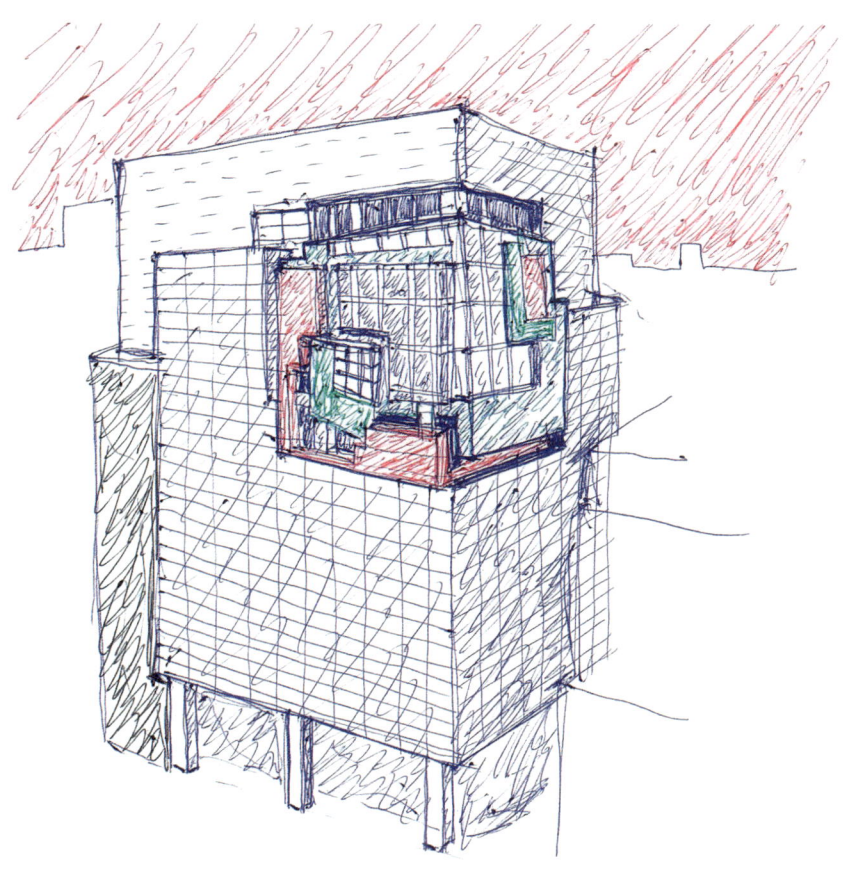

피터 아이젠만은 일찍부터 동양 특히 일본에 관심이 많았다. 서양에서는 별로 강조하지 않는 개념들인 간間: 실체가 아닌 사이의 공간이나 공空: 비움이나 무의 개념은 한계를 가지고 있던 기존 서양의 개념들에 대해 그가 생각하고 있던 대안과 유사한 점이 많았다. 그는 그리스어의 용어들을 가져와서 이를 설명한다.

"서양에서는 장소place라는 의미의 개념, 토포스topos가 언제나 최고로 인정을 받아왔습니다. 이보다 중요성은 떨어지지만, 토포스에 잠재되거나 억압되어 왔던 무장소no place라는 뜻의 아토피아atopia가 있습니다."

그에게 도쿄는 토포스 속에 내재된 아토피아의 개념을 함축한 도시라고 할 수 있다. 서양인이 보기에 도쿄는 대혼란인 것처럼 보이지만, 보이지 않는 질서에 의해 잘 작동되는 균형 잡힌 도시로 이해하는 것이다. 그는 이 프로젝트에서 도쿄라는 도시의 개념과 구조를 적용하고자 했다. 즉 '장소'를 건축하는 것이 아니라 '그 사이의 장소'를 건축하고자 하는 것이었다. 단일한 공간 개념이 아니라 장소의 부재absence of place와 전에 현존했던 장소의 흔적을 추구한다. 다소 난해한 이런 설명은 상부·하부의 비틀고, 회전하며 결합되어 있는 두 L자 형상의 형태와 공간을 만들고자 하는 의도를 설명하는 암호문(?)이 된다. 상부와 하부의 비틀린 L자 형태의 공간은 외부에서의 인지성에도 적절한 효과를 주고, 내부의 공간 체험에서도 그 불안정성으로 인해 현기증을 일으킬 정도의 낯선 신선함을 경험케 하기도 한다. 기존의 관습적인 건물들과는 달리 독특하고 차별화된 인상을 주는 것은 틀림이 없다. 전등회사의 전시 공간으로 활용된다는 측면에서도 프로그램과 그리 불일치하지는 않는다. 그러나 건축이 인간에게 줄 수 있는 정서와 감정의 이입은 없다. 혼란과 현기증을 느끼기 위해

이 건축을 또 방문하고 싶은 생각은 많이 들지 않았다. 조개가 진주를 낳기 위해서는 고통스럽지만 모래를 머금어야 하지만, 이 이례적인 두 형상이 모래 조각과 같은 역할을 해 줄 것이라는 그의 주장이 그리 다가오지는 않았다. 비틀기와 불안정만이 우리에게 유일한 자극으로 작용할까? 동북아시아의 전통적인 간間과 공空의 공간이 훨씬 더 자연스럽고 건강하지 않을까? 그리고 그가 말하는 장소의 부재와 전에 현존했던 장소의 흔적과는 이 형태와 공간은 연관이 있는 걸까? 그의 언설은 낯설지만 세련되고, 혼란스럽지만 자극적인 형태와 공간을 만들기 위한 혹시 '위장술'은 아닐까? 많이 양보를 한다 해도, 적어도 이 건물에서 그는 고도로 지적인 스타일리스트로 보이는 것은 어쩔 수 없었다. 현재 고이즈미 사 사옥은 개조에 의해 처음 모습이었던 연두색과 핑크색의 두 가지 L자 형태들이 흰색으로 동일하게 칠해져 있다. 계절이 변하듯 건물도 변한다는 데에 이의는 없지만 이런 변화를 '변화의 실천가'인 아이젠만은 어떻게 바라볼지 궁금하기만 하다.

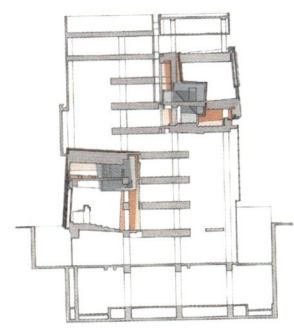

피터 아이젠만 Peter Eisenman

유럽 유대인 학살 추모관
Memorial to the Murdered Jews of Europe, Berlin, 1998~2005

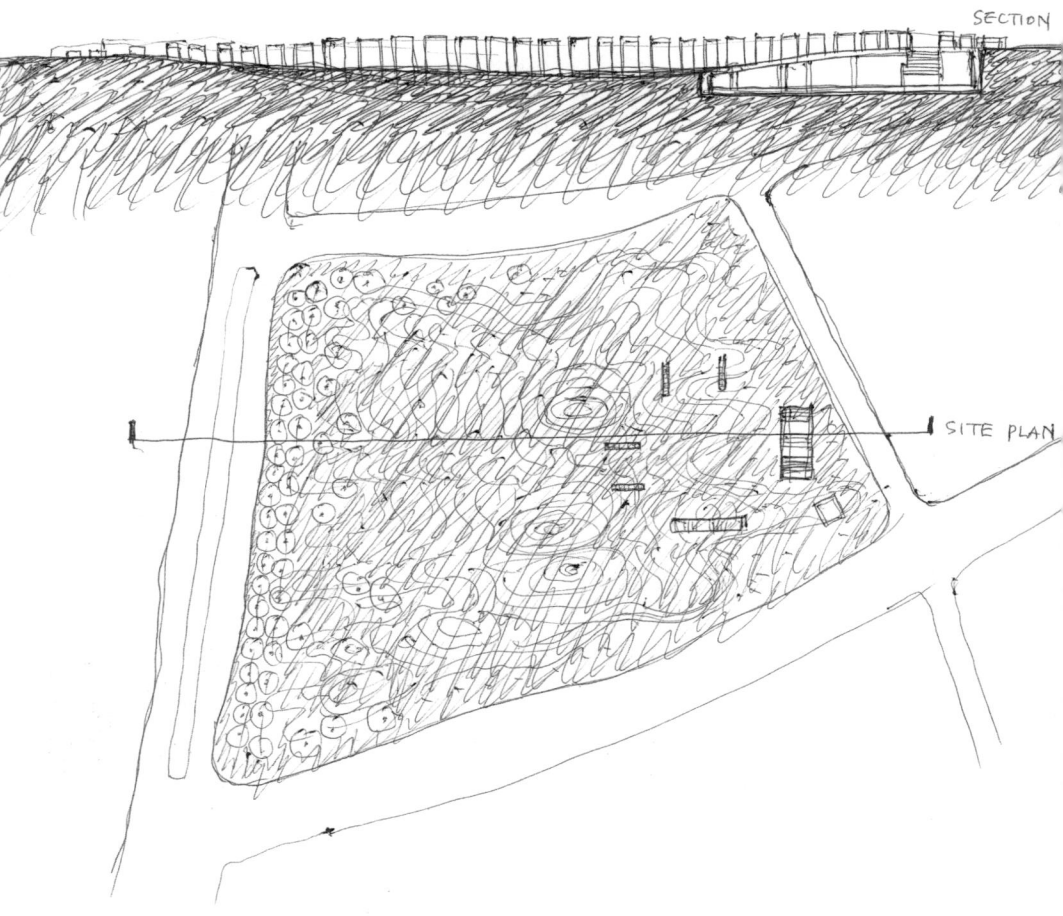

피터 아이젠만 Peter Eisenman

독일의 베를린 시는 과거 동독과 서독의 수도로서 둘로 나뉘어 있다가
1990년 3월 통일이 되어 통일국가 독일의 수도가 되었다. 여러 우여곡절 속에
현재의 베를린 시는 독일뿐 아니라 유럽을 대표하는 도시가 되었다. 베를린
시는 세계를 대표하는 '현대 건축의 박물관 도시'라 불러도 좋을 만큼 수많은
걸작 건축 작품들이 있다. 이는 아마도 독일 정부의 야심찬 계획의 일환임에
틀림없다. 그 면면을 잠시 언급하면 노먼 포스터의 국회의사당, 렌조 피아노의
포츠담 복합시설, 데이비드 치퍼필드의 베를린 신 박물관, 렘 콜하스의
네덜란드 대사관, 헬무트 얀Helmut Jahn의 소니센터, 다니엘 리베스킨트의
유대 박물관, 장 누벨의 라파에트 백화점, 프랭크 게리의 DG은행 등
이루 헤아릴 수 없다.

피터 아이젠만이 설계한 유럽 유대인 학살 추모관도 베를린에 있다.
이 프로젝트는 유대인에게 잔인했던 역사를 회고하기 위한 것이다. 정확히
2,711개의 검은색 노출콘크리트 석비기둥·비석·돌무덤·관으로 해석될 수도 있다들의
장관이 도시의 중심에 펼쳐지는 이 작품은 관람객에게 잊지 못할 건축
체험을 제공한다. 시작도 없고 끝도 없이 펼쳐지는 이 석비는 폭 95센티미터,
길이 2.375미터, 높이는 0에서 4미터까지 다양하다. 기둥 사이의 간격은 폭과
같이 95센티미터로 겨우 한 사람이 통과할 수 있을 정도이다. 엄격할 정도의
질서정연함을 깨는 것은 굴곡진 지면의 변화와 더불어 펼쳐지는 석비 높이의
변화이다. 평면에서 보이는 석비와 그 사이 공간의 규칙적인 시스템과는 달리,
굴곡진 구릉지의 지면과 변화하는 석비 상단 높이의 이중적·입체적 파동으로
인해 고정되어 있는 건조물을 살아 움직이는 것으로 만드는 마술이 일어난다.
이곳을 이동하는 관람객들은 공간들이 압축되고 깊어지고 좁아지며
변화하는 특별한 경험을 하게 된다. 여기서 피터 아이젠만의 개념과 전략은
유효하다.

"이 프로젝트는 하나의 체계이성적 격자 그리드로 보이는 것 속에 내재한 불안정성과 시간 속에 소멸되는 것에 대한 잠재적 가치를 보여 줍니다. 이는 예컨대 적절한 크기의 질서정연한 체계가 너무 크게 확대되어 원래의 의도된 비례를 벗어나게 될 때, 인간 이성의 상실을 초래한다는 것을 의미합니다. 그때 이 격자 체계는 내재적인 혼란과 질서 있게 보이는 모든 체계에 잠재된 혼돈의 가능성을 나타내기 시작합니다. 이는 모든 폐쇄된 질서로 이루어진 닫힌 체계는 실패하게 된다는 개념을 상징하는 것입니다."

놀랍게도 이 어두운 석비의 공간과 풍경은 희로애락을 담는다. 홀로코스트로 희생된 유대인을 추모하고 애통해 하는 장면은 물론 사람들은 잠시 석비 의자에 앉아 휴식을 취하거나 점심을 먹고, 아이들은 숨바꼭질을 하거나 석비들을 훌쩍 뛰어다니기도 한다. 이 건물을 통해 홀로코스트의 아픔은 과거의 흔적으로 되돌려지고, 미래와 화해를 한다. 검은색 무덤에 바쳐진 추모의 꽃은 과거에 대한 반성과 미래에 대한 각오를 상징한다. 이번 설계의 개념인 불안정성과 혼돈이 인간의 삶을 그대로 담아 내는 아름다운 결과를 낳은 것은 작은 기적이다. 여기서 차가운 이론은 인간의 감정과 정서와 화해를 한다. 그도 나이가 들면서 이제 그도 90이 넘었다 조금씩 확고한 그의 사고들이 변해 가나 보다. 수십 년간 항상 메고 다니는 그의 표식인 나비 넥타이를 풀고 있는 모습을 왕왕 볼 수 있으니 말이다.

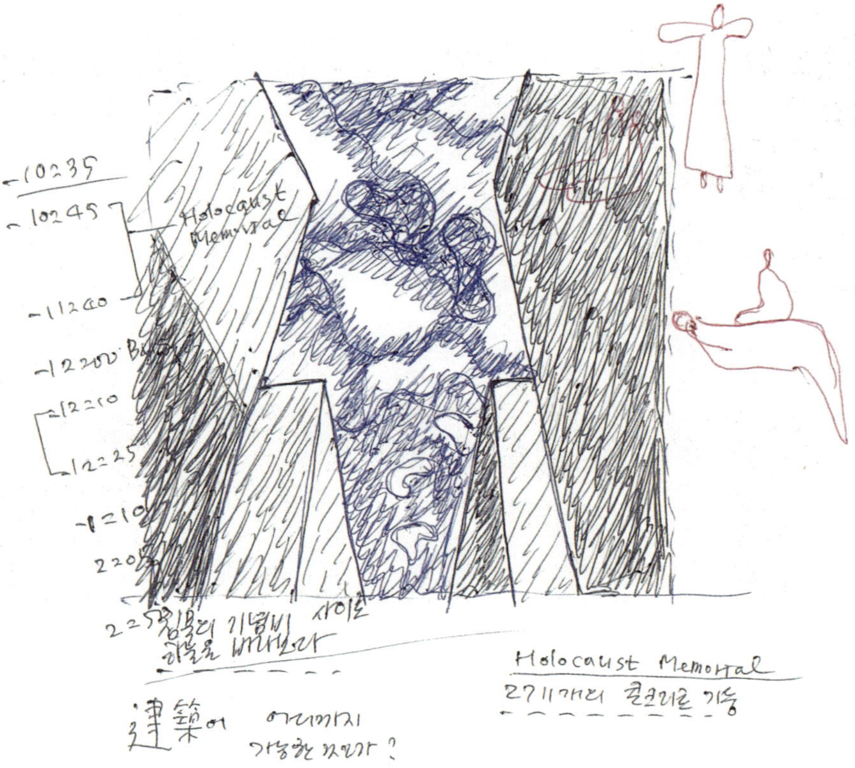

-10235
-10245
-11240
-12200 Base
-12210
-12225
-1210
2200

Holocaust Memorial

2250 희생자 기념비 사이로
하늘을 바라보라

Holocaust Memorial
2711개의 콘크리트 기둥

建築이 어디까지 가능할 것인가?

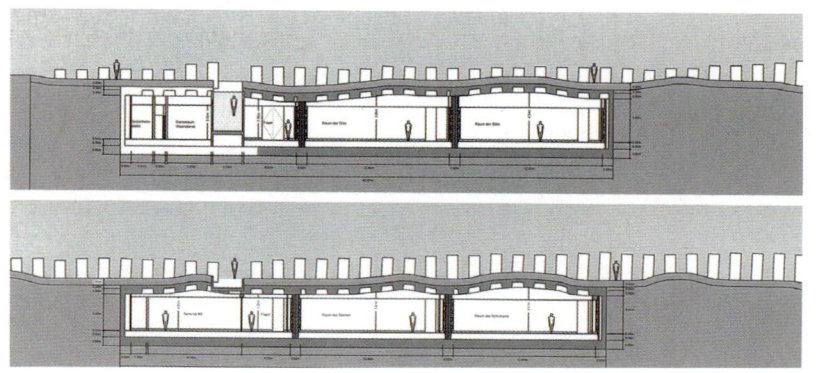

피터 아이젠만 Peter Eisenman

시작도 없고 끝도 없이 펼쳐지는 이 석비는 폭 95센티미터,
길이 2.375미터, 높이는 0에서 4미터까지 다양하다.
기둥 사이의 간격은 폭과 같이 95센티미터로 겨우 한 사람이
통과할 수 있을 정도이다.

피터 아이젠만 Peter Eisenman

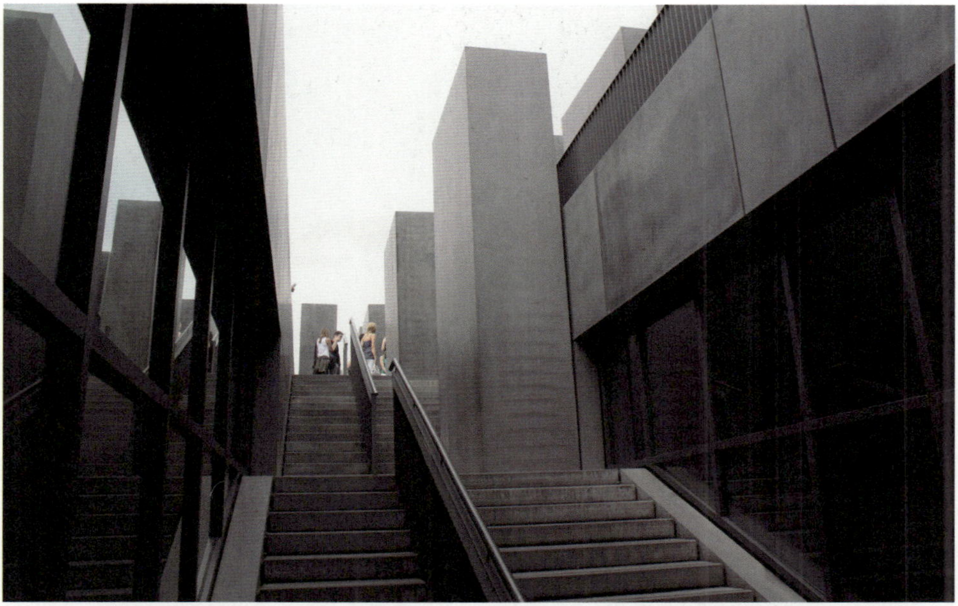

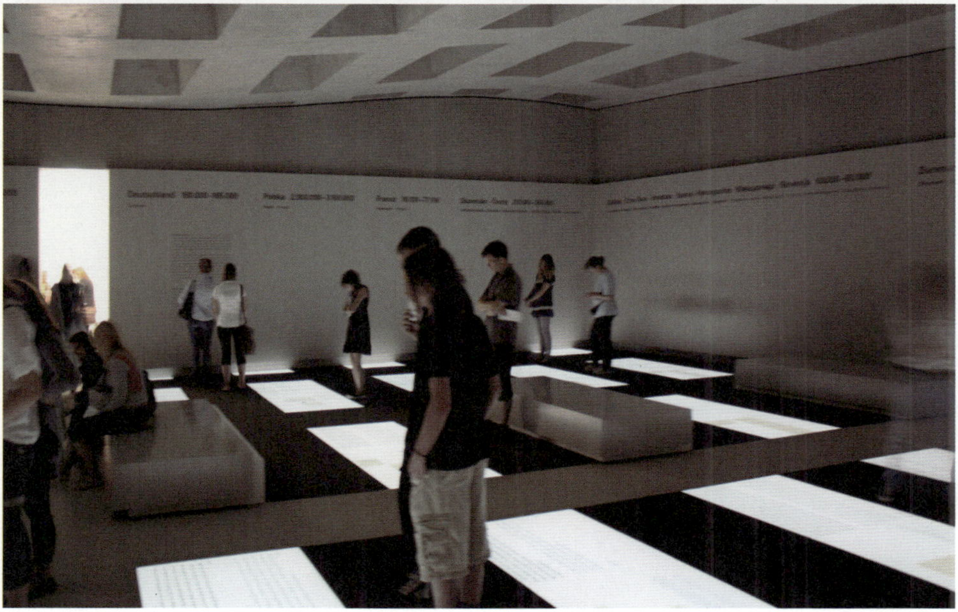

건축으로
새로운 드라마를 쓰는
극작가

렘 콜하스
Rem Koolhaas,
1944~

1944년 네덜란드 로테르담에서 태어났다. 아버지는 작가이면서 연극 비평가 겸 영화학교 교장이었다. 여덟 살 때부터 4년 동안 인도네시아에서 지냈다. 네덜란드에서 저널리스트이자 영화 시나리오 작가로 활동했다. 비교적 늦은 나이인 스물다섯 살에 영국 AA스쿨에서 건축 공부1968~1972를 하고 건축가의 길을 들어섰다. AA스쿨을 졸업하고 미국으로 건너가 뉴욕 건축 및 도시계획 연구소에서 객원 연구원으로 활동하면서 세계에서도 특별한 도시인 뉴욕을 연구하여 첫 저서인《광기의 뉴욕: 맨해튼에 대한 소급적 선언서*Delirious New York: A Retroactive Manifesto for Manhattan*》1978를 출간했다. 1975년 건축사무소 OMAOffice for Metropolitan Architecture를 설립하고 세계 건축계에 주목할 만한 아이디어와 계획안을 발표했다. 작품과 저작을 병행하는 독특한 행보로 세계 건축계에 이슈를 지속적으로 던져 주고 있다.

현 시대에 가장 큰 영향력을 가지고 있고, 각광 받는 건축가는 누구일까? 이 질문에 여러 건축가의 이름이 거론될 수 있을 것이다. 사실 건축계의 노벨상이라고 불리는 프리츠커 상을 탄 모든 건축가들이 대상이 될 수도 있고, 그들이 아니어도 유명 건축가로 회자되는 스타 건축가들 상당수가 거론될 수 있다. 마치 올림픽에서 금메달을 놓고 경쟁하듯이 서로 자국의 건축가가 최고라고 논쟁할 수도 있다. 그러나 국적을 떠나 세계 여러 나라에서 작업을 하고 새로운 건축 어휘나 이론 형성에 커다란 영향을 미친 것은 물론 자신 못지않은 눈에 띄는 건축가들을 배출했다면, 여기에 프리츠커 상 위원회에서 21세기를 여는 2000년도 프리츠커 상 수상자로 선정하기까지 했다면 시대를 이끌어갈 수 있는 가장 영향력 건축가로 꼽아도 되지 않을까. 바로 네덜란드의 건축가 렘 콜하스가 바로 그이다. 우리나라를 비롯하여 전 세계에 그가 설계한 건축물들이 지어졌거나 지금도 지어지고 있고, 그의 저작물 《광기의 뉴욕: 맨해튼에 대한 소급적 선언서》1978, 《S, M, L, XL》1995, 《컨텐트CONTENT》2004는 세계 건축계에 큰 영향을 끼쳤고, 지금도 여전히 읽히고 있다. 전 세계에 벌어지는 그의 강연에는 웬만한 스타 연예인을 능가하는 수의 청중이 몰린다.

　이런 높은 인기와 명성과 달리 그의 건축과 건축 사고는 쉽게 파악되지 않는다. 하나의 고정된 스타일을 고수하지 않고, 변화와 비 일상성을 추구하기에 기존의 건축가들과 그들의 작품을 바라보는 방식으로는 실체가 잘 보이지 않는다.

건축으로 시작하지 않은 건축가

로테르담에서 태어난 렘 콜하스는 비교적 늦은 나이인 스물다섯 살에야 영국의 AA스쿨에서 건축을 공부하기 시작한 "건축으로 시작하지 않은 건축가"이다. 그래서인지 렘 콜하스의 아이디어·건축·언설·저서들은 건축계의 관행으로 보면 매우 낯설고 신선하고 자극적이고 흥미롭다. 그는 기존의 사고 방식으로는 파악하지 못하는 것을 이해하는 능력과 계속 존재하고 있었지만 보지 못했던 것을 볼 수 있는 눈을 가지고 있다. 네덜란드에서 저널리스트이자 영화 시나리오 작가로 활동한 경험 덕일 것이다. 그것은 마치 바둑을 두고 있는 전문가보다 훈수 두는 사람이 때때로 수를 더 잘 보는 것과 같다.

렘 콜하스가 얼마나 '쿨'하게 사실을 잘 직시하는가 보여 주는 말이 있다. "오늘날, 건축의 가치는 완전히 변했습니다. 엘리베이터 때문입니다."

그래, 그렇다. 현대 도시와 그 속에 점유해 있는 건물들은 엘리베이터로 인해 얼마나 변했는가.고층 건물이 들어선 현대 도시의 모습은 엘리베이터에서 기인했다.

그는 건축 세계에만 갇혀 있는 것이 아니라 대중·미디어·삶·문화 등에 체질적으로 건축보다 폭넓은 시각을 가질 수 있는 바탕을 가질 수 있었다. 이 점이 렘 콜하스를 이해하는 데 가장 중요한 점이다. 왜 그의 사고의 폭이 넓게 보이는지, 왜 그의 책이 건축 세계에만 머물러 있지 않은지, 미디어와의 게임을 그렇게 잘하는지, 그의 건축과 사고는 왜 그렇게 신선한지, 설계 실무와는 다른 형태의 조직을 이끄는지, 때때로 그의 건축의 디테일은 왜 그렇게 조악한지….

오히려 건축 안에서, 건축의 틀 속에서, 건축으로 시작하지 않은 것은 그가 현재 위치에 있게 하는데 큰 힘이 된 것이다.

그 대표적 힘 중 하나가 그가 쓴 책들이다. 책을 통해 자신의 건축적 사고와 실력을 쌓아 나갔고, 건축보다는 책으로 먼저 세계에 이름을 알렸다. 그의 도시와 건축에 대한 사상적 토대가 되었던 《광기의 뉴욕: 맨해튼에 대한 소급적 선언서》를 시작으로, 세계적 베스트셀러가 된 《S, M, L, XL》를 출간했다. 이 책의 제목은 우리가 일상에서 흔히 사용하는 단위 체계인 'Small', 'Medium', 'Large', 'X-Large'를 나타낸다. 네 가지 크기별로 분류하여 건축뿐 아니라 현대 도시에 대한 에세이·담론·여행기·일기·OMA 사무소의 각종 기록 등을 이미지 위주의 콜라주로 구성한 벽돌 두 장 크기의 이 두꺼운 책은 스테디셀러가 되었다. 이외에도 하버드대학 학생들과 함께 작업해 현대인과 현대 도시의 상업적 욕망과 영향을 기술한《하버드 쇼핑 안내서Harvard Design School Guide to Shopping》2001, 중국의 변화에 대한 호기심과 전략이 녹아 있는《대약진Great Leap Forward》2001, 자신이 종횡무진 활약하고 있는 것을 집대성한 내용들로 채워져 있는 영화적 홍보물이자 작품집 그리고 건축 담론서인《컨텐트》등이 있다.

남들보다 늦게 건축 학업을 시작함으로써 오히려 기존 건축계가 인식하지 못하고 있거나, 안주하고 있었던 영역을 새롭게 발견하고, 도전적으로 나아갈 수 있었던 렘 콜하스를 통해서 다시금 느끼는 것은 삶의 아이러니이다. 늦게 시작하는 것이 꼭 늦는 것은 아니라는 것을.

아방가르드와 거장 연구

AA스쿨에서 건축을 공부하기 시작한 렘 콜하스는, 여기서 그의 평생의 밑바탕이 된 근대 건축의 거장들과 아방가르드 건축운동이라 할 수 있는 러시아 구성주의에 대하여 눈을 뜨게 된다. 러시아 구성주의자들은 1917년 러시아 혁명에 의한 문화, 생활의 변혁을 현실화하려는 목적을 가지고 프로젝트를 새롭게 시도했다. 그들의 공상적이고 역동적인 계획들은 렘 콜하스에게 깊은 영향을 주었는데 실제 몇 번이나 러시아를 방문해, 구성주의자들 중 한 명인 이반 레오니도프Ivan Leonidov에 관한 논문을 썼다.

"AA스쿨에서 나와 같은 생각을 하고 있던 네덜란드 유학생,

게리트 우르수스Geritt Oorthuys와 알게 되었어요. 그는 이미 실무를
한 건축가였으며, 동시에 역사에 관심이 많아 러시아 구성주의에
관해 연구하고 있었습니다. 그와 함께 러시아를 몇 번 방문하면서
레오니도프에 관한 논문도 썼죠. 러시아로 가서 레오니도프의 미망인을
만난 것은 멋진 모험이기도 했어요. 그녀는 긴즈부르그Moisei Ginzburg가
설계한 아파트에 살고 있었는데, 여행 가방과 반침 속에서 많은
자료를 발견할 수 있었습니다."

그는 러시아 아방가르드에 대한 이런 깊은 연구를 통해 역동성·예술과 기술의 결합을 배웠다.

렘 콜하스는 또 다른 건축의 중심으로 파고들게 되는데, 그것은 현대 건축의 거장 미스 반 데어 로에와 르 코르뷔지에이다. 이는 많은 사람들이 생각하지 않는 부분이다. 하지만 이것은 분명한 사실이다. 두 가지 이유가 있다. 첫째, 그는 건축계의 최고가 되고 싶었을 것이다. 따라서 현대 건축계의 거장인 미스와 코르뷔지에를 스승으로 삼고 싶어 했을 것이라는 가설이다. 둘째, 그의 많은 작품이 미스와 코르뷔지에의 조합 내지 렘 콜하스식 변형이다. 예를 들어, 대표적인 주택 작품인 딜라마 주택과 보르도 주택은 유명한 코르뷔지에의 빌라 사부아와 미스의 판스워스 주택의 조합과 변형으로 해석할 수 있다. 두 거장의 대조적인 수법을 하나의 건축 안에 새롭게 혼합하는 것은 렘 콜하스답다. 철 구조와 투명 유리 커튼월이 삽입된 새로운 건축물은 낡은 것을 파괴함과 동시에 그 투명성으로 새로운 관계성을 형성하고미스의 수법, 필로티로 떠 있는 콘크리트 판을 연결하는 산책로의 움직임은코르뷔지에의 수법 공간의 새로운 가능성을 만들 수 있기 때문이다.

렘 콜하스는 건축이 아닌 다른 분야에서 출발하고 사고할 만큼 뛰어나며 다시 건축의 거장들에게 영감을 얻고, 인용해 건축으로 돌아올 만큼

전략적이다. 고도로 발전하고 복잡한 자본주의 세계에서 게임을 하며 이를 이끌어 가려면, 연구하는 건축가이자 화려한 스포트라이트를 받는 스타여야 함을 아는 명민함이 그에게는 있는 것이다.

"더할수록 좋다"

스위스 건축가 피터 줌터의 화두가 "적을수록 좋다"라고 한다면, 렘 콜하스의 화두는 "더할수록 좋다"이다. 이 시대를 대표할 수 있는 두 건축가의 위치는 '대칭점'에 있는 것이 아니라 '대척점'에 있다. 거의 모든 면에서 양 극단에 있는 두 건축가를 비교해 보는 것은 매우 흥미롭고 렘 콜하스를 이해하는 데에도 좋은 방법이다. 비교라는 방식이 실체의 모두를 알려 주지는 않지만 비교함으로써 상당히 많은 부분을 잘 인식할 수 있기 때문이다.

현란하고 빠르게 변화하는 렘 콜하스가 이 시대를 더 상징하겠지만 고독한 은둔자인 피터 줌터가 있어 이 시대의 균형을 맞춰 주는 것은 아닐까? 그리고 그들의 건축이 세상에 대해 다른 방식으로 의미 있는 이야기를 전해 주기에 소중하다.

"더할수록 좋다"나 "적을수록 좋다"의 문제는 옳고 그름의 문제가 아니고 정체성의 문제이다.

자! 당신은 어디에 서 있는가. 어느 한 쪽 극점에 있는가 아니면, 그 사이에 있는 무수한 점들의 변위 사이에 있는가.

프로그램과 구조가 결합된 건축

렘 콜하스가 뛰어난 점은 전통적인 건축의 기본 요소인 공간, 형태 만들기에서 프로그램으로 관심을 돌리게 하는 점이다. 시대가 달라짐에 따라 인간의 삶도 달라지고 인간 행위의 기능들도 달라진다. 이런 인간 행위의 프로그램들도 과거와는 다른 해석이 필요하게 되었다. 그의 책에서 보이는 많은 다이어그램들은 새로운 인간의 삶에 대한 해석의 결과이다. 그는 프로그램을 창의적으로 새롭게 조직하거나 심지어는 조작까지 한다고 볼 수 있다.

그리고 이 프로그램의 구성을 그대로 건축으로 표현한다. 이때 그 결과로 나오는 공간과 형태는 신선하고 낯설고 자극적이다. 그래서 새 시대를 표현하는 건축이 될 수 있다. 사실 이 프로그램을 건축으로 구축하는 힘은 다름 아닌 건축의 구조에 있다.

대학 건축과의 교육에서 건축 구조 수업은 디자인을 지향하는 학생들에게는 듣기 괴로운 시간이었고, 구조 엔지니어를 지원하는 친구들만 열심히 듣는 따분한 시간이었다. 실무에서도 건축 설계와 구조는 일상적인 건축 계획을 산술적으로 계산하며 풀어 내는 분야 그 이상도 그 이하도 아닌 경우가 대부분이었다. 그러나 렘 콜하스는 건축의 큰 힘이 구조에 있음을 일찍부터 간파하고 있었음이 틀림없다. 그리고 그가 추구하고자 하는 비 일상성과 전위의 건축은 정적인 균형이 아닌 동적 균형으로 가능함을 간파하였다. 이러한 추구는 최고의 엔지니어링 회사인 오브 애럽Ove Arup의 천재 구조 건축가 세실 발몬드Cecil Balmond와의 협업으로 가능하게 되었다. 그의 모든 일련의 작품들은 대부분 창조적인 이 구조 엔지니어와의 협업 결과이다. 대표적인 것만 들어도 보르도주택, 쿤스탈, 콘그렉스포, 시애틀 중앙도서관 등 이루 헤아릴 수 없다. 건축과 구조는 본래 하나이며 구조가 건축이 될 때 건축은 장식이나 표피가 아니라 정신과 힘이 된다.

대담하게 역동적이고, 낯설게 새로운 그의 건축의 배후에는 창의적이고 도전적인 프로그램의 해석과 구조의 결합이 숨어 있는 것이다.

스파우 트램 정거장
Spui / Souterrain Tram Tunnel, Hague,
2004

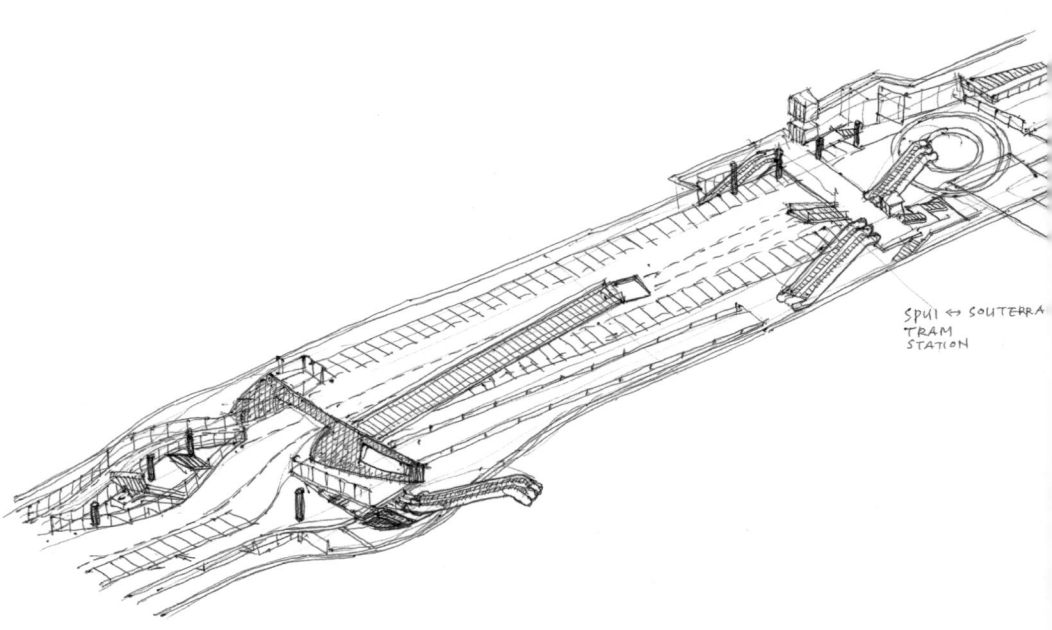

렘 콜하스 Rem Koolhaas

헤이그 시는 네덜란드의 행정 수도로서 우리에게 몇 가지 인연이 있는 도시이다. 구한국말 이준 열사가 가장 먼저 떠오른다. 그는 1907년 고종의 밀서를 가지고 만국 평화 회의가 열리는 네덜란드의 행정 수도 헤이그로 갔으나 일제의 방해로 회의에 참석하지 못하고 조국의 억울한 실정을 온 세계에 알리기 위해 자결했다. 지금도 헤이그에는 이준 열사 기념관이 있어 우리의 기억을 자극한다. 네덜란드 화가 베르메르Jan Vermeer도 떠오른다. "진주 귀걸이를 한 소녀"라는 제목의 소품은 그 신비롭고 아름다운 분위기로 명성을 얻었는데, 2004년에 스칼렛 요한슨 주연의 동명 영화로 더욱 유명해졌다. 이 그림은 헤이그 시의 마우리츠호이스 미술관에 소장되어 있어 전 세계 문화, 미술계 애호가들의 사랑을 받고 있다. 건축과 연관해서는 리차드 마이어의 헤이그 시청사와 그 옆의 렘 콜하스의 초기작 헤이그 국립 무용극장이 있다. 정작 그 근처의 지하에 있는 스파우 트램전차 비슷한 것으로 주로 지상에 다닌다 정거장은 잘 알려져 있지 않다. 그러나 선형 공간의 다층적인 결합이 조화로운 스파우 트램 정거장은 숨겨진 렘 콜하스의 수작이고, 그의 작품 중에서도 대표작의 반열에 올려 놓고 싶은 뛰어난 건축이다.

지상 도로와 지하 주차장, 보행 공간 그리고 트램 운행 구간으로 나뉘는 네 개의 켜를 새롭게 해석해 결합했다. 각 공간은 변화하는 이동의 선형 띠이다. 이들은 경사로·계단·에스컬레이터가 연결하거나 띠 자체가 경사로나 계단이 된다. 그러면서 연출되는 선형 공간, 즉 선형 띠의 긴 공간은 상부에서 슬쩍 내려오는 자연의 빛과 내부의 인공 빛이 어우러지며 매우 역동적이고 매력적인 공간을 생성한다. 일상에서는 체험할 수 없는 지하 세계가 길게 펼쳐져 있는 것이다. 또한 사람이 이동하는 공간에 새로운 선형 띠를 추가했는데 그것은 놀랍게도 문화의 띠이다. 렘 콜하스의 특징이 프로그램을 만들어 내는 것임을 생각해 보라. 각종 미술이나 디자인 문화 관련 내용을 전시하거나 홍보하여 지하 트램을 타는 단순 기능의 구조물이 아니라 문화공간의 건축이 된다.

    트램을 승차하거나 하차하는 곳은 목재 바닥재로 마감하여 따뜻한 느낌을 주고 벽은 지하 동굴 같은 거친 마감을 해 대조를 이루며, 새로운 건축적 체험을 가능케 한다. 너무 일반적이어서 새로운 건축을 시도하기에는 어려울 수 있는 지하 트램 시설이 새로운 건축적 산책의 공간으로 탄생한 것이다.

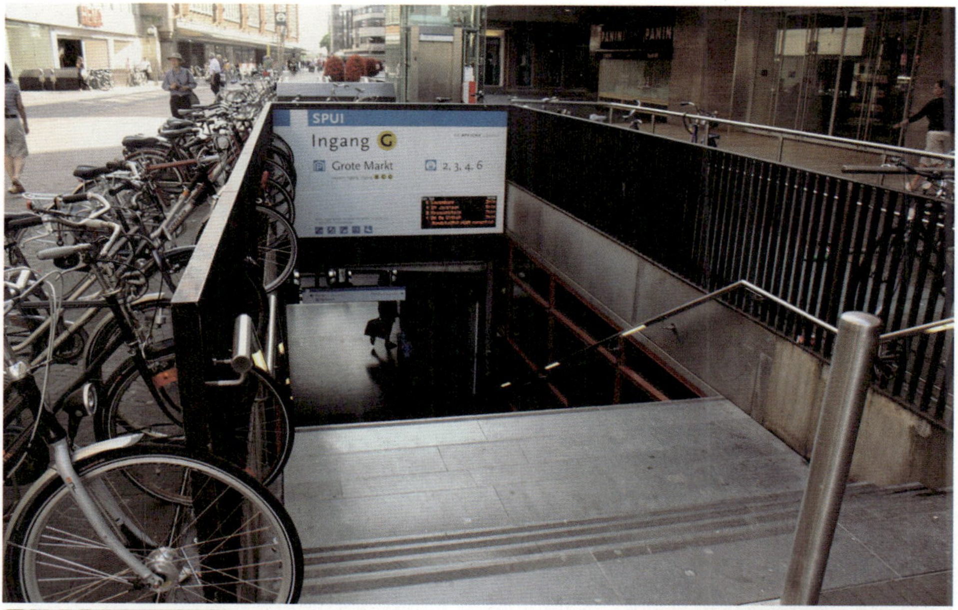
SPUI
Ingang G
Grote Markt
2, 3, 4, 6

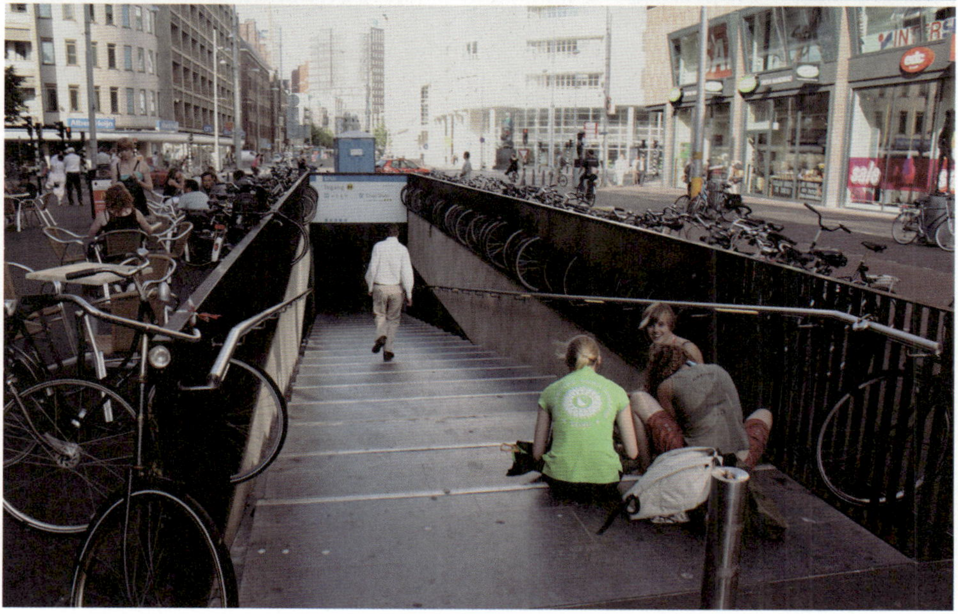

렘 콜하스의 특징이 프로그램을 만들어 내는 것임을
생각해 보라. 각종 미술이나 디자인 문화 관련 내용을
전시하거나 홍보하여 지하 트램을 타는 단순 기능의
구조물이 아니라 문화공간의 건축이 된다.

로스앤젤레스 프라다
Prada LA Store, Los Angeles, 2004

렘 콜하스 Rem Koolhaas

미국 서부를 대표하는 도시 로스앤젤레스는 미국 제2의 도시로 1년 내내 캘리포니아의 축복 받은 햇살과 청명한 하늘로 천사의 도시라 일컬을 만하다. 영화의 메카인 헐리우드가 있고, 미국 내 한국인이 가장 많이 살고 있는 코리아타운이 있어 우리에게는 특히나 친숙한 도시이다.

    로스앤젤레스 최고의 부자 동네 베버리 힐스 아래쪽에는 로데오 거리가 있다. 소위 명품이라고 부르는 각종 디자이너 상점들과 고가 브랜드 상점들이 모여 특유의 가로 풍경을 형성하고 있다. 약 3층 높이의 명품 상점들이 어깨를 나란히 하고 서 있는 풍경은 넓은 보행자 도로와 온화한 로스앤젤레스의 날씨와 더불어 쾌적하고 멋진 가로가 되었다. 이 중 하나의 매장인 프라다 상점을 렘 콜하스가 디자인했다. 단순한 외관과 달리 이 건축에는 실로 복합적인 내용이 숨어 있다. 다른 명품 상점들은 내부의 고가 상품 보호라는 명목으로 견고한 성이 되어 육중한 문을 가지고 있다. 그러나 이 건축은 문이 없다. 경계가 사라진 것이다. 오직 에어 커튼만이 외부 환경과 내부 공간을 막을 뿐이다. 이러한 경계의 소멸은 매우 충격적이기까지 하다. 보행자들은 자연스럽게 쇼핑의 성전으로 이동을 하게 된다. 물론 밤에는 알루미늄 판이 지면에서 솟아올라 건물을 밀폐한다. 목재 마감재로 구성된 계단의 언덕은 이동의 통로이자 전시 공간이기도 하다. 그러나 더욱 흥미로운 것은 이 언덕이 상부의 좌우 공간을 시소의 축과 같이 붙잡고 있는 구조의 중심 역할을 하는 것이다. 그럼으로써 상부의 매스는 더욱 가볍게 떠 있는 부유감을 획득하고 경계의 소멸을 더욱 강조한다. 단순한 박스 구성이지만 내부 동선은 매우 역동적으로 매장 안 상품들을 이리저리 쇼핑하게 만든다. 전체 매장의 구성은 다양한 볼륨넓이·깊이·형태의 조합으로 되어 있어, 공간의 변화를 자신도 모르는 사이에 체험하게 되는 것이다. 렘 콜하스가 디자인한 뉴욕 프라다의 수평적 구성과 구별되는 수직적 구성이 흥미롭다. 뉴욕 프라다처럼 문화적 변형의 장치가 없는 것은 아쉽지만, 여전히 관습적인 경계가 있는 뉴욕보다는 경계가 소거된 로스앤젤레스 프라다에서 그는 시대성을 주제로 한 새로운 시나리오를 쓰고 있는 것이다.

카사 다 뮤지카
Casa da Musica, Porto,
2001~2005

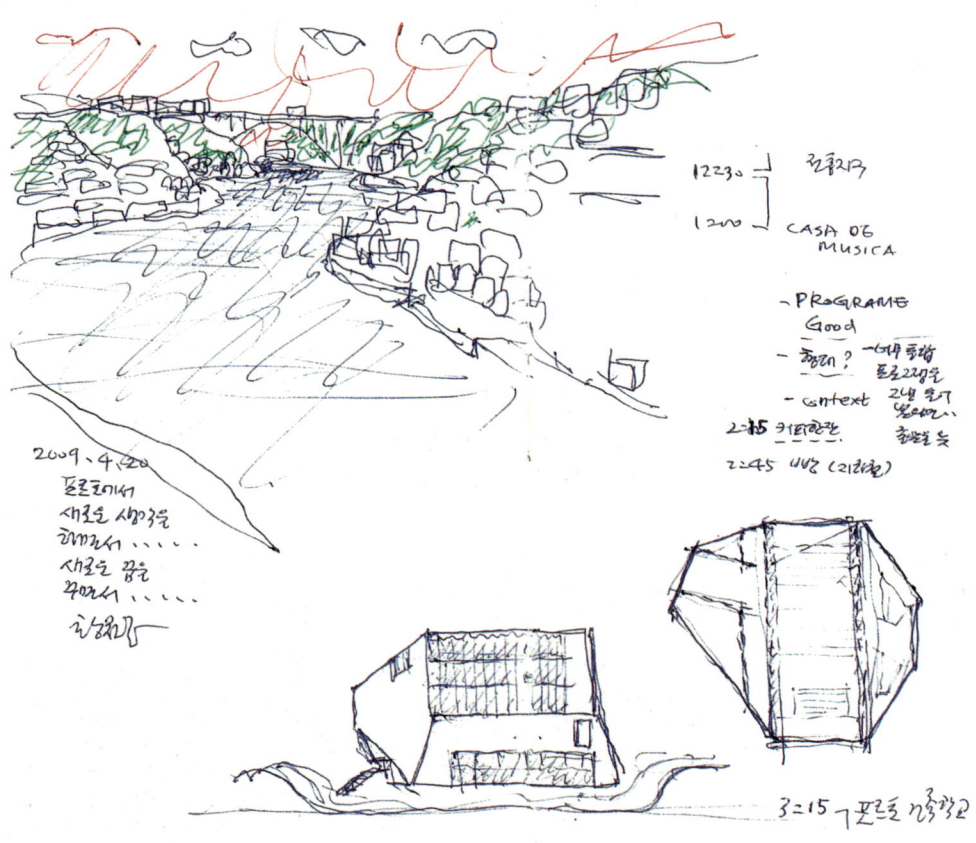

렘 콜하스 Rem Koolhaas

알바루 시자의 사무소가 있는 포르투갈의 포르투 시는 세계 유네스코 문화유산에 등재되어 있는 옛 중세의 도시 영역들과 특별한 풍취의 포르투 와인으로 유명하다. 이 변하지 않는 매력적인 도시가 유럽 문화도시로 2001년 선정된 이후 포르투갈의 문화부 장관과 포르투 시는 도시를 위한 다양한 도시적·문화적 건축물을 준비하고 건축하기 위한 기구인 포르투 2001을 창립했다. 포르투의 역사적 중심지인 보아비스타 원형광장에 인접한 대지에 신축할 콘서트 홀 신축 국제 지명 현상설계를 개최했다. 여기서 렘 콜하스의 OMA가 당선되었다.

렘 콜하스의 전략은 몇 가지로 요약될 수 있다. 첫째, 오래된 도시와 강한 대비를 이룬다. 둘째, 콘서트 홀에 음향학적으로 가장 좋다는 직육면체 공간을 유지한다. 셋째, 전체적인 면에서 직육면체_{콘서트 홀을 말함}를 건물의 외곽에 면하게 함으로써 양쪽으로 뚫려 있는 콘서트 홀을 만든다.

이와 같은 그의 개념은 비교적 성공하였다. 마지막부터 거꾸로 본다면 콘서트 홀 앞뒤가 다른 콘서트 홀과 달리 건축 외관에 면해 있고 이 면을 유리_{그는 특이성을 강조하기 위해 굴곡 유리를 사용하였다}를 사용해 콘서트 홀 내부에서도 도시를 바라볼 수 있게 계획한 것은 시각적 확대감과 시원함을 주며 오래된 고도 포르투 시를 느끼게 할 수 있다는 점에서 매우 성공적이었다. 결과적으로 도시와 하나가 되게 하는 의미가 되었다.

직사각형 형태를 유지하면서 전체 형태 속에 여러 다른 기능을 조각처럼 끼워 넣을 수 있게 입체적으로 구성한 것은 콘서트 홀 외곽으로 미로와 같은 회유하는 동선을 만들어서, 결과적으로 매우 역동적인 건축적 산책로를 만들 수 있어 역시 좋았다. 제약이 오히려 창의적인 공간과 동선을 만들게 한 것이다. 마지막 오래된 도시와의 대비는 노출 콘크리트의 강한 기하학적 형상으로 일단 성공하였지만, 그 대비를 통한 조화에는 아쉬움이 있다.

조화보다는 부조화 쪽으로 평하고 싶다. 배타적이고 견고한 콘서트 홀의 외관으로 인해 기존 도시와는 불협화음을 이루고 있기 때문이다. 오히려 전면의 푸르른 보아비스타 공원과 대조적으로 인공적인 구릉을 만든 콘서트 홀의 외부 공간이 더욱 대조미가 이루어져 있다. 옛 포르투와 새 포르투의 만남은 건축의 형태보다는 건축의 내부 체험에서, 그리고 광장과 공원의 외부 공간에서 이어지고 확대되어 있다. 이런 대비를 통한 모순적 조화가 무시하지도 못하고, 버릴 수도 없는 과거를 미래 사회가 어떻게 해야할지에 대해서 렘 콜하스가 제시하고 싶은 한 해답일 것이다.

렘 콜하스 Rem Koolhaas

예술가? 건축가?

프랭크 게리
Frank O. Ghery, 1929~

1929년 2월 28일 폴란드 계 유태인 이민자의 후손으로 캐나다에서 태어났다. 열여섯 살 때 로스앤젤레스로 이주했는데, 자유분방하고, 개방적이고, 다양함이 혼재된 이곳의 분위기가 그의 작업에 많은 영향을 미쳤다고 한다.

학교를 졸업하고 빅터 그루엔 설계사무소 Victor Gruen Associates에서 실무를 익혔다. 그는 많은 예술가들과 교류했는데, 이것이 그를 '예술가와 같은 건축가'로 만들어 주었다.

티타늄의 금속 재료가 저녁노을에 황금빛으로 물들고 있다. 비행기에 주로 쓰이는 비싼 재료가 파격적인 형상으로 건축물의 옷이 되었다. 도시를 가로지르는 네르비온 강에 건물이 반사되어 비추면 방문객은 자신도 모르게 운명처럼 스페인의 한 도시에 와 있음을 깨닫는다.

스페인 북서부 바스크 지방에 자리한 작은 도시 빌바오는 철광석이 풍부한 분지에 둘러싸여 일찍부터 철광석을 이용한 관련 산업제철, 조선 등이 발달한 공업도시였다. 하지만 1970년대에 들어서 국제 경쟁력을 상실하고 점차 몰락의 길을 가게 되었다. 침체에 빠진 도시를 살리기 위해 바스크 지방정부는 과감한 시도를 했는데, 그것은 공업도시 빌바오를 문화예술의 도시로 변화시키는 계획이었다. 그 기폭제가 된 것이 바로 빌바오 구겐하임 미술관이다. 티타늄이라는 신소재의 '갑옷'을 입은 자유로운 형태의 미술관은 전 세계에 센세이션을 일으켰고, 인구 30만의 도시는 연간 100만 명의 관광객을 끌어들이는 기적을 이루어 냈다. 기존의 그저 그런 공업도시가 한 건축가의 창의적인 디자인과 주정부의 헌신적인 노력으로 도시를 다시 살리는 드라마를 완성한 것이었다. 이제 빌바오 구겐하임 미술관은 신화가 되었고, 건축가 프랭크 게리는 일반인도 이름을 아는 스타 건축가가 되었다.

건축가를 탐구하고 연구하면서 하나의 믿음을 가지게 됐다.

'그 사람이 그 건축이다.'

대부분의 경우에서 건축가의 기질·성격·특성들이 거의 그대로 자신의 건축으로 표출되는 것을 확인할 수 있었다. 1989년 프리츠커 상을 받은 스타 건축가, 파격의 건축가 프랭크 게리도 마찬가지이다. 박스형 건물이 대부분인 세상에 휘몰아치듯 역동적인 건축, 마치 건축이 아니라 거대한 조각물처럼 보이는 그의 작업의 근원을 어디에서 찾을 수 있을까? 동시대를 사는 다른 건축가들과 특별히 그를 다르게 만든 이유는 무엇일까?

탈무드 정신을 소유한 유대인

폴란드계 유대인 이민자의 후손으로 태어난 프랭크 게리는 어려서부터 탈무드를 읽으며 유대인 문화 속에서 자란 덕에 탈무드의 사고 방식이라고 할 수 있는 질문의 중요성을 알고 있었다.

"탈무드는 모든 것을 물어 보라고 가르쳐요. 첫 번째 단어가 '왜?' 이죠. 그리고 이 '왜'는 평생 나와 내 건축을 따라다녔어요."

기존의 무미건조한 도시 환경에 의문을 가지고, 질문을 던지는 그의 행보는 기존의 건축가와는 매우 다르다. 마치 건축가가 아니라 조각가인 것처럼 보인다. 분열되고 해체된 개성 있는 건축으로 건축계에는 유명한 피터 아이젠만, 다니엘 리베스킨트도 유대인이라는 사실은 그저 우연일까? 유대인들이 가지고 있는 기존의 것을 그냥 받아들이는 것이 아니라 의문을 가지고 질문을 던지는 성향과 서양 세계에서 소위 다른 종류의 사람이라고 소위 '왕따'를 당했던 차별의 경험들이 유대인 건축가들에게 일반적인 건축과는 다른 건축을 하는 하게 하는 요인 중 하나는 아닐까. 다소 논리의 비약이나 상상력이 동원된 주장이지만 이것이 게리의 밑바탕을 이해하는 하나의 중요한 키워드라는 점은 확실하다.

영원한 아웃사이더

우리들은 유대인에 대해 그들처럼, 그들이 느끼는 소외감을 잘 알지는 못하지만, 게리의 고백을 들어보면 어린 시절부터 소외감을 꽤 많이 느꼈음을 알 수 있다.

"토론토에서 자란 어린 시절에 학교 친구들이 나를 괴롭혔기 때문일 수도 있어요. 그 애들은 나만 보면 오로지 예수를 죽인 유대인이라며 조롱했어요. 아시겠지만 내게는 유대인이라는 낙인이 찍혀 있고, 아마 내 건물도 그럴 거예요. … 살아오면서 많은 불안을 경험했어요. 종종 처음부터 다시 시작해야 하는 일들이 많았다는 점에서 생긴 것일 수도 있고요. 어쨌든 나는 유대인으로 자랐어요"

그는 열여섯 살 때 토론토에서 로스앤젤레스로 이주했다. 어려서부터 살던 터전을 떠나 새로운 곳으로 이주한 것도 그를 아웃사이더가 되게 한 한 이유가 될 것이다. 그리고 그가 이주한 곳도 운명적으로 미국 내에서도 가장 자유분방하고, 개방적이고, 주류에서 벗어난 다양함이 혼재하는 로스앤젤레스였다는 것은, 그를 더욱 보수화된 주류와는 다른 세계로 이끌었다. 사실 많은 평론가들이 프랭크 게리의 특징을 그가 살고 활동하고 있는 도시 로스앤젤레스의 특성으로 설명하곤 한다. 인습적이지 않고, 역사와 전통이 거의 없어서 새로운 시도가 이뤄지고 있고, 1년 내내 온화하고 밝고 쾌청한 날씨가 만들어 내는 낙천적인 이 도시가 평범하지 않은 그의 건축 성향과 관련 있음을 유추할 수 있다. 환경은 우리를 만들기 때문이다.

획일화된 세상 속의 다원주의자

프랭크 게리는 유대인이지만 무신론자이다. 우리가 흔히 알고 있는 것처럼 모든 유대인은 유대교인이라는 점과는 아주 다르다. 아이러니하지만 사실이다.

"나는 무신론자예요. 무엇보다 전 세계에서 종교가 없어졌으면 좋겠어요. 종교는 파괴와 전쟁만 일으키죠. 하지만 종교에 대한 반감에도 불구하고 나는 여전히 내가 유대인이라는 사실에서 벗어나지 못해요."

이런 특이성은 그를 단 하나의 도그마나 주의에 빠지지 않게 제어하고, 남들이 가지 않는 개성 있는 건축 세계로 이끌었다. 유대인이지만

무신론자이고, 건축가이지만 예술가와 교류하기를 더욱 즐기며, 주류
세계에서 아웃사이더인 그는 태생적으로 복합적이며, 더 나아가 다원주의자가
될 수밖에 없는 운명의 사람이었다.

> "할 수 있는 한 개성 있는 최고의 아이디어를 떠올리고, 아주 특별한
> 무언가를 개발하도록 스스로를 격려해요. 결국 다원주의가 내 힘이고
> 내 건축의 특징이죠. 하나의 건물이 수없이 많은 의미로 해석될 수 있으면
> 좋겠어요."

획일적이고 개성 없는 도시와 건축이 팽배한 세상 속에서 다양한 가치를
외치며 변화를 추구하는 그는 고독한 다원주의자라 아니할 수 없다.

되다만 예술가?!

프랭크 게리는 젊은 시절부터 여러 미술 강좌를 듣고 예술가들을 만났는데,
이것이 그의 영감의 원천이자 건축의 방법론이 됐다. 그리고 이런 만남은
그 스스로가 예술가이자 동시에 건축가이길 바라는 존재가 되게 했다.
대학과 대학원을 졸업한 후 로스앤젤레스의 대형 사무소인 빅터 그루엔 설계
사무소에서 실무를 한 후 유럽으로 건너가 파리에서 보낸 1년여는 그에게
건축가이자 예술가가 되려는 생각에 확신을 주었다.

> "주말이면 프랑스 여기저기를 돌아다녔고, 로마네스크 양식의 건축에
> 강하게 매료되었습니다. 로마네스크 건축을 만나고 나서는 예술과
> 건축이 이토록 강력하게 통합될 수도 있다는 것을 알았습니다. 그곳에서
> 조각뿐만 아니라 구조와 건축의 통합된 모습, 로마네스크 회화와 건축의
> 통합된 모습에 크게 감명을 받았습니다."

다시 로스앤젤레스로 돌아온 그는 사무소를 개설하고 습작 시기를
갖는다. 동시에 예술가와의 교류는 계속 유지한다. 도날드 저드Donald Judd,

칼 안드레Karl Andre, 제스퍼 존스Jasper Johnson, 로버트 라우센버그Robert Rauschenberg, 로버트 스미스슨Robert Smithson, 리처드 세라Richard Serra 등과 교류하고 그들에게 받은 예술적인 영감은 그를 조각가이며 건축가, 건축가이며 예술가의 길로 이끌어 주었다.

> "예술가와 함께 있으면 저를 건축가라고 부릅니다. 또 건축가와 함께 있으면 저를 예술가라고 합니다. 양쪽 모두 저를 자기들 쪽이 아니라고 하는 것 같습니다."

아마도 그가 원하는 것은 양쪽 다이며, 차라리 단순히 건축가이기보다는 '되다만 예술가(?)'를 원한다고 볼 수 있다. 그는 다중성의 유전자를 가지고 있기 때문이다.

이론인가 실천인가

다소 무식해 보이지만 건축가 그룹을 이분법적으로 나누면, 이론적 건축가와 실천적 건축가로 나눌 수 있다. 렘 콜하스나 피터 아이젠만이 이론적 건축가의 대표적인 예라 할 수 있다. 본격적으로 건축 작업을 하기 전에 렘 콜하스는 《광기의 뉴욕: 맨해튼에 대한 소급적 선언서》라는 저술을 통해 자신의 이론적 바탕을 구축했다. 난해한 현대 철학가의 이론과 담론을 자신의 영감의 원천으로 활용하는 피터 아이젠만은 오랫동안 이론가로 더 알려졌다. 그에 비해 프랭크 게리는 이론과 논리보다는 직관을 더 선호하고, 이를 실천하는 유형의 건축가라 할 만하다. 특별히 그는 작품에 대한 이론적 언설이 없고, 그저 만드는 데에만 천착하기 때문이다.

> "내 직관, 내 마음속의 어린아이를 믿는 법을 배우느라 고생했습니다. … 건축을 한다는 것은 직관적인 행위이며 여러분은 직관을 믿는 법을 배워야 합니다."

이 둘의 나눔은 옳고 그름의 문제라기보다는 그 사람의 스타일에 대한 이야기이다. 많은 경우에 프랭크 게리는 논리를 따지기보다는 그냥 만든다. 멋있게 새롭게 조각처럼.

돈인가 인간인가

역시 단순하지만 건축에 대한 양 극단의 관점이 있다고 본다. 하나는 건축은 돈, 즉 경제 가치의 결과물이자 재산 가치라는 시각이고, 다른 하나는 건축은 인간을 위한 것이고 건축의 출발점도 도달점도 사람이라는 관점이다.

우리 주변의 많은 건축물들이 건축적 가치와는 상관없이 '경제적인 물건'으로 지어진다. 최단시간에 최대한 짓고 더 비싼 가격에 팔리면 되는 것이다. 이에 대한 신념은 뿌리 깊다. 그러나 이 경우에 건축물의 또 다른 면인 '인간을 위한 공간과 환경'이라는 것은, 상대적으로 무시되거나 심지어는 무지한 상황이다. 과격한 표현이지만 현대 한국인에게 건축이라는 언어는 거의 문맹의 수준이라고 할 수 있다. 결국 우리는 그저 그런 건축물들에 둘러싸여 삶의 느낌과 생생함을 잃고 하루하루를 살아간다. 그 건축물들처럼 무미건조하게 획일적으로 돈의 노예가 되어.

프랭크 게리는 이에 일침을 가한다. 눈을 뜨라고 이렇게 외치는 것 같다.

건물 자체가 하나의 기쁨이나 환희가 될 수 있고, 넘치는 빛의 교향악이 될 수 있다. 그리고 그런 가치가 건축된 환경과 건물을 통해 삶이 풍요로워지고 인간성을 회복할 수 있다.

우리가 건물을 만들지만, 그 후에는 건물이 우리를 만드는 것이다.

모형인가 컴퓨터인가

프랭크 게리는 컴퓨터를 잘 사용하는 디자인으로 유명하지만 그는 사실

컴맹에 가까운 사람이다. 오히려 그는 스케치와 모형 스터디를 더욱 신뢰한다. 로스앤젤레스 현대 미술관MOCA에서 열린 LA 디즈니 홀 개관 기념 "프랭크 게리 건축" 전 에서는 열두 개의 새로 진행 중인 프로젝트가 전시되었다. 가장 놀라웠던 것은 컴퓨터를 이용한 신기술도 신기술이지만, 전시장을 가득 메운 수백 개의 모형들이었다. 아주 작은 아이디어 모형들에서부터 프로그램 연구 모형들, 형태와 매스 디자인을 위한 모형들, 내부 공간을 디자인하기 위한 모형들, 재료와 디테일 연구 모형들 등. 그 압도적인 양과 질에 절로 입이 벌어진다.

그러나 게리 건축의 게리다움에는 역시 '카티아원래 항공기, 선박, 자동차를 디자인하기 위한 프로그램이다'라는 컴퓨터 프로그램과 이의 사용에 가치와 의미를 두지 않을 수 없다. 즉 게리에게 스케치와 모형으로는 성취할 수 없었던 비정형적 형태의 재현과 조작을 가능하게 해 주었기 때문이다. 그러나 여전히 그에게 컴퓨터는 도구일 뿐 파트너는 아니다. 커브를 만들어 포착하는 도구일 뿐 커브를 창의적으로 만들어 내지는 못한다. 하지만 컴퓨터의 자기 생산적인 미래를 예상해 볼 때, 그에게 컴퓨터는 더 많은 자유와 구현 능력을 건축가에게 부여하는 예고편 혹은 중간적 승리라고 볼 수 있다. 드로잉과 모형을 중시하는 그도 이야기 한다.

"내 설계 방법은 스케치에서 모형으로, 다시 스케치에서 모형입니다. 그러나 컴퓨터의 가능성은 나보다는 다음 세대에 더 잘 열리리라고 생각합니다. 만약 내가 다시 태어나 미래의 유망한 재능에 투자를 한다면 거기다가 할 것입니다."

예술인가 건축인가

그는 가장 조각적인 건축가이며, 예술적인 건축가이며 '되다만 예술가(?)'이다.

그는 어떤 대담에서 '건축은 예술이다'라고 호기롭게 선언했지만, 또 다른 대담에서는 '건축이 어디까지가 예술이고 어디까지가 예술이 아닌가?' 라는 것에 관해서는 별로 관심이 없다는 이야기를 해서, 이율배반적으로까지 보이기도 했다. 그러나 그의 진의는 하나이다. 둘을 가르기보다는 그 둘을 통합하기 위한 뜻이라는 것을 이해해야 한다.

"그 둘을 가르는 선이 어디에 있는지는 전혀 중요하지 않습니다. 역사상 건축가이면서 예술가였던 예는 많기 때문입니다. 보로미니를 건축가라고 해야 합니까, 예술가라 해야 합니까? 그의 산 카를로 알레 콰트로 폰타네 성당은 저에게는 분명히 대단한 감동을 주는 예술 작품입니다. 그것이 건축인지 예술인지 나누는 것은 아무런 의미가 없습니다. … 난 조금이라도 예술과 관련된 건축을 만들고 싶습니다. 나는 좋은 건축가는 동시에 좋은 예술가라고 생각합니다."

그의 주장이 다소 과격할 수도 있지만 건축은 건물이 될 수도, 예술이 될 수도 있는 가능성이 있다. 능력을 가진 소수만이 건축을 예술로 만들 수 있으며, 그것을 실현한 소수 중 한 사람으로 프랭크 게리가 기억될 것은 확실하다.

게리 하우스, 캘리포니아, 1977

비트라 미술관
Vitra Design Museum, Weil am Rhein, 1987-1989

프랭크 게리 Frank O. Ghery

1987년부터 1989년까지 지어진 비트라 미술관은 프랭크 게리의 건축 역사에서 중요한 의미를 갖는다. 비트라는 세계적으로 유명한 가구제조 회사인데, 이 회사의 CEO인 롤프 펠바움Rolf Fehlbaum은 건축의 의미와 가치를 존중하는 건축주였다. 그는 니콜라스 그림쇼Nickolas Grimshaw, 안도 다다오, 자하 하디드, 알바루 시자, 헤르조그와 드 뫼롱, SANAA등과 같은 건축가에게 자신의 공장 부지에 각기 다른 용도의 건축 설계를 의뢰했고, 새로운 건축물이 지어질 때마다 건축계의 센세이션을 불러일으켰다. 오늘날 대표적인 건축 순례지가 되었다. 게리는 의자 박물관을 의뢰받았다. 비트라 지역은 평야지대로 특별한 콘텍스트가 없다고 할 수 있는 중성적인 곳이다. 건축주의 배려와 대지의 상황으로 게리는 완전히 자유롭게 설계할 수 있었으며, 덕분에 게리다운 건축을 실현할 수 있었다. 이전까지의 작품이 해체와 재조직이라는 틀 속에 있었지만, 파편화되고 부분적인 적용이었다면, 이 미술관에서는 통합적이고 연속적이며 역동적인 형상의 건축이 실현되었다. 도발적이고 비틀어진 외관과 달리 내부는 놀랍게도 질서 정연하다. 외부와 내부는 분리되지 않았음에도 불구하고 차분하고 편안한 동선으로 내방객을 이끈다. 물론 다양한 지붕으로부터 쏟아지는 빛들은 이곳이 새로운 세계임을 이야기한다. 대부분의 의자들은 흰색 받침대 위에 있는데 가능한 자연 채광으로 조명을 받게 설계되어 있다.

건물 자체가 하나의 환희이며 낙관이며 기쁨이다. 우스꽝스럽거나 기괴하다고까지 할 수 있는 외관의 조형은 일면 불합리하거나 자기 과시적인 유희로 보일 수 있다. 그러나 이곳을 방문하는 사람은 알게 된다. 실상은 기능과 관계되어 매우 합리적이며 질서정연한 것이라는 것을.

프랭크 게리 Frank O. Ghery

프랭크 게리 Frank O. Ghery

월트 디즈니 콘서트 홀

Walt Disney Concert Hall, Los Angeles,

1992~2003

프랭크 게리 Frank O. Ghery

빌바오 구겐하임 미술관의 성공은 그를 아웃사이더에서 주류 건축가로 변화시켰다. 그는 현대 건축계의 영웅이자 스타가 되었다. 빌바오 시는 구겐하임 미술관 효과로 특별한 볼거리가 없는 도시에 매년 100만 명이 넘는 방문객이 찾아오고, 쇠락하던 도시는 문화의 중심도시로 거듭나는 기적을 이루었다. 건축계에 수많은 스타가 존재하지만 건축이 가지고 있는 에너지와 영향력을 이렇게 강력하게 성취한 건축가가 있을까? 특이하고 드라마틱한 외형과 티타늄 갑옷(?)이 이런 기적을 가능하게 했을까?

그는 단지 기존의 건축 형태와는 차별화된 자유로운 형태 구현의 디자이너가 아니다. 그는 도시의 질서와 가치를 회복시키는 도시 조직가이며, 자연의 복합적 이미지물고기·꽃·계곡· 배…를 구현하는 조각가이며, 내부의 질서와 정신을 섬세하게 조직하는 계획가이며, 새로운 형태와 기술 그리고 재료에 도전하는 실험가이고, 넘쳐나는 빛의 교향악을 쓰는 연출가이고, 결국 인생의 환희와 기쁨을 노래하고 낙관하는 위로자이기도 하다.

로스앤젤레스에 지어진 월트 디즈니 콘서트 홀은 빌바오의 기적 같은 성공 뒤에 이루어진 태작이 아니라 그 연장선상에 이어진 수작이다. 로스앤젤레스 도심부 중심의 언덕에 자리 잡은 이 콘서트 홀은 남 캘리포니아의 따뜻한 햇볕과 조응하며 빛의 음악을 도시에 돌려 준다. 거대한 단일체의 스케일은 다양한 크기로 분절되어 인간적인 면모를 부여하고, 개개의 매스와 매스 사이에는 별도의 독립된 마당이 있어, 건물의 내부와 외부가 하나가 되고 도심 속 휴식처를 제공한다. 게리는 프로그램을 해체하고 각각의 요소에 개별적인 형태를 부여한 후, 그들을 서로 연결시켰다. 이는 다양한 출입구가 생기도록 해 사람과 사람이 만나게 하는 공간 연출의 마술이 일어난다. 낯선 사람으로 그 건물에 들어가지만 건물이 기묘한 방식으로 개별의 공간을 분절한 후 이를 연결하고 통합함으로써 사람들의 상호작용을 촉발하며, 서로에게 공동체 의식을 부여하는 것이다. 무엇보다도 중요한 것은 2400석 규모의 콘서트 홀이다. 좌석 그룹의 배열과 높이가 섬세하게 계획되어 있어 방해를 받지 않고 오케스트라를 직접 볼 수 있고, 최상의 음향이 전달되도록 설계되어 있다. 가장 저렴한 좌석에서도 제대로 보고 들을 수 있는 평등하고 민주화된 홀 안에서 관객들이 오케스트라를 둘러싸고 모두 함께 연주회를 나누는 것은 이 건축이 가지고 있는 미덕이다. 홀 뒤쪽에 있는 천창과 커다란 창은 홀 안으로 로스앤젤레스의 낙천적인 자연광을 불러들인다.

 빌바오의 티타늄이 황금색으로 변한다면 이곳 로스앤젤레스의 스테인리스 스틸은 하얗게 도시를 향해 빛의 미소를 보낸다.

프랭크 게리 Frank O. Ghery

프랭크 게리 Frank O. Ghery

프랭크 게리 Frank O. Ghery

건축 답사를 위한 안내

전 세계의 유명한 건축가들을 만나고 그들의 작품을 답사하기 시작한 지 30여 년이 되어 간다. 건축가에게 답사와 여행은 운명이나 마찬가지다. 길을 가다가도 특이한 형태나 재료를 보면 발걸음을 멈추고 들어가 보게 된다. 일 년에 몇 번은 주말을 이용해 새로운 건축물을 찾아 떠난다. 음악을 들으며 혹은 미술 작품을 보면서 감동의 눈물을 흘리고 심장이 멎는 듯한 환희를 느끼는 것처럼 건축물도 마찬가지다. 음악이나 미술 작품과 달리 건축물은 실용성의 범주를 벗어날 수는 없지만 훌륭한 건축물이 전해 주는 감동은 절대 덜 하지 않다. 혹자는 "건축은 모든 예술의 종합"이거나, "동결된 음악"이라고 칭송하기도 한다.

건축 '업'에 빠져 살고 있는 건축가들이나, 건축과 학생들이 느끼는 감동은 두 말할 나위없다. 일본 오사카 외곽 작은 마을의 '빛의 교회'에서 어느 일요일 날 예배를 드리고, 스위스 '발스의 온천장'에서 찌든 땀을 씻어 내는 목욕을 하면서, 미국 캘리포니아 라호야의 솔크 연구소 마당에서 푸르른 태평양을 바라보고, 네덜란드 로테르담의 쿤스트 할 미술관 카페에서 따뜻한 차 한 잔을 마시거나, 프랑스 파리 퐁피두센터에서 현대 미술의 최전선을 감상하며… 여기저기 답사를 다니며 이 길이 내 길임을 재확인한다. 내가 건축가임을 감사해 한다. 다시 건축 여행과 답사를 꿈꾼다. 건축가는 꿈꾸는 자라고 중얼거리면서….

그 동안 건축 답사를 다니며 터득한 건축 답사 방법을 간략하게 소개한다.

철저히 준비하고 과감히 실행에 옮겨라

준비를 철저히 하면 할수록 답사는 풍요롭고 유익하다. 가려는 곳의 지도, 주소, 교통편 등과 같은 기초 준비부터 인문적이고 배경 지식까지. 시간이 허락하는 한 최대한 준비하자. 답사 하려는 곳의 일반 여행 책자에서부터 도시 지도, 건축 가이드북, 팸플릿, 해당 건축물의 도면배치도, 평면도, 입면도, 단면도, 상세도 등뿐 아니라 해당 지역의 인문, 지리, 역사서나 건축가의 이론서나 자서전 등 더 자료를 모으고 읽고 준비하면, 더 많은 것을 알 수 있다. 알게 되는 만큼 더 느낄 수 있고, 더 느낀 만큼 더 볼 수 있기 때문이다.

나는 A4용지 반 정도 크기의 답사 책을 만든다. 이 책은 해당 건축물의 건축 정보, 관련 글, 도면, 사진 등과 도시의 지도, 일정표, 현장에서 스케치와 메모를 할 수 있는 메모지 등으로 구성된다. 특히 작은 크기라도 도면을 넣어 최종 결과물인 건축과 그 전 단계인 계획건축가는 도면으로 본인의 의도와 계획을 나타냄을 기억해 보라과의 상관관계를 현장에서 입체적으로 파악할 수 있게 준비한다. 또한 현장에서 알게 된 내용이나 느낀 점을 기록하고 스케치할 수 있는 빈 페이지를 많이 둔다.

이렇게 철저하게 준비한 후에는 과감하게 실행에 옮기자. 아무리 꼼꼼하게 준비했더라도 실행에 옮기지 않는다면 도루묵이다. 이러저러한 난관들이 발목을 붙잡는다. 폭풍우가 온다든지, 동행하기로 한 사람이 취소한다든지, 갑자기 사정이 생겨 일정을 바꿔야 된다든지…. 하지만 이런 일은 핑계에 불과할지 모른다. 과감히 발을 떼지 못하면 출발은 없다. 계획은 했지만 떠나지 못한 경험이 있는 독자들은 특히 와 닿을 것이다.

답사와 여행은 첫걸음이 중요하다. 떠나지 않는 자는 결국 미지의 세계로 가지 못한다.

혼자 떠날 것인지 함께 갈 것인지 결정하라

답사는 함께하는 것과 혼자 하는 것이 많이 다르고, 두 경우의 장단점이 분명하다. 사실 여행과 답사는 혼자보다는 함께하는 것이 일반적일 것이다. 낯설고, 물설은 곳을 여행할 때 함께하는 이가 있다는 것은 커다란 위안이 된다. 서로에게 도움이 되고, 서로를 의지하게 된다. 단체로 답사하면 다른 시각을 가진 사람들과 의견을 나누거나 설명을 들으며 사고와 안목이 넓어질 수 있다. 홀로 하는 답사가 사색과 탐구의 독자성과 시간 활용의 자유로움에 있다면, 같이 하는 답사는 시간 사용의 제약과 단체 활동의 규칙을 따르는 제한이 있다.

답사 초보자에게는 답사 경험이 있는 사람이나 안내자와 함께 답사할 것을 추천한다. 답사에도 상수·중수·하수가 있다면 중수이상인 사람은 홀로 하는 답사를 시도해 보라. 홀로 생각하고 판단하고 이해하고 행동하면서, 세상과 도시와 건축에 대해서, 특히 자신에 대해서 많은 것을 느끼고, 깨달을 수 있다.

단체 답사나 여러 명이 함께 답사를 갔을 때는 건축물에 도착했을 때 함께 전반적인 개관을 공유한 다음 시간을 정해서 홀로 답사할 것을 권한다. 홀로 답사 후 정한 위치에서 정한 시간에 다시 모이면 된다. 이후 각자 보고 느낀 것을 토의하고 나누는 시간을 가지면 금상첨화다. 식사 시간이나 차로 이동하면서, 숙소에서 취침 전 마무리 시간에 충분히 할 수 있다.

주제별로 답사할 것인지 지역별로 답사할 것인지 생각해 보라

여행이나 답사를 가면 특정 도시나 특정 지역을 중심으로 여행이나 답사를 떠나게 된다. 예를 들면 뉴욕·파리·런던·로마·동경·오사카 등은 여행과 답사의 대표적인 도시이다.

경제적 효율성, 교통의 편리성, 시간 활용의 유용성 등의 덕분에 대부분 지역별 답사나 여행을 선택한다. 그러나 답사의 초보자 딱지를 떼면, 주제별 답사를 고려해 볼 것을 권한다. 자신이 탐구하고 싶은 건축가, 예를 들면 르코르뷔지에 탐구, 루이스 칸 탐구 등과 같은 주제를 정하고 그들의 건축을 집중적으로 보는 것이다. 이럴 때 주제를 명확히 하기 위해 다른 건축가가 설계한 인접 다른 건물은 짧은 시간을 배정하거나, 심지어는 생략하는 것이 좋다. 종교건축, 박물관 건축, 도서관 건축, 대학교 건축 등처럼 건축 유형별 답사도 해 볼 만하다. 조금 더 구체화시켜 르코르뷔지에의 주택 답사, 알바 알토의 교회건축 답사, 안도 다다오의 미술관 건축 답사처럼 주제를 정해도 좋다.

답사는 단순히 즐기는 여행과는 달리 탐구와 공부임을 생각하라. 주제별 답사는 꼭 경험해 볼 것을 권한다. 특히 특정 건축가의 작품을 연대기 순으로 답사한다면, 그 건축가의 변화와 작품과의 관계를 알 수 있다.

경제적 여건이나 상황 때문에 주제별 답사가 쉽지 않다면 지역과 주제를 엮어 보는 방법도 있다. "일본 건축과 세계 건축의 현주소"라는 주제를 정하고 일본 도쿄의 오모테산도 거리를 간다든지, "건축의 최전선"이라는 주제로 네덜란드 위트레흐트 대학을 간다든지, "미술관, 박물관 건축의 현재와 미래"가 보고 싶다면 프랑스 파리의 미술관과 박물관들을 다니면 된다.

자신에게 맞는 자신만의 답사 계획을 짜는 것은 건축과 답사를 사랑하는 또 다른 에너지를 줄 것이다. 창조는 끊임없는 탐구의 결과이기 때문이다.

계획을 하되 현장의 우연성을 즐겨라

당신이 건축가라면 그것은 계획을 하는 자라는 것과 동일한 의미이다. 답사나 여행도 계획 없이 그냥 떠나는 것은 계획하는 자로서의 정체성과 맞지 않는 행동이다. 계획을 하는 것이 중요하다. 우리가 흔히 "인생의 청사진"이라는 말을 할 때, 청사진은 건축가가 지을 집을 위한 계획을 설계해 그린 도면이다. 건축가란 청사진을 그리고, 만드는 사람이다. 답사를 위해서도 치밀한 도상 계획과 시간 계획이 필요하다. 다소 느슨한 계획일지라도 계획에 따라 움직이는 것과 그렇지 않은 것은 천지차이다. 계획에 따라 그린 도면대로 지어지지 않는 부실한 건물을 용인할 건축가가 있는가?

낯선 장소를 여행하고 답사하다 보면 예상치 못한 일이 생기곤 한다. 익숙하지 않은 길을 가다보니 잘못된 곳으로 간다든지, 지하철을 거꾸로 탄다든지, 길을 잃고 헤매기도 한다. 또한 생각보다 볼 것이 많아서 시간이 지체되거나 보려는 건축물 주위에 숨은 고수의 알려지지 않은 훌륭한 건축물이 있는 경우도 있다. 이때는 유연한 대응이 필요하다. 인생에서나 건축에서나 답사에서도 예측하지 못했던 해프닝이 일어나고, 오히려 이것이 원래의 계획을 더욱 풍요롭게 해 주기 때문이다.

내 경우에는 루이스 칸이 설계한 방글라데시 다카의 국회의원 숙소에 답사 갔을 때 배탈이 나서 숙소에 들어가 화장실을 이용하고 답사 일행 중 유일하게 숙소 내부를 본 사람이 되었다. 스페인의 티센 박물관을 답사할 때는 마티스 특별전을 하고 있어서 답사 시간을 조절해 전시회를 구경했다.

때론 이런 우연함을 통해 경험한 것이 더 기억에 남는다. 우연이나 해프닝은 계획한 자에게만 일어나는 일은 아닐까? 해프닝도 답사의 일환으로 생각하고, 치밀하지만 때로는 느슨한 대응을 수용하는 여유를 가질 것을 말하고 싶다.

답사 다녀온 후에는 반드시 정리하는 습관을 가져라

일을 잘해 놓고도 마무리를 못하는 사람이 있다. 건축 개념은 좋은데

디테일이 엉망인 건물도 있다. 야구를 잘 아는 독자들이라면 현대 야구에서 마무리 투수의 중요성을 잘 알 것이다. 마무리에 대한 중요성은 아무리 강조해도 지나치지 않는다. 여행과 답사도 마찬가지다. 조사나 준비 없이 답사를 떠나거나, 답사 후 자료들이나 찍은 사진들을 정리하지 않고 처박아 두는 경우가 많다.

여행의 마무리는 여행하면서 하는 것이 좋다. 좋은 시간은 마지막 날의 일부 시간을 할애하는 것과 돌아오는 비행기 안에서 하는 것이다. 답사 기간 동안 경험한 것, 배운 것, 느낀 것, 토의한 것 등을 정리하고 기록하고 스케치하는 것은 좋은 마무리 작업이다. 답사 일정을 따라 건축물이나 건축가를 복기하고 되새김질하는 것은 소가 여물을 소화하듯, 여행이나 답사에서 얻은 것을 자신의 것으로 체화하는 시간이다.

돌아와서는 시간을 투자해 사진들과 자료들을 정리하고 궁금했던 내용은 찾아보는 시간을 가져라. 나라별, 건축 유형별, 건축가별 등 다양하게 정리하면 큰 자료와 정보가 될 수 있다. 요즈음에는 클리어 파일이나 바인더로 정리할 뿐 아니라 블로그 등을 통해서 자료를 정리하고 정보를 공유하는데, 이는 매우 바람직한 현상이다. 이때 단순 자료뿐 아니라 자신이 학습하고 느끼고 깨달은 것을 글과 스케치 등으로 정리해 올려 주면 더욱 좋다. 만일 단체로 답사했다면, 각자가 보고 느끼고 탐구한 것을 발표하고 토의하는 "학습 뒤풀이"를 가져 볼 것을 추천한다.

"여행이나 답사는 세상을 이해하고 나 자신을 아는 가장 좋은 방법이다. - 황철호"

더 읽으면 좋은 책

1. 건축가 되기

매튜 프레더릭 지음, 장택수 옮김,
《건축학교에서 배운 101가지》, 동녘, 2008
건축가가 되기 위한 101가지 항목을 쉬운 글과
그림으로 잘 정리해 준다. 작지만 흥미로운
책이다.

로저 루이스 지음, 김현중 옮김,
《건축가가 되는 길》, 국제, 2008
건축가가 되는 길에 대해 잘 다루고 있는 친절한
안내서. 건축가가 되어야 하는 이유와 어떤
교육을 받고, 졸업 후에는 어떻게 하는지 등과
같은 실질적 내용을 소개한다.

도쿄대학 안도 다다오연구실 지음, 신미원 옮김,
《건축가들의 20대》, 눌와, 2008
안도 다다오가 기획한 책으로 건축가가
되기 위해 20대 때 어떤 준비를 하면 좋은지
세계 유명 건축가들의 강연을 통해 안내한다.

2. 건축 여행

르 코르뷔지에 지음, 최정수 옮김,
《르 코르뷔지에의 동방여행》, 안그라픽스, 2010
건축 거장 르코르뷔지에가 젊은 시절
동방여행을 하면서 쓴 글과 스케치들을 모은
모범적인 사례. 여행을 통해 진정한 "건축가
르 코르뷔지에"가 되었다고 해도 과언이 아니다.

Harry Seidler, The Grand Tour: Travelling the
World with an Architect's Eye, Taschen, 2003
건축가 해리 자이들러가 평생 동안 다닌
건축 답사 기록이자 사진집이다.
"건축가는 평생 건축을 답사하는 자이다"라고
선언하는 것 같다.

황철호 지음, 건축을 시로 변화시킨 거장들,
아키랩, 2022
평생을 건축을 답사하고 탐구하고 여행해 온
건축가 황철호의 거장과 거장건축 탐험기이다.

3. 건축 답사 안내서

많은 건축 답사 안내서들이 있으나 크게 보면
도시별(또는 나라별) 건축 답사 안내서와
건축가별 건축 답사 안내서가 있다.
세계의 거의 대부분 주요 도시에는 건축 답사
안내서가 있다. 유명 건축가의 작품만 모아
소개한 답사 안내서도 많이 있다.

도시별/ 국가별

Norval White, AIA Guide to New York City, Oxford University Press, 2010

Jone Hill, Guide to Contemporary New York City Architecture, W. W. Norton & Company, 2011

American Institute of Architects Chicago, AIA Guide to Chicago, University of Illinois Press, 2014

Judith Paine McBrien, Pocket Guide to Chicago Architecture, W W Norton & Co Inc, 2004

Miquel Adrià, Mexico City Architecture Guide, Arquine, 2018

Gonda Buursma, the hague an Architectural guide, nai010 publishers, 2013

Bognar, Botond, Japan: Architectural Guide, Dom Publishers, 2021

Paul Groenendijk, Piet Vollaard, Guide to Modern Architecture in the Netherlands, Dutch Edition, 1998

건축가별

Deborah Gans, The Le Corbusier Guide, Princeton Architectural Press, 2000

Michael Trencher, The Alvar Aalto Guide, Princeton Architectural Press, 1997

Henry J. Michel, Finding the Wright Places in California and Arizona, Michel Pub Services; Not Stated edition, 2000

Sergio Los, Carlo Scarpa: An Architectural Guide, Arsenale Editrice, 2006

4. 책에 소개된 건축가에 대해
더 알고 싶다면

알바루 시자

Wilfried Wang(Author), B.Fleck(Editor),
Alvaro Siza(Introduction), Alvaro Siza:
City Sketches = Stadtskizzen = Desenhos Urbanos,
Birkhäuser, 1994
거칠고 아름다운 선이 돋보이는 건축가
알바루 시자의 세계 답사 여행 스케치 집이다.
아름답고 아름답다.

Philip Jodidio, *Alvaro Siza: Completely Works
1952-2013*, Taschen, 2013
2013년까지의 거의 모든 작품이 실린 알바루
시자 작품집이다. 큰 판형에 복합적이며
단순하게 아름다운 알바루 시자의 작품을
사진으로 잘 담아냈다. 파주출판도시에 있는
미메시스 뮤지엄이 표지이다.

Grande, Nuno, *Alvaro Siza: (In) Discipline*,
Walther Konig, 2019
알바로 시자의 지난 60년을 회고하는 의미로
초기작부터 거의 모든 작품을 돌아보는
작품집이다. 시자의 건축에 매료된 사람이라면
강추이다.

Nuno Teixeira, *Alvaro Siza – in detail*,
House Details Architecture, 2021
알바루 시자의 건축 디테일에 대해서
소개하고 있는 드물고 귀한 책

데이비드 치퍼필드

David Chipperfield and Kenneth Frampton,
David Chipperfield,
Princeton Architectural Press, 2003
네오미니멀리즘의 대표 건축가 데이비드
치퍼필드의 작품집이다.

David Chipperfield(Author),
Joseph Rykwert(Introduction),
Theoretical Pratice, British Library, 1994
데이비드 치퍼필드 디자인의 밑바탕을 알 수
있는 책이다.

Nys, Rik(EDT), Chipperfield, David, Irace,
Fulvio, *David Chipperfield Architects: Works
2018*, Walther Konig, 2018
데이비드 치퍼필드의 최근작을 포함해서
거의 모든 작품을 다루고 있는 작품집

피터 줌터

Peter Zumthor(Author), H. Binet(Photographer), *Peter Zumthor Works 1979-1997*, Birkhäuser Basel, 1999
책을 잘 내지 않는 피터 줌터의 아름다운 작품집이다.

Thomas Durisch(Editor), Peter Zumthor(Contributor), *Peter Zumthor 1985-2013*, Scheidegger and Spiess, 2013
완벽주의자 피터 줌터의 작품집이다. 2013년 당시까지의 모든 작품을 5권에 걸쳐 자세히 소개하고 있다.

Peter Zumthor, *Thinking Architecture* (3rd Edition), Birkhäuser Architecture, 2010
피터 줌터가 건축에 대한 생각과 단상을 작고도 나지막하게 읊조린다.

Peter Zumthor, *Atmospheres: Architectural Environments. Surrounding Objects*, Chronicle Books Llc, 2007
피터 줌터가 건축이란 다름아닌 분위기를 만드는 것이라는 것을 나지막하게 읊조린다.

헤르조그 앤 드 뫼롱

Herzog & de Meuron, Philip Ursprung, *Herzog & de Meuron: Natural History*, Lars Müller, 2003
헤르조그 앤 드 뫼롱의 건축이 단지 건축에 머물지 않고 예술과 역사, 재료와 문화와 같은 다양한 분야와 접목되고 이를 위해 새로운 것에 도전하는 모습을 생생히 보여 준다.

El Croquis 152-153: Herzog & De Meuron, February, 2011, El Croquis
《엘크로키El Croquis》는 최고 건축가들의 작품을 소개하는 작품집 형식의 스페인 잡지이다. 잡지이지만 정식 작품집보다 더 잘 만들어《엘크로키》에서 소개한 건축가의 다른 작품집은 잘 팔리지 않을 정도이다.

Luis Fernandez-Galiano edited, *Herzog & De Meuron 2003-2019*, Avisa, 2020
헤르조그 앤 드 뫼롱의 2003-2019년의 작품을 충실히 다루고 있는 작품집이다.

SANAA

Kazuyo Sejima, Ryue Nishizawa, *Kazuyo Sejima+Ryue Nishizawa/ SANAA: Works 1995-2003*, Toto, 2003
일본 토토(TOTO)출판사는 양질의 책을 저렴한 가격으로 내놓는 고마운 회사이다. SANAA의 건축을 이해하기에 가장 적합한 책이다. TOTO 만세!!!

Kazuyo Sejima, Ryue Nishizawa, *Kazuyo Sejima In Gifu*, Actar, 1998
SANAA가 다이어그램과 건축을 얼마나 창의적으로 잘 연결시키는지 여실히 보여 준다.

Yukio Futagawa(Editor), *SANAA KAZUYO SEJIMA RYUE NISHIZAWA : GA ARCHITECT 2011-2018*, Global Architecture, 2018
TOTO와 버금가는 일본 GA 출판사의 SANAA의 최근작을 다루는 작품집이다. 일본은 출판 강국임을 잊지 말자.

다니구치 요시오

Yoshio Taniguchi, *The Architecture of Yoshio Taniguchi*, Harry N. Abrams, 1999
조용해서 대가의 면모에도 불구하고 상대적으로 덜 알려진 요시오 다니구치의 작품집이다.

Terence Riley(Editor), Yoshio Taniguchi(Contributor), *Yoshio Taniguchi: Nine Museums*, The Museum of Modern Art, New York, 2004
MoMA 미술관 디자인이 계기가 되어 MoMA에서 출간한 다니구치 요시오의 미술관 작품집이다.

Yoshio Taniguchi, *Yoshio taniguchi architect*, tankobon, 2020
완벽주의자 다니구치 요시오의 최신 작품집. 도면이 없이 사진만 있어 다소 아쉽지만 대가의 작품을 마음껏 즐길 수 있다.

안도 다다오

안도 다다오 지음, 이규원 옮김,
《나 건축가 안도 다다오》, 안그라픽스, 2009
안도 다다오의 자서전으로 우리말로
번역되어 있다.

Philip Jodidio, *Tadao Ando:
Complete Works 1975-Today*, Taschen, 2019
안도 다다오의 거의 모든 작품이 큰 사진과 함께
시원하게 펼쳐진다.

Philip Jodidio, *Tadao Ando: Living with Light*,
Rizzoli, 2021
안도의 건축에서 빛이 가장 중요한 요소임을 잘
보여주는 작품집이다.

MVRDV

Winy Maas, Jacob van Rijs, Richard Koek,
Farmax(MVRDV), nia 010 Publishers, 2013
현대에서 건축의 밀도는 너무나 중요하다.
밀도에 대한 MVRDV의 탐험 결과 보고서이다.

MVRDV Files: Project 002-209, a+u, 2003
일본의 건축 잡지 《a+u》의 특집호이다.
MVRDV의 건축 작품이 그들의 정리 번호 식에
따라 파일별로 정리되어 있다.

Ilka Ruby, *MVRDV Buildings*,
nai 010 publishers, 2013
최근 MVRDV의 작품이 잘 정리되어 있는
작품집이다. 편집도 매우 흥미롭다.

UN STUDIO

Ben Van Berkel, Caroline Bos, *UN Studio:
Design Models - Architecture, Urbanism,
Infrastructure*, Rizzoli, 2006
우리나라 갤러리아 백화점 입면을 표지로 내세운
유엔 스튜디오의 작품집이다.

Ben Van Berkel, Caroline Bos, *Buy Me a
Mercedes-Benz: The Book of the Museum*,
Actar, 2006
현대 미술관 건축의 백미 벤츠 뮤지엄의 모든
것을 두꺼운 한 권의 책에 담았다.

Ben Van Berkel Caroline Bos, *Knowledge Matter*,
Frame Publishers, 2016
새로운 지식과 지혜로 새로운 공간과 건축을
탐구하는 UN Studio의 최신 작품집이다.

장 누벨

Jean Nouvel 1987-1998(El Croquis 65/66),
El Croquis, 2000
헤르조그 앤 드 뫼롱 편과 마찬가지로 장 누벨의
작품을 어느 작품집보다 잘 소개하고 있다.

장 보드리야르, 장 누벨 지음, 배영달 번역,
《건축과 철학》, 동문선, 2003
현대 철학자 장 보드리야르와 장 누벨이
건축이라는 특이한 대상에 대해 대담을 하고
이를 정리한 책이다. 장 누벨이 매우 철학적
건축가임을 간과하기 쉽다.

Jean Nouvel, Jean Nouvel by Jean Nouvel:
Complete Works 1970-2008, TASCHEN, 2009
1970년부터 2008년까지의 장 누벨의 작품집이다.

다니엘 리베스킨트

다니엘 리베스킨트 지음, 하연희 옮김,
《낙천주의 예술가》, 마음산책, 2006
뉴욕의 9/11 타워로 더욱 명성을 얻은 불굴의
건축가 다니엘 리베스킨트의 자서전이다.

Daniel Libeskind, Paul Goldberger,
*Counterpoint: Daniel Libeskind in Conversation
with Paul Goldberger*, The Monacelli Press, 2008
건축 비평가 폴 골드버거와 다니엘 리베스킨트의
대담집으로 다니엘 리베스킨트의 생각을
엿볼 수 있다. 음악을 전공한 리베스킨트답게
대위법(Counterpoint)이라는 제목을 붙였다.
대위법은 독립성이 강한 둘 이상의 멜로디를
조화시켜 하나의 곡을 만들어 내는 작곡 기법을
말한다.

Daniel Libeskind, Edge of Order,
Clarkson Potter, 2018
전위적이고 극단적인 다니엘 리베스킨트의
최신 작품집이다.

스티븐 홀

스티븐 홀 지음, 이원경 옮김,
《홀: 스티븐 홀 빛과 공간과 예술을 융합하다》,
미메시스, 2012
스티븐 홀 작품집의 국내 번역본.
스티븐 홀의 사무소를 방문했을 때도 자신의
많은 작품집 중 이 책을 선물로 줬다.

Steven Holl, Lars Müller, *Steven Holl: Written in Water*, Lars Müller Publishers, 2002
스티븐 홀의 수채화 드로잉 모음집.
빛이 그의 수채화를 따라 퍼져 나간다.

Steven Holl, *Steven Holl: Architecture Spoken*, Rizzoli, 2007
영혼과 눈 모두를 만족시키는 스티븐 홀의
작품집이다.

피터 아이젠만

Peter Eisenman, *Diagram Diaries*,
Thames & Hudson Ltd, 1999
자신의 건축이 다이어그램으로 이루어져 있음을
증명하는 '다이어리'이다.

Cynthia Davidson(Editor), Greg Lynn,
Sarah Whiting, Stan Allen, Guido Zuliani
(Contributor), *Tracing Eisenman: Complete Works*, Rizzoli, 2006
피터 아이젠만의 모든 작품을 추적해 볼
수 있는 작품집이다. 옛날에 양피지에 베껴
쓰고 그렸듯이 오늘날에는 트레이싱지에 베껴
그릴(추적할) 수 있지 않을까?

렘 콜하스

렘 콜하스 지음, 김원갑 번역,
《광기의 뉴욕》, 세진사, 2001
번역이 아쉽지만 이 시대를 이끌어가는
렘 콜하스의 진면목을 보여 주는 역작이다.
원서로 보고 싶다면 Delirious New York:
A Retroactive Manifesto for Manhattan
(The Monacelli Press, 1997)을 찾으면 된다.

Rem Koolhaas, Bruce Mau, *S M L XL*,
Monacelli Press, 1998
책이 건축이다. 책을 팔아 유명해지고
건축을 수주하는 놀라운 렘 콜하스의 전략이
담겨 있는 책이다.

Shohei Shigematsu, OMA NY: Search Term,
Rizzoli, 2021
렘 콜하스와 OMA의 작품 프로세스가 오롯이
들어 있는 좋은 작품집이다.

프랭크 게리

밀드레드 프리드만, 마이클 소킨,
프랭크 게리 지음, 이종인 옮김,
《게리: 프랭크 게리가 털어놓는 자신의
건축 세계》, 미메시스, 2010
프랭크 게리가 자신의 건축을 말하고 설명한다.
그의 음성을 직접 들어보자.

바버라 아이젠버그 지음, 이상근 옮김,
《프랭크 게리와의 대화: 어느 복잡한 천재
건축가와의 유쾌한 만남》, 위즈덤 피플, 2011
저널리스트이자 작가인 바버라 아이젠버그와
게리가 20여년에 걸쳐 나눈 대화의 방대한
기록을 정리했다.

Jean-Louis Cohen, *Frank Gehry: The
Masterpieces*, Flammarion, 2021
1961년부터 2021년까지 프랭크 게리의 주요한
모든 작품이 들어있는 작품집이다.